Dachziegel als historisches Baumaterial

Dachziegel als historisches Baumaterial

Ein Materialleitfaden und Ratgeber

Willi Bender · Mila Schrader

EDITION :anderweit

Edition :anderweit Verlag GmbH
Hinter den Höfen 7
29556 Suderburg-Hösseringen

Gestaltung:
Affekt Studios Düsseldorf

Satz:
DTP Apple Macintosh

Lithographie:
Repro Wuchert computer publishing GmbH, Bochum

Druck und buchbinderische Verarbeitung:
Bosch Druck GmbH,
Landshut-Ergolding

Printed in Germany

ISBN 3-931824-05-5

Vorwort

Dieser vierte Band in der Reihe »Materialleitfäden für historische Baumaterialien« ist nach den Themen »Mauerziegel«, »Reet und Stroh«, »Historische Türen, Schlösser und Beschläge« den »Historischen Dachziegeln« gewidmet. Die Zielsetzung dieser Reihe besteht darin, historische Baustoffe und Bauweisen in ihrer zeitlichen Entwicklung zu beschreiben, ihren Stellenwert in der Architektur und Baugeschichte zu würdigen, Fragen ihrer Herstellung und Weiterbearbeitung von den handwerklichen Anfängen bis zur modernen industriellen Entwicklung zu beantworten, und aufzuzeigen, wie unsere heutige Gesellschaft mit dieser historischen Bausubstanz umgeht.
Das Thema Dachziegel ist ein weites Feld. Es geht nicht nur um die Entwicklung der Dachziegelarten von der Antike bis in die Moderne, um regionale Verbreitungen und um die handwerkliche und industrielle Herstellung des Dachziegels durch den Ziegler, sondern auch darum, wie hieraus von den Dachdeckern Dächer gestaltet wurden, die in ihrer Gesamtheit zu unserem kulturellen Erbe gehören. Diese themenübergreifende Aufgabenstellung war nur im Team zu bewerkstelligen. Jeder der beiden Autoren brachte sein Spezialwissen in dieses Projekt ein, suchte die Diskussion und das Urteil anderer Fachleute, fotografierte Dächer und sichtete Originalfirmenprospekte und alte Handwerksbücher, um diesem vielschichtigen Thema näher zu kommen.
Dank sei an dieser Stelle insbesondere der Arbeitsgemeinschaft Ziegeldach im Bundesverband der Deutschen Ziegelindustrie e.V., Bonn, vertreten durch Herrn Dipl.-Ing. Heinz Zanger, ausgesprochen, die sich durch ihre jährlichen Seminare »Für die Denkmalpflege« und ihre Veröffentlichungen sehr für den Erhalt des historischen Ziegeldaches einsetzt und durch ihr umfangreiches Fotomaterial zum Gelingen dieses Buches beigetragen hat. Gedankt sei an dieser Stelle aber auch allen, die uns mit Fotos, Gesprächen, Lektorat und Leihgaben unterstützt haben und die wir nicht namentlich aufführen können.

Willi Bender
Mila Schrader
Mühlacker und Hösseringen, Juni 1999

Dächer: Vom Urdach zur Dachlandschaft

Das sprichwörtliche »Dach über dem Kopf« war von Urzeiten an ein elementares Grundbedürfnis des Menschen. Es bot Schutz vor den Elementen der Natur – Regen, Wind, Schnee, Hitze und Kälte – aber auch vor den bösen, feindlichen Mächten, u. a. verkörpert durch Blitz, Donner und die Dunkelheit der Nacht. Es entwickelte sich später beim Übergang vom anonymen zum stilbewußten Bauen in der Architektur zu einem Symbol für die Bedeutung des Gebäudes und seiner Bewohner.

Dächer: Funktion und Symbol Zum eigentlichen Dach gehört nicht nur die oft gemeinhin als Dach bezeichnete Dachhaut oder Dachdeckung aus den verschiedensten Deckmaterialien, sondern auch die Unterkonstruktion, das Dachwerk, das die Dachdeckung trägt und mit dieser in enger Wechselbeziehung steht.
Alle Dachdeckungen – seien sie aus pflanzlichen Stoffen der Natur, aus Stein, Metall, Ton oder später aus industriellen Werkstoffen – haben zunächst die Aufgabe, das Haus vor Witterungseinflüssen zu bewahren. Weitere Aufgaben wie Schaffung von Speicherraum, Feuersicherheit, Klimaausgleich und günstige Anschaffungs- und Unterhaltskosten kamen hinzu. Vielfach standen diese Einflußfaktoren im Widerspruch zueinander, denn Reet und Stroh, die z. B. von den ersten Siedlern und Bauern leicht zu beschaffen und auch ohne große handwerklichen Fähigkeiten zu verlegen waren, galten später in den eng bebauten Städten als besonders feuergefährlich und wurden durch strenge Dekrete verboten. Andererseits waren dauerhafte Deckungen wie Schiefer und Dachziegel zwar regensicher, langlebig und feuerfest, aber in der Anschaffung teuer und viele Jahrhunderte für die einfachen Bauern unerschwinglich; sie blieben den Klöstern und Mächtigen vorbehalten.
Um gegen die Dämonen, die Geister der Urzeit, schützen zu können, mußte das Dach in der Vorstellung des Frühmenschen mit den geheimen Kräften der Natur in Verbindung stehen und wurde zum Mittelpunkt vieler Bräuche und Glaubensvorstellungen. Zeichen für magische

Dieses mehrstufige, kunstvoll geschmückte Pagodendach aus Fernost läßt erahnen, daß Dächer in der ganzen Welt mehr sind als schlichte Funktion.

und mystische Symbolik sind nicht nur plastisch gestalteter Giebelschmuck, sondern auch speziell gestaltete Schutzziegel, die durch eingeritzte Zeichen und Bilder den Bewohnern Glück bringen oder Unheil von ihnen abwenden sollen.
Beide Zielsetzungen haben sich in der Sprachentwicklung niedergeschlagen. Der Begriff »Dach« hat eine indogermanische Sprachwurzel mit zwei Sinninhalten: Aus dem griechisch *tegos*, keltisch *to*, lateinisch *tego*, althochdeutsch *takju* abgeleitet, bedeutet er eigentlich »das Deckende«, steht aber bald sinnbildlich für »Oberstes, Schirmendes,

Antiker Antefix aus Pompeji und eine seltene Hohlpfanne als Feierabendziegel mit Signatur, floralem Schmuck und der Jahreszahl 1881: Dachziegel zwischen Funktion, Schmuck und Symbol.

Schützendes«. Von allen Bedachungsstoffen, die der Mensch verwendete, kommt beim Dachziegel aus gebranntem Ton diese Gefühlsebene am stärksten zum Tragen, zumal zwischen den Begriffen Mensch und Ziegel eine besondere Beziehung besteht. Schon die beiden lateinischen Worte *humus*, Erde, Erdreich und *homo*, Mensch, weisen darauf hin. Sie haben die gleiche Wurzel: der Mensch, aus Erde Gemacht und auf der Erde Lebend und die Erde, der Ton, als Basis für die Ziegelherstellung. Die Inschrift auf einem Feierabendziegel aus dem Jahre 1803 macht diese Beziehung noch deutlicher: *»ich bin von erd und thon und du mensch bist auch davon«*.

Das Dach in der Architektur Das Dach ist nicht nur oberer Abschluß eines Gebäudes, sondern auch Teil der Dachlandschaft, einer Häuserzeile, eines Stadtteils, einer Region. Parallel zur Bau- und Architekturgeschichte entwickelte sich der Dachaufbau von einfachen Dachformen zu immer komplexeren Gebilden. Dächer waren in ihrer architektonischen Gesamtkonzeption, also hinsichtlich Form und Materialwahl, den globalen Stil- und Architekturströmungen ihrer Zeit ebenso wie den vorhandenen modischen Strömungen und politischen Trends unterworfen, selbst wenn sie gleichzeitig auf die bauphysikalischen Eigenschaften von Tragwerk und Deckmaterial Rücksicht nehmen mußten. So entspringt z. B. das steile, weit in den Himmel ragende »Gotische Dach« des Mittelalters einem anderen Lebensgefühl der Bürger als der strenge, kubische Baukörper des Bauhauses. Die Formen der Dächer, die Silhouetten der Städte und Dörfer haben die besiedelte Landschaft meist mehr geprägt als die Baukörper darunter. Bevor also die Entwicklung der Ziegeldächer im Verlaufe der Baugeschichte beschrieben wird, sollen zum besseren Verständnis einige grundlegende Ausführungen zum Dach und seiner Deckung vorangestellt werden.

Im Spätmittelalter wurden farbige Dachflächen mit reichen Rauten- oder Fischgrätmustern aus verschieden gefärbten Flachziegeln charakteristisch. Der 1455 vollendete Langbau des Wiener Stephansdoms mit seinem hoch aufragenden Steildach – hier eine Ansicht vor der Zerstörung im zweiten Weltkrieg aus den dreißiger Jahren – wurde mit 230000 bunt glasierten Ziegeln eingedeckt.

Dächer: Konstruktion und Bauweise

Ursprünglich war das Dach nicht wie heute selbstverständlich der Abschluß eines Hauses, sondern eine selbständige Konstruktion in Form von einfachen, auf dem Boden aufgestellten Windschirmen und der einfachen »Dachhütte«. Es waren »Nurdachhäuser«, wie sie vereinzelt noch heute als seitenwandlose Schafställe in der Lüneburger Heide und in anderen Gegenden zu finden sind. Erst später wurde das Dach angehoben, und es entstand die heute für das Haus charakteristische Kombination von Dach und Wand. Entwicklungsgeschichtlich ist also das Dach älter als das Haus. Sichtbare Eigenschaften der Dächer sind ihre Form, ihre Dachneigung und die Art und Profilierung der Dachhaut sowie ihr konstruktiver Unterbau. Alle diese Faktoren stehen in einem engen Zusammenhang und haben in zeitlicher und regionaler Verteilung gewisse typische Merkmale entwickelt. Nur mit Kenntnis aller dieser Verknüpfungen lassen sich Dächer so würdigen, daß sie mehr sind als der obere Abschluß eines Hauses.

Dachformen Bei allen Baustilen von der Antike über das Mittelalter bis in die Neuzeit kommen bestimmte Grundformen des Daches zur Anwendung. Das bauliche Erscheinungsbild eines Gebäudes wird zunächst durch die äußere geometrische Form des Daches geprägt. Nach ihrem Profil können die verschiedenen Dachformen eingeteilt werden in gerade Dächer mit ebenen Dachflächen, wie z. B. Pultdach, Satteldach, Walmdach; gebrochene Dächer wie Mansarddächer, die aus mehreren Dachflächen zusammengesetzt sind und einfach oder doppelt einwärts oder auswärts gebogene Dächer mit konkaven oder konvexen Dachflächen, wie dies bei Zwiebeldächern der Fall sein kann.

Satteldach, Pultdach, Kreuz- und Zeltdach Das Satteldach, auch als Giebeldach oder Zweihängiges Dach bezeichnet, ist ein geneigtes Dach mit einem First und zwei Traufen, also mit zwei schrägen Dachflächen, die beiderseits von der Firstlinie abfallen. Die Schmalseite des Hauses

Türme auf rundem und quadratischem Grundriß – hier sind es Taubenbehausungen in der Normandie – können viele Dachformen aufweisen: vorne ein Walmdach mit abgewalmter Sattelgaube, dahinter ein Kegeldach.

Intakte Dachlandschaften sind historisch gewachsen und zeigen trotz regionaler Bauweisen eine harmonische Vielfalt. Hier ein Dorf in der Mark Brandenburg in den siebziger Jahren.

besteht aus zwei Giebeldreiecken. Diese einfache Dachform ist weit verbreitet. Das Pultdach ist ein halbes Satteldach mit nur einer Traufe, das sich am First an eine senkrechte Wand an- oder auflegen kann. Das Kreuzdach oder Kreuzgiebeldach setzt sich aus zwei sich kreuzenden Satteldächern zusammen. Handelt es sich um zwei Satteldächer mit verschieden hoch liegenden Firsten, so ergibt sich ein Kreuzdach mit Verfall. Als Zeltdach wird ein Walmdach ohne First bezeichnet, also eine Dachform über einem viereckigen Grundriß, wobei alle Dachflächen in einem Punkt zusammenlaufen, also keine Firstlinie entsteht, sondern nur eine Firstspitze. Jede Dachseite bildet ein Dreieck. Diese Aufzählung von Beispielen möge genügen.

Walm- und Krüppelwalmdach Das Walmdach, auch Holländisches Dach, Walbendach, Vollwalm, Haubendach, Schopfdach genannt, ist ebenso wie das Krüppelwalmdach eine Weiterentwicklung des Satteldaches. Beim Vollwalm sind die Giebelseiten auf der ganzen Dachhöhe durch eine Dachfläche abgeschrägt. Beim Krüppelwalmdach, auch Krüppelwalm, Kröpelwalmdach oder Halbwalmdach genannt, ist nur der obere Teil des Giebels abgewalmt. Erfolgt die Abwalmung nur auf ein ganzes kurzes Stück am Firstende, so spricht man von einem Zwergwalmdach. Die Umkehrung des Krüppelwalmdaches, bei der nur der untere Teil des Giebels, der Giebelfuß, abgewalmt ist, heißt Fußwalmdach, Dachschleppe, gelegentlich auch Schopfdach.

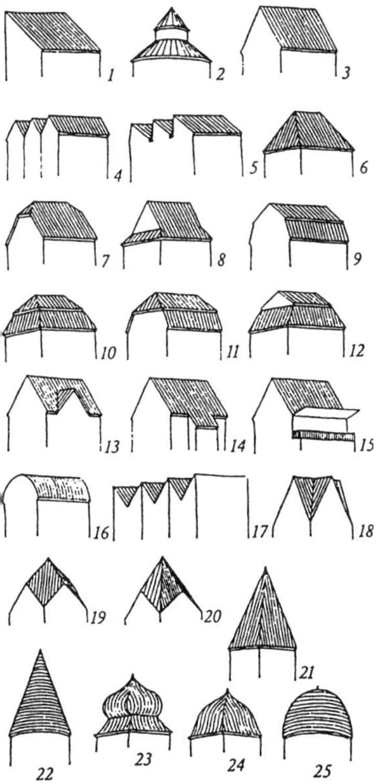

Ein kleiner Überblick über die Vielfalt der Dachformen:
1 Pultdach, 2 Ringelpultdach, 3 Satteldach, 4 Paralleldach, 5 Sheddach, 6 Walmdach 7 Krüppelwalmdach, 8 Fußwalmdach, 9 Mansardsatteldach, 10 Mansardwalmdach, 11 Mansarddach mit Schopf, 12 Mansarddach mit Fußwalm, 13 Zwerchdach, 14 Schleppdach, 15 Kragdach, 16 Tonnendach, 17 Grabendach, 18 Kreuzdach, 19 Rhombendach, 20 Faltdach, 21 Pyramidendach, 22 Kegeldach, 23 Zwiebeldach, 24 Glockendach, 25 Kuppeldach.

Das Mansarddach Das Mansarddach, auch Mansardendach, Knickdach, Geknicktes Dach, Gebrochenes Dach genannt, besteht aus einem steileren Unterdach und einem flacheren Oberdach, wobei diese Dachteile verschiedene Winkel aufweisen können. Als Variante kann das Unterdach nicht nur als gerade Fläche, sondern auch mit einer Schweifung ausgeführt werden. Grundform kann ein Sattel- oder Walmdach sein.

Das Turmdach Die einen runden, quadratischen, rechteckigen oder vieleckigen Turm abschließenden Dächer wurden früher in Turmhelme, Kuppeln oder Hauben, Kronen und Hüte eingeteilt. Basisformen sind das einfache Zelt-, Walm- Sattel- und Kegeldach, die sich später durch die hohe und schlanke Ausbildung des Daches mit sehr steilen Dachflächen zum Helm, Helmdach oder Kegelhelm veränderten. Merkmal des Turmhelms, der meist aus dem Zeltdach entwickelt wird, sind die geraden Sparren. Bei den Turmdächern mit gebogenen Sparren ist die Terminologie uneinheitlich. Vielfach findet man sie unter dem Sammelbegriff Haube, Haubendach zusammengefaßt, worunter allgemein die allseitig gleichartig ausgebildeten Dächer mit geschweiftem Profil fallen. Die Kronen umfassen die Zwiebeldächer, deren Flächen im oberen Teil konkav, im unteren konvex sind, und die Glockendächer, die genau umgekehrt im oberen Teil konvex und im unteren Teil konkav geschweift sind.

Dachneigung – Zweckerfüllung und Ästhetik Am Anfang stand hier ebenso wie bei der Wahl des Deckmaterials und der Dachform die Funktion. Die Natur stellte zunächst aufgrund der vorherrschenden klimatischen Verhältnisse ihre Anforderungen an die Dachneigung. So entwickelte sich in den gemäßigten, regenreichen Klimazonen das wasserabführende Steildach und in trockenen, regenarmen Regionen das wassersammelnde Flachdach. Eine andere Lösung war das flachgeneigte Dach der kalten, schneereichen Gebirgsgegenden, das den Schnee als wärmeisolierenden Belag halten sollte. Schon bald gesellte sich zum konstruktiven aber auch hier das bewußt gehandhabte, gestalterische Element der Dachneigung, da diese neben der Dachform und der Dachdeckung einen entscheidenden Einfluß auf das Gesamtbild eines Gebäudes ausübt.

Definitionen der Dachneigung Unter dem Begriff Dachneigung, Neigung, Gefälle – veraltet auch Dachabfall, Dachfall, Dachrösche – versteht man den spitzen Winkel, den die Dachfläche mit der Waagerechten bildet, ausgedrückt in Winkelgraden, Prozent oder als Verhältnis der Dachhöhe zur Breite des von der betreffenden Dachseite überdachten

Links das flachgeneigte und schindelgedeckte alpine Dach, rechts das steile, nordische Ziegeldach zur schnellen Regenabführung.

Gebäudeteils. Dementsprechend kann die Dachneigung durch zwei Größen gekennzeichnet werden: zum einen als eine Maßzahl in Grad oder Prozent und zum anderen als eine Verhältniszahl von Dachhöhe zu halber Dachbreite. Gemäß dieser Terminologie entspricht z. B. ein Winkel von 45° oder 100 % einem Verhältnis von 1:1.
Früher pflegte man die Dachneigung auch noch durch das Verhältnis zwischen Dachhöhe oder Sparrenlänge und Gebäudetiefe, also Dachbreite, auszudrücken. Man sprach daher früher auch vom Altdeutschen oder Gotischen Dach, wenn die Dachhöhe mindestens der Dachbreite entspricht und eine Dachneigung von gut 63° hat, oder vom Drittel- oder Italienischen Dach, wenn die Dachhöhe ein Drittel der Dachbreite beträgt, also eine Dachneigung von etwa 33° aufweist. Heute unterscheidet man nach der Neigung drei Dacharten: Flachdächer im Bereich von 3° bis 7°, flachgeneigte Dächer im Bereich von 8° bis 35° und Steildächer ab 35°.

Dachaufbauten: Dachgaube und Dachreiter Nicht nur Dachfläche und Dachneigung geben der Dachlandschaft ihre charakteristische Prägung, sondern auch spezielle Dachaufbauten, die die Dachfläche unterbrechen. Zunächst sind dies die der Belichtung und Belüftung dienenden Gauben. Bei der Dachgaube, Gaube oder Gaupe – beide Schreibweisen sind zulässig – spricht man von einem »stehenden Dachfenster« mit eigener Bedachung.
Je nach der Form der Öffnung und der Art der Bedachung können diese Gauben außerordentlich verschieden ausgeführt sein, woraus sich eine ganze Reihe heute teils nicht mehr gebräuchlicher Bezeichnungen entwickelt hat. Dachreiter, auch Aufreiter, sind kleinere, in Holz oder Stein ausgeführte, auf dem First des Hauptdaches aufsitzende Türmchen, die als architektonische Bauelemente zur Aufnahme von Glocken und Uhren benutzt werden.

Schleppgaube, Sattelgaube oder Walmgaube Die Schleppgaube – die Gaube mit Pultdach – stellt die älteste und historische Bauweise der Gauben dar, und zwar unabhängig davon, ob die Eindeckung je nach regionaler Tradition mit Reet, Stroh, Holzschindeln oder Dachziegeln erfolgte. Die Sattelgaube ist eine Gaube mit Satteldach und Giebel, eher typisch für hartgedeckte Dächer. Die Walmgaube ist eine Gaube mit einem abgewalmten Satteldach, auch Gaupfenster, Gaupe, Gauke, Gunge oder Kapuzinerfenster, Kappfenster genannt, also ein rechteckiges Dachfenster mit Walmdach.

Fledermausgaube, Hechtgaube, Ochsenauge und Froschmaul Diese Begriffe werden oft verwechselt oder fälschlicherweise synonym gebraucht, sind aber hinsichtlich der Art der Dachöffnung deutlich unterschieden.
Unter Fledermausgauben, Fledermausfenstern, Schwalbenschwanz oder Schwalbenschwanzdachfenstern versteht man eine augenartig geschwungene Gaube. Bei ihr wird die Dachdeckung nur angehoben, jedoch nicht unterbrochen. Es entstehen keine Seitenwangen – Gaupenbacken – und keine Kehlen. Die Einheitlichkeit der Dachfläche wird gewahrt.
Eine Kombination von Fledermausgaube und Schleppgaube mit sehr langem, geraden Mittelteil ist die Hechtgaube. Sie ist charakteristisch für die Dächer alter Kornspeicher, wo sie oft fast die ganze Dachbreite einnimmt und mehrfach übereinander angeordnet ist. Man findet sie aber oft auch bei modernen Einfamilienhäusern.
Das Ochsenauge – frz. *oeil de boeuf* – hat eine lotrechte Vorderwand mit einer kreisrunden oder ovalen Öffnung und ein rundes oder ein Satteldach, wird also seitlich durch Kehlen von der Dachfläche getrennt.
Das Froschmaul, auch großes Kaffenster bezeichnet, weist hingegen eine halbkreisförmige Öffnung auf.

Das liegende Dachfenster Das liegende Dachfenster ohne eigene Bedachung kam erst seit der Industrialisierung auf die Dächer und besaß in seiner Anfangszeit einen gußeisernen Rahmen. Heute besteht die Konstruktion aus verzinktem Stahlblech oder Kunststoff mit verstellbarem, verglasten Flügel.

Zwei unterschiedliche Biberschwanzdächer: Links ein historisches Dach mit Schleppgauben und dicken, handgestrichenen Biberschwanzziegeln mit Fingerstrich und einem durch Reparaturen und Umdeckungen gewachsenen Deckbild. Rechts ein Doppeldach mit Maschinenbibern und übereinanderliegenden Hechtgauben, einem hölzernen Dachreiter für die Uhr und einem nachträglich eingebauten liegenden Dachfenster.

Dachwerk – Träger der Dachdeckung

Das Dach, der obere Abschluß eines Gebäudes, besteht aus der sichtbaren Dachhaut, der Dachdeckung und einem konstruktiven Unterbau, dem Dachtragwerk einschließlich der Traglatten, der außer der Eigenlast der Dachdeckung die Schneelast und den Winddruck aufnehmen und auf die Wände übertragen muß. Für das eigentliche Dachwerk gibt es je nach Konstruktion, Region und Zeitepoche viele Namen: Dachstuhl, Dachgerüst, Dachwerk, Dachgestell, Dachgespärre, Dachverband, Dachverbindung, Dachkonstruktion, Tragkonstruktion, Traggerüst, Dachtragwerk. In früheren Jahrhunderten wurde das Dachwerk ausschließlich rein handwerklich aus Holz hergestellt und daher auch als Zimmermannsdach bezeichnet. Seit dem 18. Jahrhundert kamen Eisen und seit dem 20. Jahrhundert auch Stahl- und Spannbeton hinzu.

Die Unterschiede zwischen einem Sparren- und einem Pfettendach sind bei einem eingedeckten Dach von außen nur schwer wahrnehmbar, denn sie betreffen in erster Linie das unterschiedliche Tragverhalten bestimmter Bauteile. Beide Prinzipien wurden stark variiert und auch miteinander vermischt. Das Dachwerk dieses Sparrendaches ohne Stuhl besteht aus hintereinander gestellten Sparrenpaaren, die am First kraftschlüssig miteinander verzapft sind und am Fußpunkt mit den Deckenbalken zu einem Dreieck verbunden sind.

Dachtragwerke sind eine Wissenschaft für sich, daher wird an dieser Stelle nur ganz kurz auf die Grundformen der Holzkonstruktionen eingegangen; im übrigen sei auf die einschlägige Literatur verwiesen. Läßt man Windschirme und Zelte als Vorläufer außer Acht, so sind als Ursprungsformen bei den historischen Holzkonstruktionen zwei Dachkonstruktionen zu erkennen: das Pfettendach und das Sparrendach und das von diesem abgeleitete Kehlbalkendach.

Das Pfettendach Das Pfettendach, auch Rofendach genannt, bestand in seiner ursprünglichen Form aus Firstständern oder -säulen, meist zwei oder mehr Baumstämmen mit Astgabeln, in welche oben der Firstbalken eingelegt und aus Pfosten, auf denen unten die Fußpfette gelagert wurde. An diesen Pfetten wurden beidseitig sparrenähnliche Rofen oder Rafen aufgehängt. Die eigentliche Last trugen hierbei die senkrechten Ständer und die waagerechten Pfetten, nicht die vom First zur Traufe verlaufenden Rofen. Diese Rofen (ahd. *raf*, engl. *Roof = Dach*) wurden auch auf Pfettendächern später als Sparren bezeichnet. Zu der

Firstpfette und den Fußpfetten konnten bei hohen Dächern auch noch Mittelpfetten kommen. Im Gegensatz zu den Sparren beim Sparrendach können die paarweisen, aber auch einzelnen Rofen des Pfettendachs ohne weitere Hilfskonstruktionen mit einem weiten Überstand über die Außenwände gezogen werden, da sie am Fußpunkt keinem horizontalen Schub ausgesetzt sind.

Das Sparrendach Beim Sparrendach wird die Dachlast dagegen unmittelbar von Sparrenpaaren getragen, die am First miteinander verbunden sind und sich gegeneinander stützen. In ihrer Urform waren dies zwei schräg gegeneinander gestellte Äste mit Astgabeln, die miteinander verkeilt und mit Weidenruten verbunden waren; später entwickelten sich daraus Verblattungen oder hölzerne Scherzapfen als kraftschlüssige Verbindung. Damit die Sparrenpaare an den Fußpunkten, an denen horizontale Kräfte wirken, nicht auseinander geschoben werden, müssen sie dort fest gelagert werden. In den frühgeschichtlichen Nurdachhäusern wurden sie daher wohl entweder in die Erde eingegraben oder mit Steinen gesichert. Später wurden als Zimmermannskonstruktion jeweils zwei Sparren mit dem jeweiligen Dachbalken zu einem unverschiebbaren, dreieckigen Sparrengebinde – Sparrendreieck, Gespärr, Sparrenverbinde – verbunden. Gegen Verschiebungen wurden die einzelnen Sparrengebinde miteinander durch schräg unter die Sparren genagelte Windrispen gesichert. Konstruktionsbedingt gab es beim Sparrendach keine schützenden Dachüberstände. Waren diese erwünscht, so verlängerte man das Gespärre am Fußpunkt durch auskragende Dachbalken, die sogenannten Aufschieblinge.
Das Kehlbalkendach, auch Spannbalkendach, Hahnenbalkendach oder Deutscher Dachstuhl genannt, entstand aus dem Sparrendach für Sparrenlängen über 4,5 m, um ein Durchbiegen der Sparren zu verhindern. Hierfür wurde das Sparrengebinde durch einen horizontalen Querriegel, – Hahnenbalken oder Kehlbelken – ausgesteift.
Für alle Dachkonstruktionen wurden weitere, zusätzliche Verstrebungen entwickelt, von denen die wichtigsten stehende oder liegende Stühle sowie Hängekonstruktionen und Sprengwerke sind.

Deckmaterialien: Vielfalt in Zeit und Raum

Die Wahl des Deckmaterials war früher vor allem von der örtlichen Verfügbarkeit abhängig, so daß die Art der Dachdeckung zu einem der wichtigsten Merkmale regionaler Bauweisen gehört. Küstenregionen und dünn besiedelte Regionen der norddeutschen Tiefebene galten lange Zeit als typische Reet- und Strohgegenden, in den waldreichen Alpen und im Hochschwarzwald war das Holzschindeldach verbreitet.

Naturbaustoffe: Lehm, Erde, Reet, Holz und Stein Die Reihe der natürlichen Deckmaterialien reicht von Gräsern, Blattwerk und Baumrinde über Erde, Lehm, Tierhaaren und Fellen, Holz und Stein bis hin zu den Schneeblöcken der Eskimos.

Das Urhaus war ein Nurdachhaus, das aus den vorhandenen regionalen Baustoffen errichtet wurde. Bei diesem französischen Vorratsspeicher sind es flache Steine, es konnte aber auch Erde und Lehm in Verbindung mit Holz und Blattwerk sein.

Dächer aus Erde und Pflanzen Quergelegte Balken und Zweige, die mit Erdreich und Lehm bedeckt wurden, gehörten ebenso zu den Urdächern wie das Grassoden- oder Plaggendach aus ausgestochenen Rasenstücken. Die große Pflanzenfamilie der Gräser (lat. *Gramineen*) und verwandte Arten lieferte dem Menschen sein wohl über Jahrhunderte hinweg meist verwendetes Bedachungsmaterial. Je nach Region wurden die unterschiedlichsten Gräser aufs Dach gebracht, Steppengräser, Binsen, Seetang, Schilfrohr, Bambus und später auch das Stroh der verschiedenen Getreidearten wie Weizen, Roggen, in Afrika vor allem Hirsestroh. Im Lauf der Zeit entwickelten sich verschiedene Eindeckungsarten für Reet und Stroh. Auf das Streu- oder Wirrstrohdach mit ungeordnetem, wirren Stroh folgte das gebündelte Schaubendach und das ausgebreitete und genähte bzw. gebundene Dach.

Dächer aus Stein Dachdeckungen aus Natursteinen wurden dann verwendet, wenn Deckmaterialien aus Holz oder Gräsern fehlten. Bereits in der Steinzeit entwickelte sich eine Dachbauform, die ausschließlich aus flachen Steinen, praktisch ohne Werkzeug, aufgeschichtet wurde. Es handelt sich um sogenannte unechte Kuppeln oder Scheingewölbe, wie sie in Europa in den Kragkuppelbauten Apuliens und Galliens, den sog. »Trulli« und »Bories«, bis heute erhalten geblieben sind. Diese Dächer entstanden durch allmähliches Vorkragen waagerechter Schichten. Die Steine für die Kragkuppeln mußten flach und möglichst eben sein.
Aufwendiger war das Behauen von Sandstein, Marmor oder anderen Werksteinen für Dachplatten sowie die Verwendung von spaltbaren Gesteinen. Schon früh hat sich Tonschiefer als Dachschiefer bewährt. Wann diese Eindeckung baugeschichtlich erstmals auftaucht, läßt sich nicht genau datieren. Mit Sicherheit gab es Schieferdächer bereits bei den römischen Siedlungen, wie sich an Funden bei der Saalburg, einem römischen Kastell am Limes im Taunus, nördlich von Bad Homburg belegen läßt. Der traditionelle Schieferdecker schlug die Steine auf der Baustelle freihändig zu, im Gegensatz zu den später mit der Schere geschnittenen Schablonensteinen.

Holz- und Schindeldächer: Baustoffe der Natur Die Wälder mit ihrem nachwachsenden Rohstoff »Baum« waren in vielen Kulturen ein wichtiger Rohstofflieferant beim Bau des Hauses und seines Daches, so auch bei den Germanen. Ihre frühe Baukunst war eine reine Holz- und Lehmbautechnik.

In höhergelegenden Gegenden ohne Ackerbau und in den waldreichen Gebirgsregionen deckten die Siedler ihre flachgeneigten Dächer mit Brettern und Schindeln ein. Dies bot dem Wind weniger Angriffsfläche und ließ im Winter den Schnee nicht abrutschen, da dieser als zusätzliche Wärmedämmung diente. Durch eine Beschwerung mit Steinen oder Baumstämmen wurden die Dächer gegen eine Abdeckung durch den Wind gesichert.

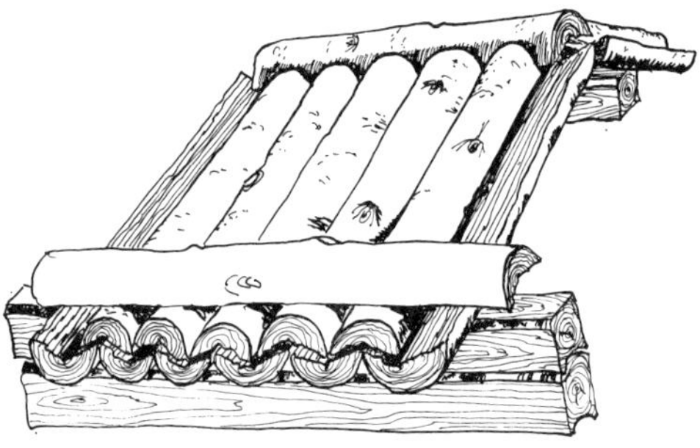

Dächer aus Holz gelten als Vorbilder für die späteren Ziegeldeckungen: Aus der Deckung mit ausgehöhlten Halbstämmen entwickelten sich die Mönch- und Nonnenziegel, aus den flachen Holzschindeln die Biberschwanzziegel.

Auch im alten Griechenland war die Holzbearbeitung durch den starken Einfluß der Indogermanen, die um 2000 v. Chr. in mehreren Wellen von Norden her eingedrungen waren, hoch entwickelt. Die damals noch ausgedehnten Laub- und Nadelwälder lieferten neben Bauholz somit auch das Deckmaterial.

Es gilt als erwiesen, daß sich aus Vorbildern der Natur und den unterschiedlichen Formen des Holzbaus die Vorbilder für die späteren gebrannten Dachziegel aus Ton entwickelt haben. Die segmentbogenförmigen Rindenstücke oder Splintbretter mit Baumrinde wurden wech-

Ein seltener Anblick auf Usedom: Nebeneinander die wichtigsten Konkurrenten: Dachziegel, Reet und Betondachsteine.

selseitig als Schal- und Deckbretter verlegt. Sie gelten als Vorläufer für den späteren flachen Schalenziegel. Die Halbstammdeckung diente als Vorlage für die frühe Hohlziegeldeckung. Hierbei wurden die in der Mitte gespaltenen Stämme vertikal vom First zur Traufe verlegt, indem jeweils zwei leicht ausgehöhlte Stämme durch einen deckenden Stamm überlagert wurden. Die Holzdeckung mit Brettern, deren Fugen ebenfalls mit Halbstämmen abgedeckt wurden, mag schließlich als Anregung für das Leistenziegeldach gedient haben.

Dachziegel, Betonsteine, Dachpappen, Holzzement, Wellblech und vieles mehr: Dachdeckungen aus handwerklicher und industrieller Fertigung Der generelle Wechsel von den Dachdeckungen aus Naturbaustoffen wie Reet, Rohr, Stroh und Holzschindeln zu Tondachziegeln und anderen speziell hergestellten Deckmaterialen für die Dachhaut war nicht einfach ein beliebiger und jederzeit nachzuvollziehender Tausch des Baustoffs, sondern die Folge grundlegender wirtschaftlicher und technischer Veränderungen.

Ziegeldächer konnte es zum Beispiel erst dann geben, nachdem sich ein Volk von Jägern, Sammlern oder Ackerbauern in eine arbeitsteilige Wirtschaft mit Vorratshaltung und deutlichen Machtzentren – seien sie kirchlicher oder weltlicher Struktur – gewandelt hatte. Denn die für die Dachziegelfertigung notwendigen Arbeitsgänge: Tonabbau, Tonaufbereitung, Formgebung, Trocknung und Brand erstreckten sich über einen langen Zeitraum. Die Lagerhaltung mußte finanziert und organisiert werden, der Brand von Dachziegeln war nur von spezialisierten Handwerkern durchführbar. Alte Hochkulturen wie in China, Mesopotamien und Rom nutzten bereits die Ziegelherstellung für ihre Bauwerke. Die Industrialisierung mit ihren technischen Erfindungen revolutionierte später nicht nur den Herstellungsprozeß für Dachziegel, sondern entwickelte auch andere preisgünstige Bedachungsalternativen.

Dach mit Geschichte: Nebeneinander liegen auf diesem Dach drei verschiedene Modelle maschinell hergestellter Falzziegel neben handgefertigten Krempziegeln in farblichen Varianten. Darunter die ungewöhnliche Optik eines Boulet-Falzziegeldaches aus Frankreich, das durch seine profilierte Oberfläche anspricht.

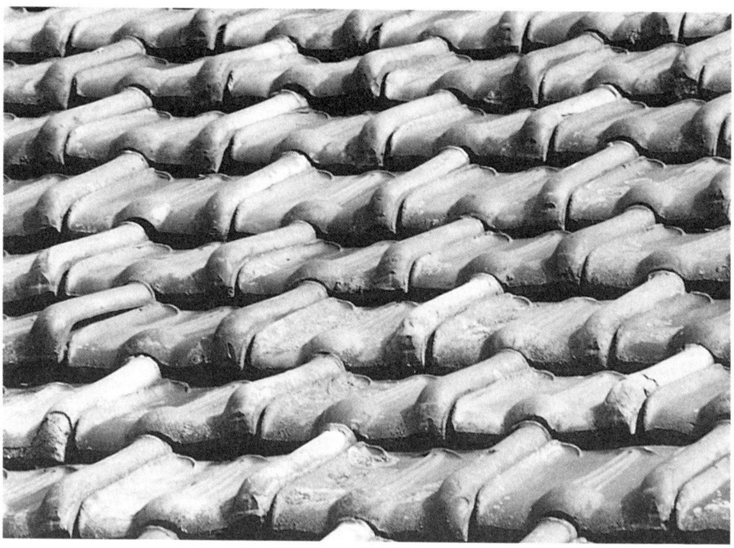

Die Optik von Ziegeldächern: Form und Struktur

Bevor wir uns den Dachdeckungen im Wandel von Baugeschichte und Technologieentwicklung zuwenden, erscheint es sinnvoll, einen ersten Überblick über die Vielfalt der Ziegeldächer zu gewinnen, um über ihre Optik den Blick für das Detail zu wecken. Neben der Unterteilung der Dachdeckungen in weiche, halbharte und harte Deckungen haben sich Dachbezeichnungen nach der Art des Dachziegels eingebürgert: man spricht vom Mönch- und Nonnendach, vom Krempziegeldach oder vom Biberschwanzdach.

Nach den historischen Grundformen der einzelnen Ziegel lassen sich drei Hauptgruppen bilden: der an den Seiten aufgekantete Leistenziegel, der halbrunde Hohl- oder Rinnenziegel und der gerade Flachziegel. Später kamen Kombinationen dieser Formen hinzu, wie der Krempziegel, die Hohl- oder S-Pfanne sowie schließlich der Falzziegel, der durch Kopf- und Seitenverfalzungen zu völlig neuen Querschnitten am Ziegel geführt hat.

Neben der Form der einzelnen Ziegel wird die Optik der Ziegeldächer auch sehr stark durch ihre Farbgebung und schließlich dadurch beeinflußt, in welcher Weise die Ziegel auf dem Dach verlegt werden. Sie können eng oder weit nebeneinander oder übereinander liegen, in Reihe oder im sogenannten Verband liegen, also mit einem Fugenwechsel verlegt sein.

Weitere optische Veränderungen ergeben sich durch sichtbare Vermörtelungen, die wie bei der Priebendeckung ein senkrechtes Fugenbild betonen.

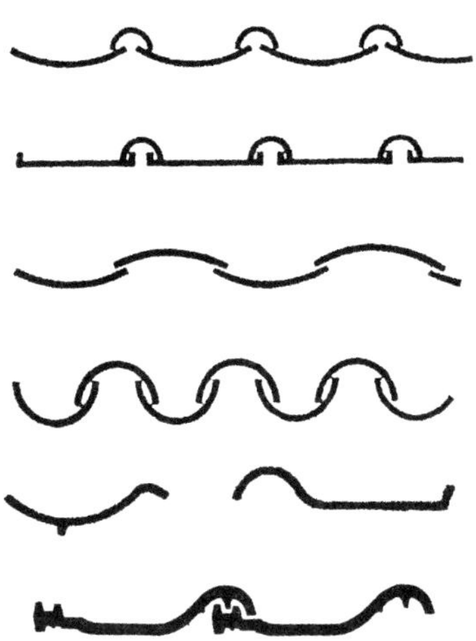

Im Zeitraffer wird hier die Entwicklung von den antiken Dachziegeln zum modernen Falzziegel sichtbar. Von oben nach unten: Schalenziegel mit überdeckendem Hohlziegel, Leistenziegel mit Hohlziegel, Schalenziegel, Mönch- und Nonnen, Hohlpfanne links und Krempziegel rechts und unten der moderne Falzziegel.

Links: Dachfläche In Jockgrim/Pfalz mit dem von Ludowici entwickelten Griechischen Falzziegel Z25 mit Platte Z25a und spitzem Deckel Z25b, der den in Griechenland vorgefundenen Marmorplatten bei Tempeldächern, wie rechts zu sehen, nachempfunden ist.

Das Leistenziegeldach Das Leistenziegeldach besteht aus zwei verschiedenen Dachziegeln: tegula und imbrex. Der antike griechisch-römische »tegula« war ein zunächst rechteckiger, später trapezförmiger, etwa 3 bis 4 cm dicker Plattenziegel mit seitlich erhöhten Rändern, den Leisten, die verhindern sollten, daß das ablaufende Wasser in die Fugen zweier Ziegel eindringt. Der Stoß zweier Ziegel wurde mit einem meist halbkreisförmigen, konischen »imbrex«, einem Hohlziegel abgedeckt. Von der Entwicklung her hat sich der flache Leistenziegel wohl als tönerne Nachbildung der früheren Splintbretter entwickelt, die sich beim Trocknen leicht in eine Richtung wölbten. Die in Reihe verlegten Leistenziegeldächer mit ihren bis zu 125 cm langen und 75 cm breiten »tegulae« und ihren halbrunden oder eckig-spitzen Fugendeckziegeln, den »imbrices«, geben den Dächern ein ruhiges, vertikal ausgerichtetes Deckbild.

Hohlziegeldächer, Mönch und Nonnendeckung Hohlziegel in ihrer einfachsten Form sind halbierte Hohlzylinder, die entweder konisch zulaufen oder an einer Seite für die Überdeckung eingeschnürt sind. Sie können entweder konkav, also kuppelförmig mit der Rundung nach oben, oder konvex, also rinnenartig mit der Rundung nach unten verlegt werden kann. Die Größen und Formen dieser Hohlziegel waren zeitlich und auch regional Änderungen unterworfen; die Schalen konnten flacher oder runder, gerade oder konisch zulaufend sein, sie konn-

Links ein sehr flacher chinesischer Schalenziegel, daneben die Dachoptik einer Fledermausgaube mit den stark gewölbten Mönch- und Nonnenziegeln und ihrer typischen vertikalen Linienbetonung.

ten zur Aufhängung oder Abstützung Nasen besitzen, um nur einige Variationen zu nennen. Später entwickelten sich daraus zusammengesetzte Formen wie zum Beispiel der Krempziegel als Kombination des flachen Leistenziegels mit dem deckenden Hohlziegel und die S-Pfanne aus einem konkaven und einem konvexen Hohlziegel.

Das traditionelle Hohlziegeldach: Wechsel von Ober- und Unterschale Bei dieser Deckung werden nur Hohlziegel verwendet, die abwechselnd mit der Rundung nach oben und unten verlegt und daher auch Ober- und Unterdächler genannt werden. Da eine Verlegung dieser Dachziegel nur in Reihe erfolgen kann, weist diese Deckungsart eine deutliche vertikale Struktur auf, die mit einer lebhaften Licht- und Schattenwirkung verbunden ist. Typische Vertreter dieser Deckung sind die Dächer in Fernost, die Dächer der griechischen und römischen Antike sowie die Klosterdächer des Mittelalters, bekannt geworden unter der Bezeichnung Mönch- und Nonnendeckung.

Das Priebendach: Rinnendach ohne Oberdächler Eine Abart des Mönch-Nonnendaches ist das Nonnendach, meist Prieben- oder Priependach, regional auch Schalendach oder Hohldach genannt. Es handelt sich sozusagen um eine »Arme-Leute-Ausführung« des Klosterdaches: die eng aneinander gerückten Nonnen wurden an den Stoßfugen mit einer Vermörtelung geschlossen. Durch diesen Fugenverstrich erhält

Beim Priebendach werden nur Nonnen eng nebeneinander gelegt, deren Stoßfugen mit einem Mörtelstrich versehen werden. Diese Eindeckung ist heute selten geworden. Hier ein schönes Beispiel aus Quedlinburg mit der deutlich sichtbaren vertikalen Betonung der Dachflächen. Außer in dieser Region finden sich solche Dächer auch heute noch in Wolframs Eschenbach und in Nördlingen.

es sein unverwechselbares Gesicht. Dieses Dach war früher in Süddeutschland relativ weit verbreitet. In größerem Umfang hat es sich vor allem in Quedlinburg gehalten.

Das Flachziegeldach: Biberschwanzdeckung Der historische Flachziegel ist der Biberschwanz. Er besitzt im Schnitt keinerlei Profilierung, höchstens in der Oberfläche Rillen für einen besseren Wasserabfluß. Als Vorläufer gelten die hölzernen Schindeln, die ihre Ähnlichkeit mit den Schuppen in der Natur nicht verleugnen können, aber auch die Steinplattung. Der Biber stellt die einfachste Dachziegelform dar und wurde deshalb früher auch als »gemeiner Dachziegel« bezeichnet. Am oberen Ende der Tonplatte hat der Ziegel an der Unterseite entweder eine oder zwei Nasen, eventuell zusätzlich Löcher. Das untere Ende, Fuß oder Schwanzende genannt, kann sehr verschieden geformt sein.

Biberschwanzdächer: Spließdach, Doppeldach, Kronendach

Bereits durch ihre unterschiedlichen Schnittformen sind Biberschwanzdächer in ihrer Optik sehr unterschiedlich. Hinzu kommen zeitlich und regional differierende Abmessungen und viele farbliche Nuancen von Naturrot bis engobiert und glasiert. Beim Einfach- oder Spließdach überlagern sich die Ziegel nur geringfügig, die Fugen sind mit hölzernen Spließen unterlegt. Bei der Doppeldeckung – die eher im Süden Deutschlands verbreitet ist – sind die Ziegelreihen um eine halbe Breite versetzt und ergeben ein schuppenförmiges Deckbild. Bei der Kronendeckung oder dem Ritterdach, dem doppelten Einfachdach, werden zwei Ziegelschichten versetzt auf einer Lattung eingehängt. Diese Deckart ist eher im Norden und Osten verbreitet.

Bezüglich des Dachbildes weist das Biberschwanzdach eine flächige, nur leicht gegliederte Struktur auf. Die Einfachdeckung betont mehr die Vertikale, die Gesamtwirkung ist eher etwas eintönig und weniger repräsentativ. Die Doppeldeckung wirkt glatt, flächig und schuppenartig, die Kronendeckung weist dagegen eine stärkere Betonung der horizontalen Linienführung auf, da die Fußstirnkanten durch die Doppelreihung nahe beisammen liegen.

Auch die einzelnen Schnittformen haben einen wesentlichen Einfluß auf die Wirkung des Dachbildes. Der Rundschnittbiber betont die Schuppenform und löst die Dachfläche optisch auf. Beim Segmentschnittbiber dominiert weder die waagerechte noch die senkrechte

Das typische am Biberschwanz ist sein gerader Querschnitt und eine Nase zum Aufhängen. Rechts ein Dach aus Handstrichbibern und Maschinenbibern.

Linienführung, aber da die Ziegelschräge dennoch gut sichtbar bleibt, ist diese Schnittart besonders für die dezente Gliederung großer Dachflächen geeignet. Der Biber mit Korbbogenschnitt liegt in der Wirkung etwa zwischen dem Rundschnitt- und Segmentschnittbiber. Der Biber mit Sechseckschnitt hat eine stark graphische Flächenwirkung.

Das Krempziegeldach Der Kremp- oder Krampziegel, auch doppelter Schlußziegel oder Breitziegel genannt, beruht auf der Kombination eines Leistenziegels mit dem deckenden Hohlziegel und gilt als Vorläufer des Falzziegels. Die Grundform des Krempziegels ist eine Platte, welche rechts einen erhöhten, etwa 15 mm hohen Rand und links eine konisch verlaufende Krempe besitzt. Diese Krempe überdeckt jeweils die Leiste des Nachbarziegels. Neben der ungestuften, das heißt konisch oder tütenförmig verlaufenden Krempe gibt es bei den historischen Krempziegeln auch eine Form mit gestuften, eingeschnürten Krempen. Ganz selten ist eine weitere Formvariante mit einem schwalbenschwanzförmig ausgeschnittenen Fuß, die es in dem an Thüringen grenzenden Teil Hessens gibt. Nur im Wesermünsterland hat man es mit Rechtskrempern anstelle der sonst üblichen Linkskrempern zu tun. Krempziegeldächer hatten schon immer eine eher regionale Bedeutung, insbesondere

Vermörtelte, handgestrichene Krempziegel, die links eine konisch oder tütenförmig verlaufende Krempe besitzen und nur in Reihe verlegt werden können.

fanden sie im Raum Braunschweig/Wolfenbüttel, im Werra-Meißner Raum, in Thüringen und im Fränkischen Verbreitung. Diese Ziegel können nur in Reihe verlegt werden, und zwar in der Weise, daß die Fußkante der Krempen variabel die Fläche des darunter liegenden Ziegels bedecken. Durch den ebenen Boden der Ziegelmulde in Kombination mit der gewölbten Krempe ergibt sich beim Krempziegeldach eine schlichte und doch belebte Flächenwirkung, wobei die Krempe eine schattenreiche Betonung der senkrechten Linie bewirkt.

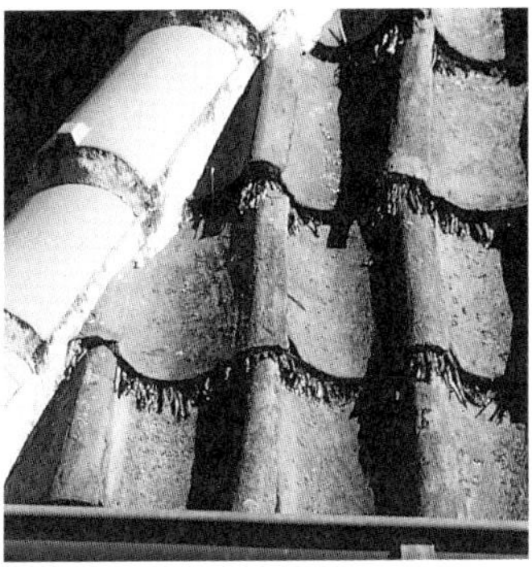

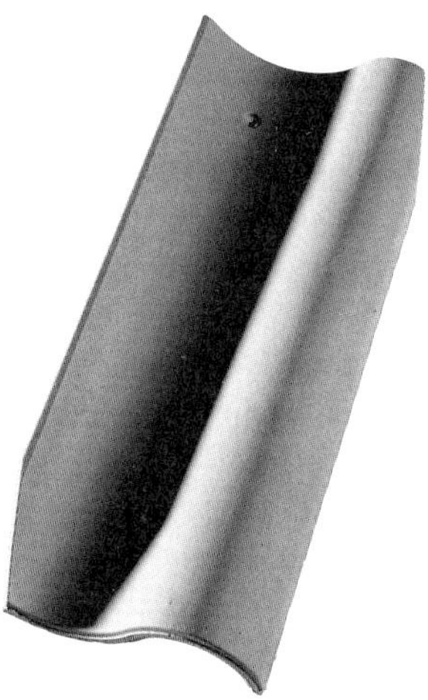

Oben: Deutlich sieht man oben bei den Hohlpfannen das liegende S und die gekappten Ecken. Das Decken mit Strohdocken verbessert die Dichtigkeit. Darunter ein schlanker »Fränkischer Rinnenziegel« aus heutiger Produktion, dem historischen Fittichziegel nachempfunden.

Das Hohl- oder S-Pfannendach

Der für diese Dächer verwendete Ziegel hat viele Namen: Dachpfanne, doppelter Hohlziegel, Fittichziegel, holländische Pfanne, oder auch selten Hohlziegel, um nur die wichtigsten zu nennen. Die Hohlpfanne ist ebenfalls eine Kombination von zwei Ziegeln, nämlich die Zusammenführung eines konkav und konvex verlegten Hohlziegels in einem Ziegel, also eine zweifach gebogene Platte, die im Querschnitt einem liegenden S ähnelt.

Den Hauptteil der Pfanne bildet eine große Mulde, in der das Regenwasser gesammelt und schnell abgeleitet wird. Die nach unten offene, kleine Wölbung heißt Krempe oder Windkrempe und bildet den Deckwulst, der über den Nachbarziegel greift und die Längsfuge nach oben abschließt. Die der Krempe gegenüberliegende, nach oben gerichtete Längskante der Pfanne wird auch als

Wasserkrempe bezeichnet. Die Pfannen besitzen in der Regel eine Aufhängenase.
Es gibt die Hohlpfannen in ganz verschiedenen Abmessungen und Krümmungen. Der Fittichziegel, auch unter der Bezeichnung Fränkische Pfanne oder Fränkischer Hohl- oder Rinnenziegel bekannt, ist der längste und schmalste, während die Pfannen an Ost- und Nordsee wesentlich kleiner und weniger gekrümmt sind. Beim Hohlpfannendach gibt es bis heute zwei unterschiedliche handwerkliche Traditionen bei der Eindeckung, die als Aufschnitt- und Vorschnittdeckung bezeichnet werden – erstere besonders am Niederrhein, letztere in Norddeutschland verbreitet – und sich auch an der Optik der Dachflächen ablesen läßt. Bei jeder Hohlpfanne werden diagonal gegenüberliegend zwei Ecken gekappt, um am Vierziegeleck die Überdeckung zu vereinfachen und eine Anhebung der Deckschicht zu vermeiden. Während bei der Aufschnittdeckung mit Kurzschnittpfannen alle vier Ziegel übereinander liegen, stoßen bei der Vorschnittdeckung mit Langschnittpfannen zwei Ziegel mit den Schnittkanten aneinander. Wer es genauer wissen will, sei auf handwerkliche Details im dritten Kapitel verwiesen.

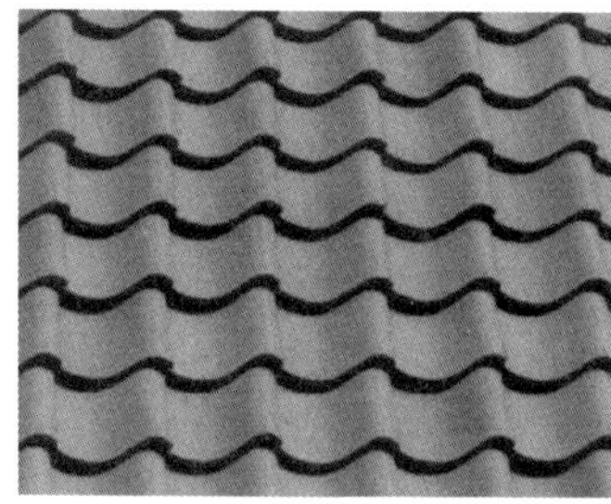

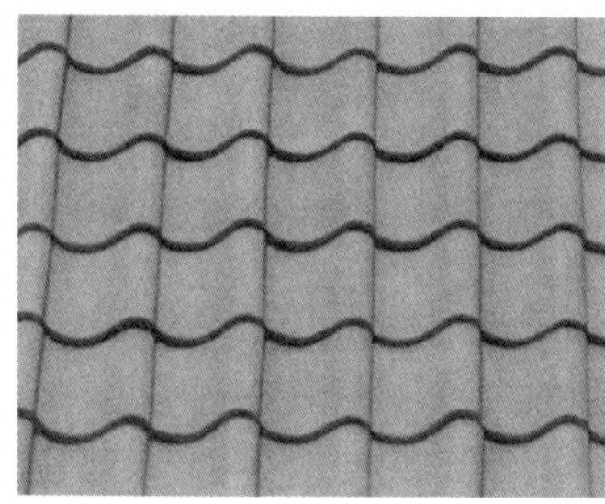

Die Hohlpfannen-Aufschnittdeckung oben besitzt eine markante Licht- und Schattenwirkung, während die Fläche eines in Langschnitt eingedeckten Hohlpfannendaches ruhiger wirkt.

Das Steildach ist die Domäne der Hohlpfanne, deren typisch geschwungene Oberfläche die Dachfläche prägt. Die Pfannen liegen scheinbar locker übereinander. Da der Kurzschnittziegel bei der Verlegung am Fuß stark aufträgt, entsteht bei der Aufschnittdeckung eine sehr viel kräftigere Schattenwirkung als bei der Langschnittdeckung; die Dachfläche wirkt dadurch insgesamt sehr rustikal.

Falzziegeldächer wirken meist unauffällig, denn verfalzte Muldenziegel waren zunächst rein aus der Funktion her entwickelt worden. Erst später ging man dazu über, die historischen Ziegelarten mit Falzen zu versehen, um wieder die überlieferten Deckbilder zu erhalten.

Falzziegeldächer Die Besonderheit von Falzziegeln ist, daß sie an den Teilen, die auf dem Dach übereinanderliegen, verzahnungsartig ineinandergreifen. Hierfür sind sie mit Rippen oder Leisten versehen, die unter Wahrung eines gewissen Falzenspiels in entsprechende Aussparungen oder Nuten des darüber oder darunter liegenden Ziegels eingreifen. Sie können in ihrer Form sehr unterschiedlich sein, gemeinsam sind ihnen jedoch ein bis drei Falze am Kopf und an der Seite. Herzziegel, Pariser- und Altkircher-Falzziegel und der Ludowici-Muldenfalzziegel Z1 waren in der Mitte des 19. Jahrhunderts die ersten klassischen Vertreter dieser maschinell hergestellten Dachziegel. Am schwierigsten war auch hier der Bereich des sogenannten Vierziegelecks – hier kreuzen sich in der Deckung vier Ziegel – zu lösen. Dieser mußte konstruktiv so ausgeformt sein, daß das Wasser von der Fläche oder dem Falz auf den nächsten Wasserfalz oder auf den gleichen Ziegel seitlich abgeführt wurde.
Die zunächst muldenförmige Gestaltung der Oberfläche hat die Optik der Dächer deutlich verändert. Beim Rauten- oder Herzziegel war es eine doppelherzförmige Erhebung in der Mitte, die sich am Fuß zur Hälfte wiederholte und eine sehr klar strukturierte und lebhafte Dachwirkung hervorrief. Beim klassischen Doppelmuldenfalzziegel waren es drei Längsrippen, durch die zwei Mulden entstanden, in denen das Wasser gesammelt und abgeleitet wurde. Diese Ziegel auf den Dächern

veränderten nachhaltig die Dachlandschaft der Städte und Dörfer. Es war nicht nur die unterschiedliche Oberfläche, die für eine andere Optik sorgte, sondern auch die durch die maschinelle Fertigung bedingte größere Gleichmäßigkeit der Abmessungen und Wölbungen des Ziegels, die diesen Dächern ein anderes, exakteres Gepräge gab. Form- und Größenabweichungen wurden immer seltener. Muldenfalzziegel von Ludowici und deren Nachfolger waren zunächst reine Zweckformen und ergaben verlegt ein Dachbild, das nicht von allen als schön empfunden wurde. Trotz seiner großen Verbreitung genügte es oft nicht den ästhetischen Ansprüchen von Architekten und Bauherren. Dies führte insbesondere in der Zeit des Historismus und danach zu Bestrebungen, die überlieferten, historischen Dachziegel wie Hohlpfanne, Krempziegel, Biberschwanz und Mönch und Nonne ebenfalls mit einer Verfalzung zu versehen, um wieder das gewohnte Dachbild zu erreichen. Heute gehören Falzziegel in sehr vielen Varianten zu der Standarddachdeckung, weil sie hinsichtlich Dichtigkeit, geringem Gewicht und günstigem Preis viele Vorzüge haben.

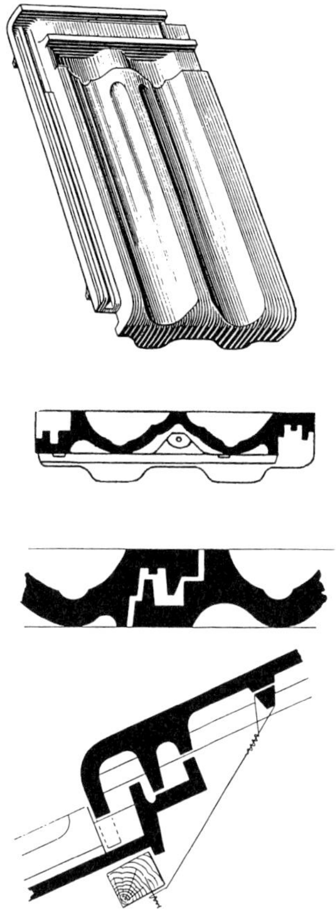

Der historische Doppelmuldenfalzziegel Z 1 von Ludowici ganz oben gehört zu den Ziegelklassikern. Am Querschnitt sind die seitlichen Verfalzungen sowie die Doppelmulden zur schnellen Regenwasserabführung deutlich sichtbar. Die beiden unteren Abbildungen zeigen den seinerzeit patentierten Stufenfalz der Seitenverfalzung sowie den doppelten Kopfschluß des Z1.

Bei der Dachsanierung der Lukaskirche in Leipzig – Bild rechts – wurden braun engobierte Muldenfalzziegel verwendet sowie nach Originalmustern angefertigte, von Pflanzenornamenten gekrönte Schmuckfirstziegel.

Dieser kunstvolle, aus fünf Teilen bestehende Bordziegel als Giebeldreieck entstammt einem Ziegeleiprospekt aus dem letzten Jahrhundert und ist mit seiner neobarocken Ornamentik typisch für die Zeit des Historismus. Ebenso beeindruckend ist daneben der Walmanfang eines Daches in Peking mit seinen filigranen Schmuckziegeln.

Das geschmückte Dach: Glasur, Farbe, Plastik

Das Spektrum der historisch herausragenden Ziegeldeckungen wäre nicht vollständig, wenn man nicht weitere Kriterien mit einbezöge, die in der Vergangenheit zu einer unverwechselbaren Optik geführt haben. Es sind dies in erster Linie die farbliche Differenzierung der Ziegel durch Glasuren und Engoben bis hin zu teppichartigen Mustern sowie die plastische Gestaltung der Ziegel in Form von Schmuckziegeln und Dachschmuck.

Das fernöstliche Dach Tempel- und Palastdächer des Fernen Ostens sind für viele der Inbegriff des geschmückten Daches. Die Baukulturen von China, Japan und Korea stellen das überragende, stufenförmige Walmdach mit geradem oder geschwungenem First in den Mittelpunkt ihres Bauens. Bereits zu Beginn des 8. Jahrhunderts waren alle Merkmale der chinesischen Dacharchitektur voll entwickelt: farbig glasierte, halbzylindrische Dachziegel und ein figürlicher Dachschmuck an First, Giebel und Traufe, als Schmuck und als Symbol zur Abwehr von Unheil und zum Schutz durch gütige Geister. Korea hat von seinem Lehrmeister China viel gelernt. Faszinierend waren auf dem typischen Schalendach die Dämonenmaskenziegel, die als Walmendziegel dienten und Eulenschwanzziegel am Ende des konkav geschwungenen Firsts, die Abmessungen bis zu 2,10 m aufwiesen, was eine Vorstellung von der Größe der Gebäude und der Leistungsfähigkeit der alten koreanischen Dachziegler vermittelt.

Das farbige Dach Farbige Ziegel waren zu allen Zeiten ein Zeichen von Wohlstand und Repräsentation. Glasierte Ziegel sind seit dem 12. Jahrhundert verbürgt, engobierte seit dem 14. Jahrhundert. Im Mittelalter und später wieder im Historismus wurden verschiedenfarbige

Dieses Dach der Pfarrkirche St. Antonius in Rothenthurm/Schweiz verkündet bereits von weitem den Gläubigen die kirchliche Botschaft und den Wanderern das Jahr seiner Entstehung: 1887. Die Tradition dieser Dachornamentik mit verschiedenfarbigen Ziegeln geht weit in das Mittelalter zurück.

Dachziegel in Streifen, Rauten oder Zickzackmuster verlegt und wie ein Teppich über die Dachfläche ausgebreitet. Es gibt noch zahlreiche Beispiele solcher Dacheindeckungen, vor allem aus der Gotik. Berühmt ist das Dach des Stephansdoms in Wien, das im Jahr 1456 mit 230000 bunt glasierten Biberschwanzziegeln eingedeckt wurde.

Zieglerplastik, Schmuckziegel Figuren, Sprüche und Zeichen schützen und schmücken das Haus ebenso wie figürliche Ziegel als Dachschmuck, die sich bevorzugt auf dem First und dem Walm eines Daches, aber auch an Traufe oder Bordkanten von Dächern befinden. Legendär sind Drachenfiguren, aber auch der Hahn als Schutz vor der Feuersbrunst oder der Storch als Fruchtbarkeitssymbol. Es gab sie auf den römischen und griechischen Dächern ebenso wie im Mittelalter und verstärkt wieder im Historismus.

Antike: Wiege des Dachziegels

Die antike Baukunst reicht vom 3. Jahrtausend v. Chr. bis zum 5. Jahrhundert n. Chr. In diesen Zeitraum fällt die Entwicklung des Dachziegels, wobei sich die genauen Anfänge im Dunkel der Geschichte verlieren. Etwa 2300 v. Chr. sollen die ersten Dachziegel auf dem »Haus des Zieglers« in Miloy bei Argos gelegen haben. So steht es jedenfalls in vielen einschlägigen Veröffentlichungen, was hier aber nur mit Vorbehalt angemerkt werden kann. Als sicher kann dagegen gelten, daß die Geburtsstunde des Dachziegels vor dem 7. Jahrhundert v. Chr. zu suchen ist. Nach einem Bericht des griechischen Dichters Pindar, der im 5. Jahrhundert v. Chr. lebte, waren es die Korinther, die den aus Ton gebrannten Dachziegel erfunden haben.

Die drei Ziegeldachtypen der Antike: lakonisch, korinthisch und römisch-sizilisch Im griechischen Mutterland entwickelten sich zwei Arten von Ziegeldächern, das lakonische und das korinthische Dach. Durch die Kolonisation kam es in Sizilien zur dritten Variante, dem sizilischen Dach.

Der wohl älteste Ziegeldachtyp ist die lakonische Dachdeckung, die in ihrer Entwicklung mehrere Wandlungen durchgemacht hat: Aus den ursprünglich verwendeten, gebogenen hölzernen Splintbrettern waren

Anhand der in Pompeji gefundenen »Tegulae et Imbrices« wurden für dieses Haus Insula XV, auch das Schiff Europas genannt, zweiteilige Leistendachziegel hergestellt.

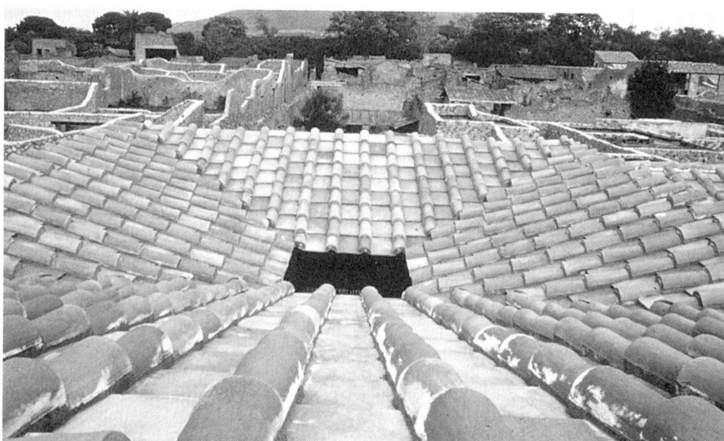

zunächst ähnlich geformte Segmentziegelschalen aus Ton entstanden, die als untere Auflageziegel und obere, fugenschließende Deckziegel verlegt wurden. Im Laufe der weiteren Entwicklung wurde der Deckziegel immer stärker gerundet, während die flache Form des Auflageziegels zunächst beibehalten wurde. Die neue runde Form des Deckziegels initiierte schließlich eine neue Dachdeckung, indem man seine runde Form auch für den unteren Auflageziegel nutzte. Diese Art der Deckung wurde später die typische Deckung des Mittelmeerraums und Vorläufer

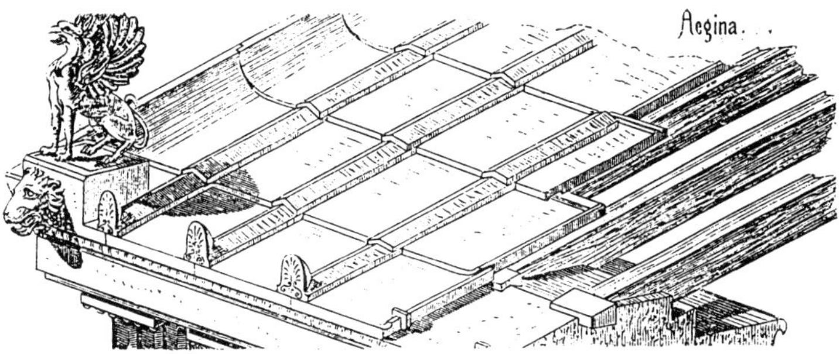

Beim korinthischen Dach der Antike wurden große, rechteckige Leistenziegel an den Stoßstellen von schmalen, eckigen Hohlziegeln überdeckt.

des Hohlziegeldachs, der Kloster- oder Mönch-Nonnendeckung. Diese Grundform des lakonischen Dachziegels hat sich über die Jahrtausende hinweg bis heute erhalten.
Das korinthische Ziegeldach ist wahrscheinlich aus der ursprünglichen Bretterdeckung entstanden und bestand aus großen, rechteckigen Leistenziegeln, die an den Stoßstellen von einem schmalen, eckigen Hohlziegel überdeckt wurden. Das korinthische Dach wurde in der Blütezeit Altgriechenlands auch aus Marmor hergestellt und war somit typisch für das klassische Dach der Tempelbauten. In der hellenistischen Zeit waren auch trapezförmige Leistenziegel bekannt.
Während der griechischen Kolonisation etwa 750 - 550 v. Chr. entstand auf Sizilien die dritte Art des klassischen Ziegeldaches, das im späteren römischen Reich zur Regeldeckung wurde: das sizilische Dach.

Es bestand ebenfalls aus großen, rechteckigen Leistenziegel, deren Fugen aber nicht mit einem eckigen, sondern mit einem flachrunden Deckziegel abgedeckt waren. Die Flachziegel waren sehr groß – bis zu 75 bis zu 125 cm Länge, mit einer Stärke von 3 – 5 cm. Eine spätrömische Variante waren trapezförmige Leistenziegel, die es auch im Mittelalter gab.

Griechische Dachterrakotta, Sima, Akroter und Antefix Das griechische Dach trat als flachgeneigtes Satteldach architektonisch nicht besonders hervor. Für das Schmuckbedürfnis kam den Dachrändern, die zugleich die Bekrönung des ganzen Gebäudes bildeten, eine besondere Bedeutung zu. Die Säulen und das Gebälk der antiken Tempel bestanden ursprünglich aus Holz. Um dieses gegen die Witterung zu schützen, verwendeten die Griechen am Oberbau Bauteile aus gebrannten Ton. Diese »terra cotta« waren gleichzeitig Schutz, verkleidender und bekrö-

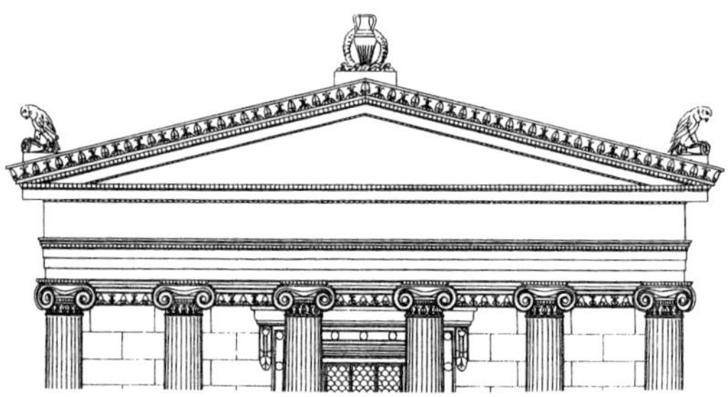

Griechischer Tempel mit dem typischen Giebelgesims, der »Sima« aus Terracotta und den Giebel- und Eckakroterien als Schmuckelementen.

nender Schmuck. Auch beim späteren Übergang zum reinen Steinbau behielt man diese Terrakottaverkleidung bei.
Am Giebelgesims – »Sima« genannt – verwendete man Flachziegel, deren äußerste, direkt über dem Giebelfeld liegende Kante aufgebogen und ineinander verfalzt war, so daß eine fortlaufende, nach außen geschwungene Profilleiste entstand. Die Sichtflächen wurden dekorativ mit Ornamenten und Blumendekor geschmückt. Dafür wurde immer mehr Platz benötigt, so daß schließlich Ortgang- oder Simenziegel mit Sichtflächen von bis zu 50 cm Höhe keine Seltenheit waren. Die Ecken des Dreiecksgiebels, also die Giebelspitze am Firstende und die beiden

unteren Traufecken wurden ebenfalls besonders gestaltet. Sie wurden mit Zierfiguren, den »Akroterien«, geschmückt. Im 7. und 6. Jahrhundert v. Chr. waren es ornamentgeschmückte Scheiben von meist beachtlicher Größe. So besitzt das große Giebelakroterion des Heraion einen Durchmesser von gut 2,20 m. Vom 6. bis 4. Jahrhundert v. Chr. bestanden die Akroterien vorzugsweise aus Pinienzapfen, Palmetten oder figürlichen Darstellungen aus der griechischen Mythologie.
Die Firstlinie der Dächer wurde durch besonders große Firstziegel geschmückt, die einen Durchmesser von bis zu 75 cm besaßen, zum einen, um den zwischen den Dachschrägen entstehenden Zwischenraum zu überbrücken, zum anderen, um der Bedeutung dieser obersten Bekrönungslinie des Daches gerecht zu werden. Meist waren es große plastische Palmetten, die auf dem Rücken der Firstziegel angeordnet waren und bei Bauten des Historismus später wieder auftauchten.
Für die Ausbildung der Traufkante fanden die Griechen im wesentlichen zwei Lösungen. Bei der ersten Lösung wurde die unterste Ziegelreihe, die sog. Traufschar, ebenfalls zu einer ornamentalen Simenplatte aufgebogen. In diesem Fall wurde jede Platte mit einem oder zwei röhrenförmigen Wasserspeiern versehen. Bei diesem Traufsimendach erhielt die Horizontale des Giebelfelds in Angleichung an den Traufrand die gleiche Sima. Damit waren die Dachränder an allen Seiten des Gebäudes gleich und die umlaufende Sima grenzte das Dach gegenüber dem darunter liegenden Baukörper ab.
Bei der zweiten Trauflösung, dem Traufplattendach, wurden die Flachziegel der Traufreihe etwas verlängert und als Traufnase bzw. Abtropfkante für das Regenwasser ausgebildet. Die Stirnseite wurde mit einem kleinen Profil verziert. Das offene Loch des Deckziegels wurde mit einer Tonplatte verschlossen. Diese Stirn- oder Randziegel der Traufschicht werden als Antefixe bezeichnet. Die Tonplatte wurde mit floralen Motiven versehen und häufig auch mit Masken von menschlichem Aussehen, vermutlich Götter, Heroen oder Fabelwesen, geschmückt.

Etruskische und römische Dächer Die frühen etruskischen Wohnhäuser waren mit Reet, Holzschindeln und Ziegeln gedeckt. Eine reiche Terrakottazier schmückte das Dach ebenso wie in Griechenland. Diese Bautradition gaben die Etrusker an die Römer weiter.

Ziegelformen der Etrusker und Römer: tegula und imbrex Die Dachziegel der Etrusker und Römer bestanden aus zwei Ziegelformen, der »tegula«, einem meist rechteckigen, seltener trapezförmigem Flach- oder Plattenziegel von 3 – 4 cm Dicke mit seitlich erhöhten Rändern. Der Stoß zweier Leistenziegel wurde mit dem halbkreisförmigen, konischen »imbrex«, einem Hohlziegel abgedeckt. Die Flachziegel ohne Nasen wurden ohne weitere Befestigung direkt auf die in entsprechenden Abständen angeordneten Sparren verlegt. Durch ihr hohes Gewicht und die geringe Dachneigung von etwa 18° – 22° war ein Heruntergleiten der Ziegel nicht zu befürchten.

S***onderziegel für Traufe, First, Grat und Kehle*** Giebel- und Trauflösungen wären ähnlich wie bei den griechischen Dächern. Die Hohlziegel an der Dachtraufe waren als Antefixe ausgebildet, wobei die aufwärts gerichtete Stirnfläche mit Palmetten, Blattornamenten oder Tiergestalten verziert war. Anstelle der Hohlziegel mit Antefix als Traufschicht gab es auch Traufziegel mit Sammelrinnen und Wasserspeiern. Zur Eindeckung des Firsts und Grats gab es Spezialziegel, die in der Form dem Imbrex entsprachen und zum Anschluß an die Dachfläche halbkreisförmige Ausschnitte oder röhrenartige Ansätze besaßen. Bei einer anderen Art der Firstausbildung verwendete man schmale Sattelziegel mit aufgebogenen Rändern und Falzen zum Einschieben für die Leistenziegel. Durch die Bauweise des altrömischen Wohnhauses, welches einen Innenhof, das Atrium, umschloß, entstanden durch die einwärts geneigten Dachflächen erstmals Kehlen, für die man besondere Kehlziegel entwickelte. Wie Funde aus dem 79 v. Chr. verschütteten Pompeji zeigen, kannte man bereits Licht- und Lüftungsziegel.

Römische Ziegler in Deutschland Die Geschichte des Ziegels in Deutschland begann nach dem Sieg von Gajus Julius Cäsar über die Germanen im Jahre 58 v. Chr. Die Römer brachten das Wissen um die Ziegelherstellung in die besetzten Gebiete, wo sie rund 500 Jahre – bis 454 n. Chr., als das Rheinland endgültig fränkisch wurde – Ziegelgeschichte schrieben. Der gebrannte Ton wurde von den Römern in vielfältiger Form als Baustoff eingesetzt, als Mauerziegel »later«, als Platten für Wand, Decke und Fußboden, als Hypokaustziegel oder »tubuli« oder

Röhrenziegel für die Heißluftheizung. Eines ihrer wichtigsten Erzeugnisse waren die Dachziegel, einschließlich der bereits beschriebenen Sonderformen. Die Einführung der Ziegelbauweise war eine bedeutende technische Leistung der Römer. Die militärischen Einheiten deckten ihren Bedarf in eigenen Legions- oder Heeresziegeleien.

Ziegelherstellung und Ziegelstempel Die Herstellung der Ziegel erfolgte durch militärische Arbeitskommandos, die von den einzelnen Legionen zu diesem Zweck zusammengestellt wurden. Die Zieglerdetachements versahen etwa jeden hundertsten der von ihnen gestri-

Römischer Ziegelstempel.

chenen Ziegel mit einem Stempel, wobei jede militärische Einheit ihren eigenen, charakteristischen Stempel besaß. Für die Geschichtsforschung sind diese Ziegelstempel wichtige Hilfsmittel zur Bestimmung von Gebäuden, Sitz von Garnisonen, Truppenbewegungen usw. Die in Germanien hergestellten Leistenziegel hatten Längen von 45 bis 55 cm und Breiten von 35 bis 40 cm, waren also – wohl aus technischen und klimatischen Gründen – deutlich kleiner als die in Italien und Sizilien gefertigten.

Das Ende der römischen Ziegelherstellung in Deutschland Der Abzug der römischen Truppen vom Rhein und aus Rätien in den Jahren 400 – 402 n. Chr. bedeutete auch das Ende der römischen Ziegelherstellung in Deutschland. In zahlreichen Museen sind jedoch heute römische Dachziegel archiviert und ausgestellt, so daß sich ein guter Überblick bietet.

Mittelalter: Wettstreit der Dachdeckungen

Die Baukunst des Mittelalters umfaßt die lange Zeitspanne von etwa 480 bis 1500 n. Chr. und schließt die Periode der Vorkarolinger, der Karolinger und Ottonen, der Romanik und schließlich der Gotik ein. Am Ausklang des Mittelalters wirkte die Dachlandschaft häufig wie ein Fleckerlteppich, denn nebeneinander gab es die verschiedensten Dachdeckungen: Stroh, Rohr, Holzschindeln, Schiefer, Steinplatten, Werkstein, Metall, aber auch die unterschiedlichsten Ziegeldeckungen.

Weiche oder harte Dachdeckungen: Stroh, Rohr, Schindel oder Stein und Metall? Noch waren Dächer aus Stroh und Rohr, aber auch aus Schindeln und Brettern weit verbreitet. Diese weichen Dächer waren wegen ihrer guten Verfügbarkeit und ihrer geringen Kosten nicht nur auf dem Land beliebt, sondern auch in der Stadt. Aber zunehmend gerieten sie mit Dächern aus Ziegel in Wettstreit, da sie wegen der verheerenden Folgen der Feuerbrünste von der Obrigkeit verboten wurden. Mit Beginn des 11. Jahrhunderts wurde mit dem Dachschieferabbau im Harz und im Rheintal die bereits bei den Römern bekannte Schieferdeckung wieder aufgenommen, blieb aber auf repräsentative öffentliche Gebäude beschränkt. Als weitere Dachdeckungen aus Natursteinen gab es schieferartig übereinander gelegte Buntsandstein- und Kalksteinplatten. Diese Steinplatten waren wesentlich größer und dicker als Schiefer.

Von den Metallen wurden im Mittelalter vorzugsweise Blei und Kupfer für die Dachdeckung verwendet. Vorteile der Metalldeckung waren ihre Langlebigkeit und die Fähigkeit zu patinieren, also durch das Altern schöner zu werden, bei der Bleideckung durch einen silbernen Schimmer, beim Kupferdach durch die grüne Patina. Wegen des hohen Preises wurden Blei und Kupfer aber nie zu einer allgemeinen Dachdeckung, sondern fanden immer nur bei ausgewählten, repräsentativen Monumentalbauten Verwendung.

In der engen Bebauung und auf den steilen Dächern der mittelalterlichen Städte konnte der Dachziegel erstmals seine Vormachtstellung gegenüber den weichen Deckungen aus Reet, Stroh und Schindeln festigen.

Der Siegeszug des Dachziegels: Leistenziegel, Hohlziegel, Krempziegel und Hohlpfanne Alle Dachziegelformen, die man bis zum Beginn des 19. Jahrhunderts auf Deutschlands Dächern findet, entstanden während des Mittelalters. Wann sich die einzelnen Ziegeltypen exakt entwickelt haben und erstmals gedeckt wurden, ist schwierig festzustellen, da sich das Dachwerk, das den Witterungseinflüssen am meisten ausgesetzte Bauteil, im Gegensatz zum Mauerwerk am wenigsten originär erhalten hat. Dies ist zu berücksichtigen, wenn nachfolgend versucht wird, die Bedeutung der verschiedenen Dachdeckungen und die Entstehung der einzelnen Dachziegelformen als historische Abfolge innerhalb der einzelnen Architekturperioden zu behandeln. Sicher ist, daß verschiedene Entwicklungen auch parallel verliefen und regional zeitversetzt auftraten.

Die historischen Dachziegelformen des Mittelalters sind Leistenziegel, Hohlziegel, Krempziegel, Flachziegel und Hohlpfanne. Flachziegel galten zu dieser Zeit noch als exklusiv, die sich nur besser gestellte Bauherren leisten konnten. Krempziegel waren besonders im Gebiet des ehemaligen Fürstbistums Hildesheim verbreitet. Die im 15. Jahrhundert in den Niederlanden entwickelte Hohlpfanne begann den gesamten norddeutschen Raum von den Niederlanden bis nach Ostpreußen und herunter bis Hessen zu erobern. Auch kombinierte Deckungen waren in der mittelalterlichen Dachlandschaft vertreten. So waren z. B. bei Kirchen das Langhaus mit Ziegel und das Apsiden- und Turmdach mit Schiefer oder Metall gedeckt. Üblich waren plastische Giebelverzierungen im Stil der Zeit: Krabben, Kreuzblumen und Masken.

Karolingische Architektur – Deckung mit Leistenziegel und Hohlziegel Die Wanderzüge der germanischen Völker im 2. bis 8. Jahrhundert v. Chr. hatten den Untergang des Römischen Reichs besiegelt. In den Wirren der Völkerwanderung verkümmerte die Ziegeleitechnik; es dauerte geraume Zeit, bis durch die Gründung des Frankenreichs ein Neubeginn stattfand. In der karolingischen Architektur unter Karl dem Großen wurden durch Verordnungen bestimmte Baustoffe vorgeschrieben, so z. B. der Steinbau anstelle des Holzbaus. Die »*Zehn Bücher über Architektur*«, die der römische Baumeister Vitruv um 25 v. Chr. geschrieben hatte und in denen auch Passagen über die Herstellung und Verwendung des Ziegels enthalten sind, wurden am Hofe Karls des Großen kopiert und dienten seinen Baumeistern als Ratgeber. Auf der Frankfurter Synode von 794 wurde in den von Karl dem Großen erlassenen Verordnungen Dachziegel als allgemeine Dachdeckung für die Kaiserpfalzen und Wirtschaftshöfe vorgeschrieben. Es ist dies die früheste schriftliche nachrömische Quelle über die Verwendung von Ziegeln.

Die Anpassung des römischen Ziegeldachs an die klimatischen Verhältnisse des Nordens Die römische Art der Dachdeckung mit Leistenziegeln und Hohlziegeln ist noch für das gesamte Frühmittelalter kennzeichnend. Einen entscheidenden Anteil am Baugeschehen hatte der Klosterbau. Es waren vor allem die Mönchsorden, und hier namentlich die Benediktiner, Zisterzienser und Prämonstratenser, welche die Kenntnisse der Ziegelherstellung wieder in den deutschen Raum brachten und für die Verbreitung des Ziegels und des Ziegelbaus sorgten.

Entwicklung des Leistenziegeldachs Das sizilische Dach, bei dem der Flachziegel aus großen rechteckigen Leistenziegeln bestand, hatte in der spätrömischen Zeit dadurch eine bedeutende Änderung erfahren, daß man eine bereits in der hellenistischen Zeit Griechenlands nachgewiesene Variante einführte, bei welcher der Leistenziegel kleiner und trapezförmig ausgebildet war. Diese Leistenziegel waren so verlegt, daß sich die einzelnen Reihen nicht mehr berührten. Der entstehende Zwischenraum und die Leisten wurden durch den Hohlziegel abgedeckt. Diese Deckung war für das gesamte Frühmittelalter üblich. Die Leistenziegel wurden meist nicht direkt auf Sparren aufgelegt, sondern auf eine Zwischenlage gebrannter Tonplatten. Solche Dächer hießen auch spätrömische oder mittelalterliche Dächer. Man kam hierbei noch ohne Aufhängenase aus; wegen der geringen Dachneigung genügte es, nur die untere Reihe mit zwei Nägeln gegen Abrutschen zu sichern.

Die Anfänge des Hohlziegeldaches Parallel dazu entwickelte sich das vermörtelte Hohlziegeldach. Zur besseren Anpassung des flachgeneigten Daches an die Klimaverhältnisse im regenreichen Mitteleuropa hatte man damit begonnen, anstelle des unteren Leistenziegels ebenfalls Hohlziegel zu verwenden. Diese Rinnenbildung war für eine schnellere Wasserableitung wichtig. Ein weiterer Vorteil war die bessere Anpassungsfähigkeit an runde und geschweifte Dächer, Turm- und Apsidendächer, da man Hohlziegel zusammenschieben und einzelne Reihen auslaufen lassen konnte. Aber noch war die Aufhängenase in ihren verschiedenen Entwicklungsstufen nicht erfunden.

Ottonische Baukunst – Erfindung des Krempziegels Nach dem Aussterben der Karolinger übernahmen die Ottonen mit Otto dem Großen (936 bis 973 n. Chr.) das Kaiserreich und entwickelten von ihrem niedersächsischen Kernland aus eine rege Bautätigkeit. Ihr bedeutendster Kirchenbau war die St. Michaelskirche in Hildesheim, die Bischof Bernward von Hildesheim bauen ließ. Die von 1010 bis 1036 gebaute Kirche wurde im Zweiten Weltkrieg zerstört und wieder rekonstruierend aufgebaut. Bei Ausgrabungen fand man im Schutt Dachziegelscherben mit dem Stempel »Bernward«, womit im Kern die Legende bestätigt wird, nach der Bernward die erste Ziegeldeckung in Deutschland ausgeführt haben soll. Ob diese erste Deckung jedoch bereits aus Krempziegeln bestand, als deren Erfinder Bernward gilt, ist nicht belegt. Sicher ist nur, daß der Krempziegel als ältestes, eigenständiges Dachziegelmodell Deutschlands etwa um 1000 n. Chr. entstanden ist. Bei den historischen Krempziegeln entwickelten sich im Lauf der Zeit drei Formvarianten: der ungestufte, mit durchgehend konisch tütenförmig durchlaufender Krempe, die gestufte, eingeschnürte Krempe und eine seltene Variante mit schwalbenschwanzförmig ausgeschnittener Fußkante.

Romanik – Das Auftauchen des Biberschwanzziegels Die Romanik knüpfte zunächst an die solide Massivität römischer Baukunst an, entwickelte jedoch später völlig neue, eigenständige Bauformen des Nordens. Es war die Zeit der frühesten Stadtanlagen, die als Sitze weltlicher und kirchlicher Feudalherren auf den verfallenen Anlagen der Römer oder komplett neu gegründet wurden. Aus dem Bauhandwerk der Klöster entwickelte sich ein selbstständiges Laienhandwerk. Auch die Ziegler lösten sich vielfach von der klösterlichen und hofrechtlichen Hörigkeit und wurden freie, aber meist unzünftige Handwerker. Neben den klösterlichen und herrschaftlichen Ziegeleien, entstanden auch städtische oder Ratsziegeleien.

Die Entstehung des Flachziegels, des heutigen Biberschwanzes In diese Zeit der Romanik fällt die Entwicklung des Flachziegels. Nach Viollet-le-Duc – einem französischen Erforscher des Mittelalters – entstanden die Flachziegel aus der Notwendigkeit heraus, in regen- und schneereichen Gegenden eine dichtere Dachdeckung zu erreichen, als dies mit der römischen Deckungsweise möglich war. Bei stürmischem Wetter erwies sich nämlich die Fugenabdichtung beim Leistenziegeldach zwischen »tegula« und »imbrex« als nicht ausreichend gegen das Eindringen von Regen und Flugschnee, zumal damals noch eine geringe Dachneigung gewählt werden mußte, um das Abgleiten der Ziegel zu vermeiden.
Es gibt drei Theorien zur Herkunft des Flachziegels. Die erste sieht seine Wurzeln in einer Weiterentwicklung des Leistenziegels. Als zweite Variante sah man im steinzeitlichen Steinplattendach einen Vorläufer des Biberschwanzdaches. Die dritte und heute allgemein anerkannte Theorie geht davon aus, daß sich die Form der Flachziegel aus den Holzschindeln entwickelt hat. Neben der weitgehenden Übereinstimmung der äußeren Form spricht hierfür auch die Tatsache, daß diese Flachziegel vor allem im klassischen Verbreitungsgebiet der Holzschindel, also in den waldreichen Gegenden Frankreichs und Süddeutschlands auftraten und diese dort nach und nach verdrängten.

Dieser in Hirsau gefundene Biberschwanz aus dem 11./12. Jahrhundert gilt als der älteste Fund in Deutschland.

Varianten des romanischen Flachziegels: Leiste und Nase, Geradschnitt und Spitzschnitt Die ersten gegen Ende des 11. Jahrhunderts entstandenen Flachziegel hatten eine rechteckige Form und besaßen an der Rückseite eine breite, durchgehende Leiste zur Aufhängung auf Latten, deren Abstand etwa ein Drittel der Ziegellänge betrug. In Burgund entstanden zu Beginn des 12. Jahrhunderts ähnliche Flachziegel, jedoch etwas kleiner, mit einer seitlich versetzten,

Erstmals gab es in der Gotik Biberschwanzziegel mit Spitzschnitt. Im Barock wurde die Spitze flacher und ergab auf den Dächern den typischen Rautenschnitt. Dies ist die Cadolzburg bei Nürnberg in Franken.

rund auslaufenden Nase mit rechteckiger Grundfläche und etwa symmetrisch dazu mit einem Loch zur zusätzlichen Befestigung mit einem eisernen oder hölzernen Nagel. Später folgte die mittige Nase.
Die ältesten deutschen Flachziegel mit Spitzschnitt stammen aus dem frühen 12. Jahrhundert und wurden im Kloster Hirsau gefunden. Seit dieser Zeit finden sich auch rot engobierte und hell- bis dunkelbraun oder grünlich glasierte Flachziegel. Noch aber war die große Zeit des Biberschwanzziegels nicht gekommen.

Gotik – Dominanz des Steildaches Die gotische Architektur löste die romanische Baukunst ab und schuf einen völlig neuen Stil, der sich von Frankreich aus in vielen nationalen Abwandlungen in ganz Europa verbreitete. Der romanische Massivbau mit seinen Rundbögen mußte dem gotischen Maßwerkbau mit seinem himmelsstürmenden Vertikalismus weichen. Entsprechend dieser Geisteshaltung wurden steilere Dachneigungen gewählt, die sich auch auf die Entwicklung der Dachziegel auswirkten. Das steile, gotische Satteldach, häufig mit glasierten Ziegeln geschmückt, wurde zur dominierenden Dachkonstruktion nicht nur bei Kirchen, sondern auch bei Bürgerhäusern. Zunehmend traten Dachziegelmodelle mit Aufhängenasen in Erscheinung.

Die Weiterentwicklung des Hohlziegeldaches: Von »Haken und Preisen« zu »Mönchen und Nonnen« Seit dem 11. Jahrhundert, aber wahrscheinlich bereits schon viel früher, war man dazu übergegangen, anstelle des unteren Leistenziegels gleichfalls einen Hohlziegel, aber umgekehrt zu verlegen: das Hohlziegel- oder Klosterdach war geboren, Zunächst als Haken- und Preisendach bekannt. Der Volkswitz belegte es später in derber Anspielung auf die Zustände in den damaligen Klöstern mit dem Ausdruck »Mönch- und-Nonnen-Dach«, eine Bezeichnung, die sich bis heute erhalten hat.
Im Mittelalter sprach man jedoch noch allgemein vom Haken-Preisendach. Folgende Bezeichnungen waren früher üblich: Für den oberen, konvex verlegten Hohlziegel: Preisen, Preys, Preißziegel, Mönch, Oberdächler, Reiter, Fugendeckziegel u. a., für den unteren, konkav verlegten Hohlziegel: Haken, Hocken, Nonne, Unterdächler, Rinnen, Priepen, Kehlziegel. Heute spricht man nur noch von Mönch und Nonne, in der Schweiz auch von Ober- und Unterdächler.

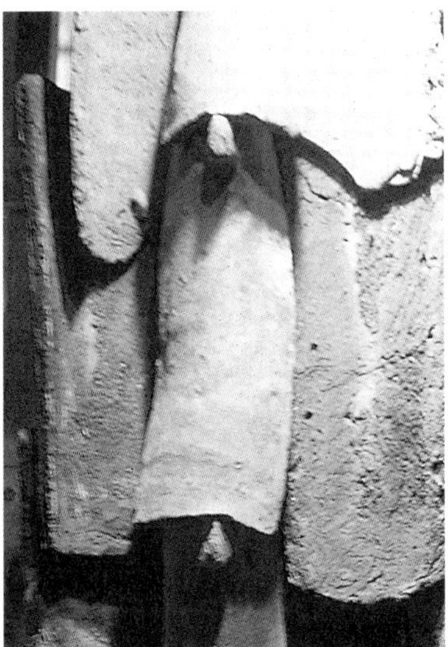

Frühmittelalterliche Hohlziegel – damals noch Haken und Preisen genannt. Erstmals besaßen sie Nasen, mit denen die Nonnen an die Latten gehängt wurden, während die Mönche sich damit am nächstunteren abstützten. Sammlung Hundisburg.

Hohlziegel mit Nase Bei den ersten Hohlziegeldächern waren Mönch und Nonne noch identische konische Halbschalen ohne Nase, die zwischen eng gelegte Sparren oder Latten gelegt wurden. Die Erfindung der Aufhängenase für die Hohlziegel erfolgte im 11. bis 12. Jahrhundert, zeitlich parallel mit der Entwicklung beim Flachziegel. Die Nonnen wurden erstmalig auf horizontalen Latten aufgehängt, bald danach entwickelten sich deutliche Unterschiede zwischen Mönchen und Nonnen. Die Nase der breiteren Nonne befand sich ganz oben am breiten Kopfende, während sie bei den Mönchen am schmaleren Kopfende mit etwa 7 – 8 cm Abstand vom Ziegelende angebracht war, so daß der darüber liegende Mönch sich gegen diese Nase abstützen konnte und ihn trotzdem noch überdeckte. Neben den durchgehend konischen Nonnen gab es zur besseren Einpassung auch solche mit einer Einschnürung am Fußende.

Mittelalterliche Formate bei Mönch- und Nonnenziegel Die Abmessungen der Mönche und Nonnen waren zeitlich und regional sehr unterschiedlich. Die ältesten Funde mit 62 cm Länge und 27 cm Breite scheinen auch die größten gewesen zu sein. In der Regel bewegte sich die Länge zwischen 37 und 42 cm, die Breite an einem Ende zwischen 11 und 16 cm, am anderen zwischen 17 und 20 cm, bei einer Dicke von etwa 1,5 cm. Waren die Ziegel allein schon recht schwer, so erhöhte sich das Gewicht durch die Mörtelbettung noch beträchtlich, so daß die Klosterdeckung einen entsprechend solide gebauten Dachstuhl erforderte. Diese Klosterdeckung war bis zum 16. Jahrhundert, vor allem in Süddeutschland, die am weitesten verbreitete Ziegeldeckung, bis sie nach und nach von den einfacheren Hohl- oder S-Pfannen und der Biberschwanzdeckung abgelöst wurde. Als Sparvariante der aufwendigen Klosterdeckung entwickelte sich im Mittelalter die Priebendeckung – diese Deckung bestand nur aus Nonnen. Sie kam mit der Hälfte der Dachziegel aus, wurde vermörtelt und ermöglichte aufgrund ihres geringeren Gewichts einen leichteren Dachstuhl.

Die Hohlpfanne – Alternative aus dem Norden Am Ausklang des Mittelalters tauchte erstmals die Hohlpfanne oder S-Pfanne auf. Da die Hohlpfanne im Gegensatz zu den Flachziegeln und als Ableitung vom klassischen Hohlziegel ebenfalls runde Querschnitte aufweist, gilt sie als Untergruppe der Hohlziegel und wird daher – zur sprachlichen Verwirrung – heute ebenso wie der Mönch- und Nonnenziegel als Hohlziegel bezeichnet.

Der relativ hohe Aufwand für die Herstellung und Unterhaltung der Klosterdeckung mögen mit ein Grund dafür gewesen sein, nach einer alternativen Dachziegelform zu suchen, die leichter und einfacher zu verlegen war. Als erste scheinen die Holländer Ende des 15. Jahrhunderts fündig geworden zu sein, indem sie einen neuen Dachziegel entwickel-

Die Hohlpfanne verdrängte im Norden die wesentlich aufwendigere Mönch- und Nonnendeckung und erwies sich als ideal für die Eindeckung steiler Dächer. Die handwerkliche Fertigung der Dachziegel mit ihren unterschiedlichen Formen und Wölbungen führte bei diesem Dach zu einem spannungsreichen Deckbild.

ten »*der ein aneinander gewachsener zigel aus platten und hol zige*l« war, die Hohlpfanne. Wegen ihrer Herkunft wurde die Hohlpfanne, kurz Pfanne, auch als holländische Pfanne bezeichnet. Die französische Bezeichnung ist *tuile flamande*, also flämischer Ziegel, die englisch *pan tile*, was unserem Wort Pfannenziegel entspricht.
Auch dieser Dachziegel hatte antike Vorbilder, denn die Hohlpfanne gilt als die Kombination der beiden Halbschalen der Klosterdeckung zu einer Einheit. Von Anfang an hatte diese Hohlpfanne an ihrer S-förmig gebogenen Platte eine Aufhängenase, den »hacken«, der für diese Deckungsart auch zu dem landläufigen Ausdruck »Zigelhacke« führte. Ein kleines Detail war damals ausschlaggebend für den Erfolg des neuen Dachziegelmodells: die Kappung der rechten oberen und linken unteren Ecke des Ziegels. Damit war die Eindeckung am Vierziegeleck handwerklich gelöst: An dieser Stelle konnte keine Anhebung der Deckschicht mehr erfolgten. Um die erforderliche Regensicherheit zu erreichen, wurden sie entweder in Querschlagmörtel und mit Innenverstrich oder nur mit Innenverstrich oder auch mit Strohdocken verlegt.

Renaissance, Barock und Klassizismus: Ziegeldächer

Die großen Stile Renaissance, Barock und Klassizismus haben in der Architekturgeschichte markante Bauweisen entwickelt, in der Dachziegelentwicklung jedoch keine epochalen Neuentwicklungen hervorgebracht. Die Renaissance zwischen dem 16. und 17. Jahrhundert gilt als Epoche der Wissenschaft und Eroberung der Erde, der Abkehr von der Glaubenswelt und der Rückbesinnung auf die Werte und Formen der Antike. Ihre Hauptprinzipien in Italien waren Symmetrie, Einfachheit und Klarheit der Gliederung. Auf die Gestaltung der Dächer in Deutschland hatte dies jedoch wenig Einfluß. Hier blieb weitgehend das Erbe der Gotik bestimmend, nämlich die Betonung des steilen Daches mit seiner Giebelbildung und der Vorliebe für Asymmetrie.
Der um 1600 entstehende Barock war die Epoche der unumschränkten Fürstenherrschaft und der siegreichen Gegenreformation. Grundlage der Baukunst wurde die Prunkentfaltung und Illusion als Mittel der Macht- und Repräsentationspolitik. Der Zwiebelturm und das gerundete Dach auf bogenförmigem Grundriß traten ebenso wie das Mansarddach neu in die Dachlandschaft der Städte und Dörfer. Das Rokoko, dessen Zeitspanne etwa zwischen 1740 und 1789 liegt, gilt als die elegante, verfeinernde Spätphase des Barock, die alles Funktionale und Konstruktive mit kapriziös geschwungenen Formen zu überdecken versuchte und dadurch den Dächern belebende Elemente hinzufügte.
Der Klassizismus war eine Gegenströmung zur Formenpracht des Barock und Rokoko. Seine geistigen Wurzeln lagen im Rationalismus der Aufklärung. Er entlehnte seine Stilelemente der römischen und griechischen Antike, klassische Säulenanordnung, kubische Bauformen, Symmetrie und gesetzmäßig überlieferte Proportionen prägten seinen Baustil, flach geneigte Dächer versteckten sich hinter antiken Giebelformen. Deutlich machen dies die Hauptwerke des Klassizismus, wie zum Beispiel das Brandenburger Tor und das Alte Museum in Berlin sowie die Glyptothek in München.

Ziegeldächer von Kirchen und öffentlichen Gebäude mit Kuppeln, markanten Fassaden und repräsentativen Dachformen prägen die Dachlandschaften von Renaissance, Barock und Klassizismus. Hier ein Blick über die Dächer von Würzburg.

Die Firstschwenkung – vom Giebel- zum Traufenhaus Seit der Renaissance vollzog sich die sogenannte Firstschwenkung, wie der Übergang vom mittelalterlichen Giebelhaus zum neuzeitlichen Traufen- oder Querhaus in den Städten bezeichnet wird. Waren bei der Giebelstellung der Häuser die Firstlinien der Dächer senkrecht zur Straße gerichtet, so zeigte die Traufenstellung parallel zur Straßenrichtung verlaufende Dachfirste. Dies führte zu einer nachhaltigen Veränderung der Dachlandschaft. So wurde das Traufenhaus seit dem 16. Jahrhundert vorherrschend für das Erscheinungsbild der deutschen Städte. Es waren vor allem feuerpolizeiliche Notwendigkeiten, die dazu geführt hatten, da beim Traufenhaus durch die Errichtung von Brandgiebeln auf der

Nebeneinander stehen hier in Westfalen mittelalterliche, giebelständige Häuser mit Satteldach und Krüppelwalm und traufständige Gebäude, die bautechnisch viele Vorteile hatten.

nachbarlichen Grenze eine wesentlich bessere Sicherheit gegen die Verbreitung von Feuersbrünsten erreicht werden konnte. Weitere Vorteile der Traufenstellung war die bessere Wärmeisolierung der aneinander gerückten Gebäude, eine Baustoffersparnis und der Wegfall der feuchten und kalten Traufengäßchen. Bei den von Feuersbrünsten verschonten Stadtteilen wurde aber bis in die Neuzeit beharrlich an den Giebelhäusern festgehalten, und so blieb mancherorts auch während der Renaissance das Giebelhaus dominierend. Die schrägen Giebelkanten waren reich bekrönt, entweder mit Ziergiebeln in Treppenform oder mit reichem Schmuck aus Terrakotta, Beschlag- und Rollwerk.

Attika, Risalit, Zwerchgiebel Attika, Risalit und Zwerchgiebel waren besondere Gestaltungsmittel von Renaissance und Barock. Mit der Attika, einem brüstungsartigen, geschlossenen Aufsatz über dem Hauptgesims eines Bauwerks, wollte man in der Renaissance vor allem das dahinter liegende Dach verdecken. Als ästhetischer Gebäudeabschluß war die Attika häufig Träger von Skulpturen, Reliefs, Vasen und Inschriften. Während des Barocks bevorzugte man bei großen Häusern die offene, aus Balustern – geschwungenen Steinsäulchen – gebildete Attika-Balustrade.

Zur plastischen Fassadengestaltung war der Risalit beliebt, ein einschließlich Dach in seiner ganzen Höhe aus der Bauflucht eines symmetrisch angelegten Gebäudes vorspringender Gebäudeteil, wobei man zwischen Mittel- oder Hauptrisalit und Seiten- oder Eckrisalit unterscheidet. Während der Mittelrisalit oft ein Giebeldach zeigte, wurden die Dächer der Eckrisalite meist abgewalmt. Durch die Risalite entstand über dem Gebäude ein komplexes, zusammengesetztes Dach mit Kehlen am Anschluß der Risalitdächer an das Hauptdach.

Ein weiteres städtebauliches Mittel der Renaissance und des Frühbarock war der Zwerchgiebel, ein giebelförmiger Aufbau an der Traufseite eines Daches, meist als Bestandteil eines Dachhäuschens, dem sog. Zwerchhaus, mit einem quer – »zwerch« – zum Hauptdach verlaufenden First.

Das Mansarddach – Wohnen unterm Dach Die Idee des gebrochenen Daches, bei dem die Dachfläche in einen oberen flachen und einen unteren steilen Teil geteilt wurde, in dem dann die Fenster eingefügt werden konnten, ermöglichte es erstmals, das Dachgeschoß zu Wohnzwecken nutzbar zu machen.

Angeblich hat der französische Architekt Jules Hardouin-Mansart (1657 - 1708) diese Idee erstmals bei einem Schloß in Versailles verwirklicht. Andere schreiben die Idee seinem Vorgänger, dem Architekten Louis Le

Vau zu. Wie dem auch sei, es war J. Hardouin-Mansart, der als Hauptvertreter der klassizistischen Richtung des französischen Barocks dieser neuen Dachform seinen Namen gab – Mansarddach. Das Mansarddach fand sehr bald Eingang auch in ganz Deutschland, sowohl bei ländlichen als auch städtischen Bauten.
Nach Mansarts Vorstellungen sollten Fußpunkt, Dachknick und Firstspitze auf einer Halbkreislinie liegen, wodurch sich eine Neigung von 22,5° für das Oberdach und 67,5° für das Unterdach ergibt. Im Spätbarock wurden in Deutschland durch eine steilere Ausführung des Oberdaches mit 30° und einer flacheren des Unterdaches mit 60° weichere Dachkonturen üblich. Das Mansarddach gab es sowohl als Satteldach als auch als Walmdach, wobei schon früh die Ansicht vertreten wurde, daß das Mansardwalmdach schöner und harmonischer sei.

Neue Dachformen: Links ein barockes Mansarddach, als Walmdach ausgebildet, und rechts ein klassizistisches Bohlenbogendach.

Das Bohlenbogendach Eine Besonderheit dieser Zeit ist das Bohlendach, auch Bohlensparrendach genannt, das bereits 1561 von Philibert de l'Orne ausgeführt wurde, danach aber in Vergessenheit geriet und um 1800, während der Napoleonischen Kriegszeiten, als sparsame Konstruktion wieder interessant wurde. Durch David Gilly (1748 - 1808) wurde es allgemein bekannt und vielfach auch für Monumentalbauten verwendet. Es stellt heute eine regionale Besonderheit dar.

Im Mittelalter verdrängte im Süden der Biberschwanz die Mönch-Nonnenziegel. Dieser Verdrängungsprozeß hat dieses mittelalterliche Gebäude nur zur Hälfte erfaßt. Aufnahme in Nürnberg in den zwanziger Jahren.

Biberschwanzdach kontra Mönch- und Nonnendach Im Verlauf von Renaissance, Barock und Klassizismus fand nicht nur ein sukzessiver Verdrängungsprozeß von der weichen Reet- und Strohdeckung zugunsten der Ziegeldeckung statt, sondern es ergaben sich auch innerhalb der historischen Ziegeldeckarten deutliche Verschiebungen. Im 16. Jahrhundert begann sich vor allem in Süd- und Mitteldeutschland der Schwerpunkt der Ziegeldeckung vom Hohlziegel – also der Mönch- und Nonnendeckung – zum leichteren Flachziegel, also dem Biberschwanz, zu verlagern. Ursächlich hierfür waren die gleichen Gründe, die bereits zuvor im Norden Deutschlands zur Einführung der Hohlpfanne geführt hatten: hohes Gewicht, Anfälligkeit für Schäden und Schwierigkeiten bei der Dachreparatur. Ein Zeitgenosse schrieb 1699 über die Hohlziegel: »*diese Steine gebraucht man nunmehr fast nirgendwo mehr als auf die førsten und ecken der Dächer, oder bißweilen umgekehrt zu den abführen des wassers in den einkehlen.*« Aus der Regeldeckung der Fläche mit Hohlziegeln war nunmehr ein Sonderziegel für First, Grat und Kehle geworden. Die Ablösung des Hohlziegeldachs durch das Flachziegeldach war ein sehr langer Prozeß. Da man bei Umdeckungen und Ausbesserungen möglichst sparsam vorging, entstanden vielerorts Mischdeckungen, weil man z. B. nur den durch Frosttauwechsel besonders in Mitleidenschaft gezogenen Traufenbereich durch Flachziegel ersetzte.

Form- und Oberflächenveränderungen des Flachziegels Um den Vorteil der schnellen und gelenkten Ableitung des Wassers vom Hohlziegel auf den flächigen Plattziegel zu übertragen, finden sich bereits seit dem 12. Jahrhundert, verstärkt aber seit dem 16. Jahrhundert bei fast allen Biberschwänzen die mit den Fingern eingebrachten Rillen oder Fingerstriche. Neu sind konkav und konvex gebogene Ziegel, die für die Eindeckung der runden Ziegeltürme benötigt wurden.

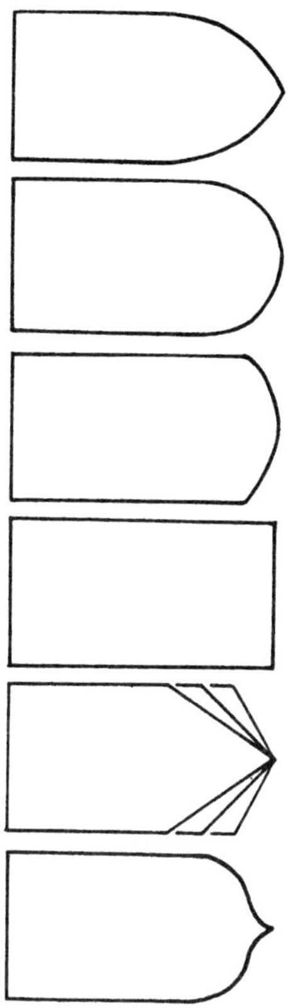

Auswahl von Schnittformen beim Biber von oben nach unten: gotischer Spitzbogen; Rundbogen; Segmentbogen; Geradschnitt; Spitzschnitt; Kielbogen oder Eselsrücken.

Biberschwanzschnitte: Das untere Ziegelende Das untere Ziegelende der Biberschwanzziegel zeigte gegenüber den mittelalterlichen Schnitten deutliche Veränderungen. Nach den spitzwinkligen und spitzbogigen Abschlüssen der Gotik bevorzugte man in der Renaissance den Rund- oder Halbkreisbogen sowie den Kielbogen, einen geschweiften Spitzbogen mit der Variante des sogenannten Eselrückens. Auf barocken Dächern finden sich dagegen vermehrt Flachziegel mit Segmentbogen oder dem sogenannten Sechseckschnitt, einem flachen Spitz- oder Rautenschnitt. Durch diese neuen Schnitte wurden auch die Namen für den Flachziegel vielfältiger, die sich ja in erster Linie an die sichtbare Gestalt anlehnten. Neu tauchten im 16. Jahrhundert Zunge, Zungenstein, Zungenziegel auf, seit dem 18. Jahrhundert Ochsenzunge für die spitzbogige Ausführung, für die rundbogigen Formen Ochsenmaul, Dachtasche, Dachzunge, Blattziegel, Kuhzunge, Schaufel und für den steilen Rautenschnitt Schuppenziegel, Prünziegel und Kirchenmäuschen.

Datierte und gestaltete Flachziegel Seit dem 16. Jahrhundert finden sich beim Biberschwanz – aber auch bei der Hohlpfanne und

Dieser Feierabendziegel trägt nicht nur die Halbsonne als Glück bringendes Symbol, sondern verrät auch mit der Zahl 1823 am unteren Ende das Jahr seiner Entstehung.

dem Krempziegel – verstärkt datierte und gestaltete Ziegel, die heute interessante, volkskundliche Forschungsobjekte darstellen und zum Gegenstand vieler Sammlungen, Ausstellungen und Museen geworden sind. Dieses Thema der »Feierabendziegel« wird im nächsten Kapitel ausführlicher behandelt werden.

Neue Versuche: Spitze nach unten und Brettziegel Bei Matthaeij, der in seinem 1833 erschienenen Buch »*Der vollkommene Dachdecker*« einen allgemeinen Überblick über die Ziegeldeckungen auf klassizistischen Dächern gibt, wird auf eine der wenigen technischen Neuerungen dieser Zeit verwiesen: Zu Beginn des 19. Jahrhunderts wurde in Frankreich durch den Arbeitsministers Bruyère ein Ziegel entwickelt, der erstmals mit der Spitze nach unten aufgehängt wurde und eine quadratische, rautenförmige oder sechseckige Form besaß. Diesem Ziegel war jedoch kein Erfolg beschieden. Nachteilig war vor allem, daß der Abfluß des Regenwassers durch die schrägen Ziegelkanten nicht der natürlichen Fallinie folgen konnte.
Eine weitere Entwicklung war eine vermutlich im 16. Jahrhundert entstandene Variante des Krempziegels, der Brett- oder Knüpfziegel. Er war eine rechteckige Platte mit Aufhängenase, etwa 24 cm breit und 32 cm lang, mit zwei durchgehenden, ca. 1,5 cm hohen Aufkantungen an den beiden Längsseiten. Das besondere war nun, daß die rechte Kante nach oben wies, die linke aber nach unten oder auch umgekehrt. Wurde der Ziegel nun auf die Dachlatten gehängt, so legte er sich schräg fallend auf seine rechte Seite, da die linke nach unten gebogene Kante ja

ebenfalls auf der Lattung auflag. Durch diese Schräglage wurde der Wasserfluß zur rechten Ziegelseite gelenkt. Die mit 1,5 cm geringe Stauhöhe dürfte auch der Grund für das Verschwinden dieser Dachziegel gewesen sein. Sein Verbreitungsgebiet blieb regional auf Hessen, hauptsächlich auf das Gebiet von Kassel und Umgebung beschränkt. Heute ist dieser Ziegel fast komplett verschwunden.

Historismus: Geburtsstunde der Falzziegel

Technische Innovationen, die sich im 19. Jahrhundert mit der Einführung der Dampfmaschine und der Eisenbahn angekündigt hatten, führten in ganz Europa zu einer industriellen Revolution, die alle Bereiche der Gesellschaft tangierte und zu umwälzenden Veränderungen nicht nur in der Architektur und den Baustilen führte, sondern erstmals auch viele handwerkliche Traditionen in ihrer Bedeutung zurückdrängte. Stilistisch war seit 1820 eine deutliche Abkehr vom Klassizismus hin zu einer historisierenden Architektur mit einer formalen Rückkehr zu den Baustilen der Vergangenheit zu beobachten, die sich nacheinander in verschiedenen Strömungen ausdrückte: Neogotik, Neorenaissance, Neoromantik, Neobarock und Neoklassizismus. Dieser Stilpluralismus, den die Kunstgeschichte später als Historismus bezeichnet, dauerte etwa bis 1910. Er erwuchs auch aus dem Stolz, nunmehr mit Hilfe moderner Werkzeuge und Maschinen früher aufwendige, handwerkliche Einzelstücke kostengünstig in großer Menge und in kurzer Zeit fertigen zu können. Prunk konnten sich jetzt nicht nur Kirchen und Adelshäuser leisten, sondern auch die erstmals zu Geld und Vermögen gekommene Bürgerschicht der Fabrikanten und Industriellen. Parallel dazu wurde das Bauwesen vor neue Aufgaben gestellt: Die Zunahme der Bevölkerung verlangte in den Ballungszentrum der schnell wachsenden Städte nach neuen Formen des Bauens: Fabrikhallen, Mietshäuser, Kaufpaläste, Krankenhäuser und Bahnhöfe mußten ebenso konzipiert werden wie prachtvolle Villen für die neuen wirtschaftlichen Führungsschichten. Der Bedarf an Massenbaustoffen war groß.
Der Historismus löste diese neuen Aufgaben nicht nur durch Kopien historischer Vorbilder, sondern brachte viele eigene Ideen und Leistun-

Diese Villa kann ihre geistigen Wurzeln nicht verleugnen: Schmuckreiches Historismusfachwerk mit Anleihen an die Renaissance, komplexe Dachaufbauten mit Türmen, Giebeln, Dachreitern, Schleppgauben und Fledermausgauben, Giebelzier und glasierten Schuppenfalzziegeln, die auf dem achteckigen Turm dem Stil der Zeit entsprechend in dekorativen Rautenmustern verlegt sind.

gen hervor. Dies gilt in besonderer Weise für den Dachziegel, für den die Zeit des Historismus nach Antike und Mittelalter zu der fruchtbarsten und schöpferischsten Periode seiner Entwicklungsgeschichte gehört. Neue, industrielle Herstellungsmethoden mit ihrer bisher nie gekannten Vielfalt an Sonderziegeln und Schmuckformen sowie die Erfindung des Falzziegels kennzeichnen diese Periode ebenso wie die erstmalig erwachsende Konkurrenz von neu erfundenen Dachdeckungsstoffen aus Beton und Asbest.

Neue Produktionsmethoden Neue technische Produktionsmethoden – also der Wechsel von Handformung und periodischem Brand zur Maschinenfertigung mit Revolverpresse und Strangpresse und dem kontinuierlichen Brand im Ringofen, hatten die Herstellung von Dachziegeln revolutioniert. Die 1854 von Carl Schlickeysen erfundene »Schraube zur Bewegung plastischer Körper« hatte hierbei ebenso den

Durchbruch herbeigeführt wie die Erfindung der Revolverpresse von Schmerber 1865 und des Ringofens von Hoffmann 1858. Diese technische Innovationen bei den Ziegeleimaschinen wurden auch durch ein neu formuliertes Anspruchsprofil an den Dachziegel befruchtet. Es reichte nicht mehr aus, nur einfach die Dachflächen zu bedecken, sondern es war eine bessere Regen- und Schneesicherheit gefragt, die mit der Erfindung des Falzziegels vom Erfolg gekrönt war. So hat die Konzeption des regendichten Falzziegels die Einführung neuer Formgebungsmethoden beeinflußt, ein Thema, das im nächsten Kapitel ausführlich beschrieben werden wird.

Falzziegel: Erste Versuche mit Schlußziegel und Herzziegel

Ursprünglich bezeichnete man die ersten verfalzten Dachziegel als Schlußziegel, wohl im Sinne von »schließen«, da sie sich durch ihre Form und Verfalzung gegenseitig abschlossen. Der Durchbruch des Falzziegels gelang den Brüdern Joseph und Xaver Gilardoni in Altkirch im Elsaß. Nach langwierigen Versuchen begannen sie als erste mit der Herstellung eines Falzziegels, für den sie 1841 auf zehn Jahre ein Patent erhielten. In den Jahren 1842 und 1843 folgten dann noch zwei Zusatzpatente, mit denen Verbesserungen bezüglich der Verfalzung und der Aufhängenase geschützt wurden. Dieser Rautenfalzziegel wurde zum Ausgangspunkt aller weiteren Falzziegelmodelle. Er war etwa 41 cm lang und 24 cm breit und besaß eine einfache Kopf- und Seitenverfalzung sowie in der Mitte seiner großen Mulde eine rauten- bzw. doppelherzförmige Erhebung, die sich am Fuß zur Hälfte wiederholte. Diese Erhebung – das »Herz« oder die Raute – gab den Anstoß, daß man diesen Ziegel im Volksmund bald als »Herzziegel« oder »Herzfalzziegel« bezeichnete.

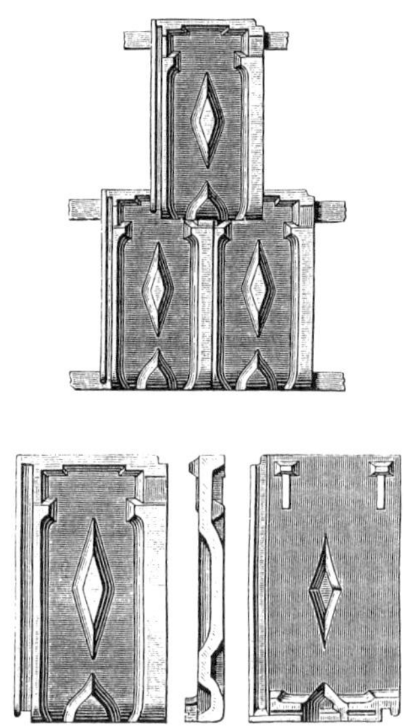

Der von den Gebrüdern Gilardoni erfundene Herzziegel besaß erstmals eine Kopf- und Seitenverfalzung, wobei die Raute in der Mitte nicht nur Schmuckelement war.

Herz oder Raute waren somit einerseits Verzierung, sollten aber auch das Regenwasser an den Stoßfugen auf die tieferliegende Ziegelschicht lenken. Die Raute hatte außerdem fertigungstechnische Vorteile, denn sie unterstützte in der Mitte den Formling auf dem Trockenrähmchen. Später stellte sich heraus, daß die beiden Erhebungen in der Mulde des Ziegels einen erheblichen Gleitwiderstand gegen das Abrutschen des Schnees bilden, weshalb der Herzziegel in schneereichen Gegenden bis heute gerne als Schneefang-, Schneestop- oder Schneehalteziegel geschätzt wird.

Pariser- und Elsässer-Ziegel Nach dem Rautenziegel entwickelten die Brüder Gilardoni noch weitere Modelle: den Pariser-Falzziegel mit einer durchgehenden Mittelrippe und den Altkircherziegel, auch Elsässer Ziegel genannt, einen Ziegel mit glatter, breiter Mulde. Diese beiden Modelle wurden außer Verband, also mit durchlaufenden Fugen verlegt. Hier trat nun das Problem der Ableitung des möglicherweise in den Seitenfalz eingedrungenen Regenwassers auf, das jeweils in den Seitenfalz des tieferliegenden Ziegels weitergeleitet wurde. Besonders bei großer Sparrenlänge und geringer Dachneigung konnte es dadurch gegen die Traufe hin zu einem Überlaufen kommen. Damit war die weitere Entwicklung bereits vorgezeichnet, nämlich die Ausleitung des Regenwassers aus dem Seitenfalz in die Mitte der Ziegelmulde.

Ludowici – Erfinder des modernen Falzziegels Der Name Ludowici ist untrennbar mit der Entwicklung des Falzziegels und der deutschen Falzziegelindustrie verbunden. Als eigentlicher Erfinder des modernen Falzziegels gilt Wilhelm Ludowici (1855 – 1929) aus Jockgrim/Pfalz. Sein Vater, der Firmengründer Carl Ludowici, sah 1867 auf der Pariser Weltausstellung die erste Revolverpresse von Schmerber Frères, baute zwei davon nach und begann mit ihnen eine erste Falzziegelproduktion. Wilhelm Ludowici entwickelte diese Revolverpressen weiter, erhielt 1881 das Patent für den Pressenstern, das sogenannte Malteserkreuz und legte damit den Grundstein für die Massenproduktion von Preßdachziegeln. Alle Ludowici-Ziegel wurden nach der Ziegelform mit einem Großbuchstaben und einer fortlaufenden Nummer gekennzeichnet; Modellvarianten erhielten zusätzlich einen kleinen Buchstaben.

Standardmodell: Muldenfalzziegel Z1 1881 erhielt Wilhelm Ludowici das Patent für den Muldenfalzziegel Z1, an dessen Entwicklung er seit 1879 gearbeitet hatte und der heute als das Standardmodell des Falzziegels schlechthin gilt. Schon der Vater Carl Ludowici hatte versucht, den Herzfalzziegel zu verbessern, doch erst dem Sohn gelang der große Wurf. Der Z1besaß nunmehr einen Seitenfalz mit einem patentierten Stufenfalz, durch den sich ein Verfalzungslabyrinth ergab, ein »doppelter Schluß«, wie es sein Erfinder nannte und eine regenabführende Oberfläche mit zwei Mulden und drei Stegen.

Muldenfalzziegel und eine Vielzahl von Sonderziegeln Einer der ersten Ludowici-Kataloge war noch recht bescheiden und enthielt nur den Falzziegel Z1, der naturfarben hell- oder gelblichrot, hochrot engobiert und schwarz glasiert angeboten wurde. Als Zubehör gab es einen halben Ziegel für die Seitenenden des Daches, einen Ziegel für Glaseinsatz zur Dachbelichtung, eine Gaube aus Ton und einen Firstziegel. Eiserne Dachfenster in drei Größen und zwei eiserne Kamindurchlässe ergänzten dieses Programm. Fünf Jahre später folgte der Schuppenfalzziegel Z2. Er galt als besonders schöner Ziegel und wurde in bunter Glasur besonders für Kirchendächer und Villen empfohlen. Der erste große Gesamtkatalog kam 1897 heraus, zu einer Zeit, als der Historismus und die Prachtentfaltung auf den Dächern ihre Blütezeit hatte. Es war die große Zeit der Sonder- und Schmuckziegel auf dem Dach. Dieses *»Verzeichnis aller Ziegel und Thonwaaren aus den Werken in Jockgrim«* zeigte bereits eine erstaunliche Programmvielfalt von 167 Ziegelmodellen. Es gab nicht nur Flächen-, First-, Walm-, Seiten- und Kehlziegel, sondern auch Giebelstücke, Luken- und Gaubenziegel, Glocken, Spitzen, Kamin- und Mauerdeckel. Zu verschiedenen Modellen gab es weitere Varianten, welche die Gesamtzahl der Ziegelmodelle noch entsprechend vergrößerten. Angeboten wurden die Ziegel in hell und rot naturfarben, schwarz imprägniert – geteert – und schwarz und braun glasiert.

Strangziegel – die Fließfertigung beginnt Einen anderen Weg als das Pressen einzelner Dachziegel mit Hilfe der Revolverpressen stellten die mit einer Schneckenpresse aus einem fortlaufenden Strang abgeschnittenen Ziegel dar. Ab 1870 produzierte man Biberschwänze und Hohlpfannen auf der Schneckenpresse, ab 1883 die Strangfalzziegel, als deren Erfinder der Schweizer Georg Stadler gilt. Er konstruierte1883 den ersten Strangfalzziegel, weitere Erfinder folgten ihm. Der Strangfalzziegel besitzt verfahrensbedingt eine beidseitig durchgehende Seitenverfalzung, jedoch keine Kopfverfalzung. Diese Dachziegel verbreiteten sich rasch in Süd- und Südostdeutschland, der Schweiz, Österreich, Polen und Rußland, führten sich dagegen in Mittel-, Nord- und Westdeutschland kaum ein. Eine besondere Variante stellte der Hohlstrangfalzziegel mit durchgehenden Hohlkanälen dar, der einzige Ziegel, der in großem Maßstab in Norddeutschland hergestellt wurde. Er war in Holstein und Mecklenburg sowie im Gebiet von Hamburg und Lübeck allgemein verbreitet und beliebt.

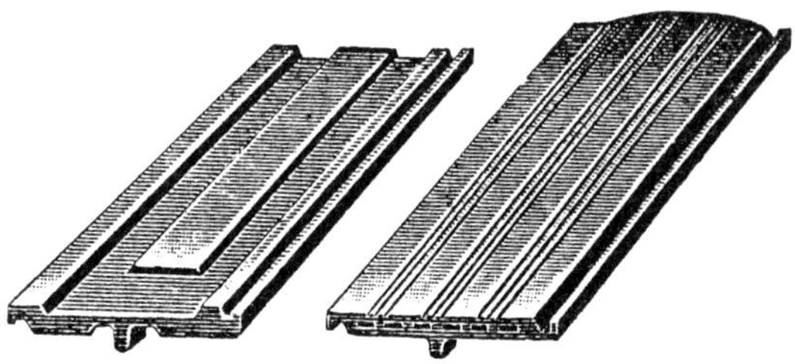

Strangziegel wurden seit 1870 auf Schneckenpressen hergestellt, Strangfalzziegel ab 1883. Sie besaßen keine Kopfverfalzung, sondern nur einen Seitenfalz. Links das Modell von Stadler, rechts ein Hohlstrangfalzziegel, eine der vielen Varianten der Strangfalzziegel.

Gründerzeit: Schmuckziegel und Ziegelplastik Mit der Gründung des Kaiserreichs 1871 begann die sogenannte Gründerzeit, wie man die in die Epoche des Historismus eingebettete Periode zwischen 1870 und 1890 in Deutschland nennt. Die neu entstandene Gesellschaftsschicht der Industrie- und Wirtschaftsmagnaten und des reichen Industriebürgertums suchte ihre soziale Stellung nach außen durch prunkvolle Villen zu dokumentieren. Diese meist im wilhelminischen Stil, dem durch Neobarock und Neorenaissance geprägten staatsoffiziellen Repräsentationsstil der Gründerzeit, errichteten Villen, zeigten ihren Reichtum in den vielfältigsten Dachformen und -kombinationen, durch ineinandergeschachtelte Baukörper mit Erkern, Vordächern, Türmchen und Gauben.

Zwei Klassiker unter den Schmuckziegeln des Historismus: Links der Turmziegel Z3 von Ludowici und rechts der Kreuzziegel der Möncheberger Gewerkschaft Cassel.

Villenziegel, Villenfalzziegel Für die Architektur dieser Zeit ist eine besondere Dachziegelform prägend, die unter dem Sammelbegriff Villenziegel oder auch Villenfalzziegel bekannt ist, da sie vorzugsweise für Villen und repäsentative Bauten verwendet wurde. Die meist gerundeten oder abgeschrägten Fußenden und die stark profilierten Oberflächen mit aufgepreßten Zierprofilen in Kugel-, Stern- oder Kreuzform, gaben dieser Dachziegelart ihr charakteristisches Aussehen und weisen sie unverkennbar als Schmuckziegel aus. Bekannte Beispiele sind der 1882 von Wilhelm Ludowici konstruierte Schuppenfalzziegel Z2 und der Kreuzziegel, der von der »Möncheberger Gewerkschaft Cassel« hergestellt wurde. Villenziegel gab es auch in gebogener Ausführung – sowohl nach innen als auch nach außen – für geschweifte Dachformen. Auf vielen Gebäuden aus der Gründerzeit und der Zeit um die Jahrhundertwende haben sich diese oft auch glasierten Villenziegel bis heute erhalten. Sie wurden vor allem von den niederrheinischen Ziegelwerken bis in die zwanziger Jahre des 20. Jahrhunderts hergestellt.

Turmziegel und Turmschuppen Eine weitere Besonderheit waren spezielle Turmziegel, auch Turmschuppen genannt, die zur Eindeckung der bei diesen Villen üblichen Türmchen, Gauben und Erkern gefertigt wurden. Es waren kleinformatige Dachziegel, auch in konkav oder konvex gebogener oder konischer Ausführung, wobei man zwischen Turmbibern und Turmfalzziegeln wählen konnte.

Die stark profilierte und glasierte Oberfläche dieses Villendaches in Bad Lippspringe mit ihren Schuppenfalzziegeln ist heute ein seltener Anblick geworden.

Dachschmuck und Sonderziegel Bauherren hatten im Historismus und auch noch im anschließenden Jugendstil eine reiche Auswahl an schmückendem Dekor für Ortgang und First, Turmspitzen und Gratanfänge, die sich in ihrer Ornamentik an die Antike und die überlieferten Formen der vorangegangenen Stile annäherten, aber trotzdem bereits die technischen Möglichkeit boten, den inzwischen modern gewordenen Blitzableiter zu verankern. Überlieferte Fruchtbarkeitssymbole wie Storch und Hahn, aber auch Hase und Katze schmückten die Dächer als Firstanfangsziegel ebenso wie Drachen und Dämonen, reichmodellierte Turmspitzen mit Laubwerk oder Krabbenbesatz. Die Kataloge der Ziegeleien übertrumpften sich gegenseitig mit einer Fülle von Zierelementen, die hier nur ansatzweise dargestellt werden können.

Fischkopf als Gratanfänger auf dem Dach des Ludowici-Museums in Jockgrim, das mit mehrfarbigen, glasierten Ludowici-Doppelmuldenfalzziegeln eingedeckt ist.

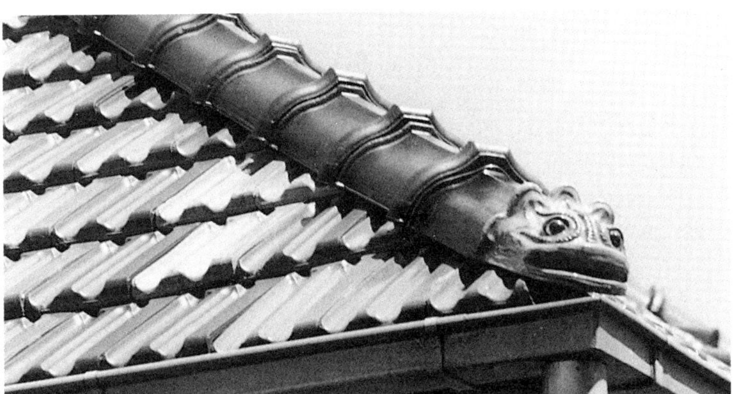

Schieferähnliche Betondachsteine verdrängten bei landwirtschaftlichen Gebäuden und Fabrikgebäuden Dachziegel aus Ton.

Konkurrenz: Betondachstein und Asbestzementplatte Jahrhundertelang waren die Deckmaterialien auf die Werkstoffe Reet und Stroh, Schiefer und Stein sowie Metalle wie Blei und Kupfer und gebrannte Ziegel beschränkt gewesen. In der Periode des Historismus und der Gründerzeit entstanden im Zuge der technischen Entwicklung erstmals verschiedene, ganz neue Dachdeckungstoffe, die durch die Erfindung des Zements möglich geworden waren. Mit dem Beton-Dachstein sollte der größte Konkurrent zum Dachziegel erwachsen. Geboren wurde er als Cement-Dachplatte, lange Zeit hieß er Zementziegel, Betonziegel, Concrete-Dachziegel und Dachziegel aus Zement. Später wurde eine Vereinbarung getroffen, daß mit dem Ausdruck »Ziegel« nur Produkte aus gebranntem Lehm oder Ton belegt werden dürfen. So bürgerte sich für die Konkurrenz zunehmend der Name Betondachstein ein.
Die ersten Betondachsteine wurden 1844 in Staudach, nahe der österreichischen Grenze hergestellt. Erfinder war ein junger Mann namens Adolph Kroher, der um 1840 erkannt hatte, welche Chancen in dem regionalen, schnellbindenden natürlichen Zement lagen. Er gründete eine Zementfabrik und führte Versuche zur Herstellung von Cement-Dachplatten durch. Nach intensiven Versuchen fand er zwei geeignete Formen: eine schieferförmige Dachplatte in Rautenform und eine S-förmige Dachplatte.
Als »Kunstschiefer« und »Schieferersatz« wurde 1899 von Hatscheck in Österreich die Asbestzementplatte erfunden, patentiert und zunächst

auch als Asbestzementschiefer bezeichnet. Die Platten in vielfältigen Schablonenformen bestanden aus einer Mischung von Portlandzement und Asbestbrei. Sie wurden unter hohem Druck hydraulisch gepreßt und dann mehrere Wochen zum Abbinden gelagert. Die krebserregende Wirkung des Asbests, die im Laufe der Zeit durch die Verwitterung der Oberfläche einsetzte und schädliche, sich in den Atemorgane einnistende Asbestfasern freisetzte, war damals noch unbekannt. Heute wird nur noch asbestfreier Faserzement verwendet. Für den Rückbau der asbesthaltigen Platten gelten heute strenge gesetzliche Auflagen.
Noch während der Laufzeit des Patents entstanden ähnliche Verfahren, deren bekanntestes Ergebnis Eternit war. Neben den Eternit-Dachplatten in Schiefer- und Biberschwanzform wurden vor allem die »Berliner Welle« und Well-Eternit bekannt. Vorteile dieser großformatigen Wellplatten waren ihr geringes Gewicht und die günstigen Kosten. Diese Wellplatten wurden seit den fünfziger Jahren zum wichtigsten Dachdeckungsmaterial für Industriehallen und landwirtschaftliche Neubauten. Selbst im sogenannten »modernen« Wohnungsbau konnten sie sich etablieren und bei der Notsicherung und Neueindeckung traditioneller Dächer, die mit geringstem Aufwand gedeckt werden mußten.

Moderne, Bauhaus, Heimatstil: Streit um das geneigte Dach

Zu Beginn der 20. Jahrhunderts entwickelte sich als Gegenreaktion zu Historismus und Eklektizismus eine Reihe von Kunst- und Architekturströmungen, die unter dem Sammelbegriff »Neue Sachlichkeit« bisher unbekannte Akzente in der Architektur setzten. Eine der umwälzendsten Folgen waren kubische Baukörper mit Flachdach. Diese Entwicklung, die zulasten des geneigten Dachs und der traditionellen Dachziegel ging, nahm für die Dachziegelindustrie existenzbedrohende Ausmaße an. In ihren Nachwirkungen ist diese Trendwende noch heute spürbar.

Funktionalismus, Deutscher Werkbund und Bauhaus Funktionalismus wurde zum wichtigsten Attribut dieser neuen Architekturbewegung. Danach sollten alle Teile des Baues ausschließlich ihrem Zweck entsprechend gestaltet werden, und zwar unter Verzicht auf alle traditionell übernommenen Formen. Begründer des Funktionalismus war der amerikanische Architekt L. H. Sullivan (1856 – 1924). Sein Motto »*form follows function*« – »*die Form folgt aus der Funktion*« wurde zum Leitsatz der neuen Architekturbewegung des »Neuen Bauens« oder »modernen Zweckbaus«. In Deutschland wurden zwei Institutionen zu den wichtigsten Wegbereitern der Neuen Sachlichkeit: der 1907 in München gegründete Deutsche Werkbund und das 1919 unter Walter Gropius entstandene Bauhaus. Trotz der kurzen Zeit des Bestehens des Bauhauses von 1919 bis 1932 war seine stilbildende Wirkung in aller Welt von großem Einfluß.

Heimatstil Das Bauhaus als eine Bewegung von Intellektuellen hatte nicht die Überzeugungskraft, um die Ebene der traditionellen Handwerker und Baumeister zu erreichen und deren Baustil zu verändern. So entwickelte sich parallel dazu eine Bauweise, die heute als sogenannter »Heimatstil« bezeichnet wird, der sich für die traditionellen Handwerksüberlieferungen aussprach und daher auch für das geneigte Dach.

Polarisierung: Flachdach contra geneigtes Dach Aus der Sicht der Anhänger des geneigten Daches und der Dachziegelindustrie waren die Folgen der Bauhausbewegung verheerend. Um die Frage des flachen oder geneigten Daches entbrannte in den zwanziger Jahren ein regelrechter »Kulturkampf«. Die Diskussion wurde zeitweise so emotional geführt, daß das Flachdach als Zeichen der »Bauverwilderung« angesehen wurde, das nur »flaue Persönlichkeiten« bauten. Bei den Anhängern des Flachdaches blieb unberücksichtigt, daß eine einwandfreie Flachdachkonstruktion einen hohen Aufwand und große Sorgfalt erfordert und daher wesentlich teurer werden muß als ein geneigtes Dach. Trotz aller Gegenströmungen hielt das Flachdach nach dem Ersten Weltkrieg seinen Einzug, und der Bauhaus-Stil, dessen Kennzeichen das Rechtwinklige, der kubische, dachlose Baukörper war, beeinflußte Generationen von Architekten bis in unsere Zeit. Es war die Bauform

herausragender Architektenhäuser. Beim Einfamilienwohnhaus konnte es sich kaum durchsetzen, während es beim Industrie- und Repräsentativbau immer häufiger gewählt wurde.
Dieser Trend zum flachgeneigten Dach mit Sparrenneigungen unter 30° war eine Herausforderung für die Ziegelindustrie. Deshalb begann Wilhelm Ludowici bereits Mitte der zwanziger Jahre mit der Entwicklung der späteren »Flachdachpfanne«, welche eine regensichere Eindeckung flachgeneigter Dächer ermöglichen sollte. Ab 1927 beteiligte sich auch sein Sohn Ludwig Franz an den Entwicklungsarbeiten für dieses völlig neue Dachziegelmodell, das 1929 produktionsreif war und 1930 unter der Markenbezeichnung »Flachdachpfanne Z15a« auf den Markt kam. Erstmals konnten damit Dächer mit Sparrenneigungen bis etwa 15° eingedeckt werden. Ermöglicht wurde dies durch eine Reihe konstruktiver Besonderheiten. Bemerkenswert war auch die Konstruktion des Vierziegelecks. Bei der Flachdachpfanne lagen sämtliche vier Ziegel übereinander und eine ausgeklügelte Falzenführung sorgte dafür, daß eventuell in die Falze eingedrungenes Wasser von der Ecke weg auf die Ziegelmulde abgeleitet wurde.

Falze verändern die historischen Ziegelarten: Hohlpfanne, Biberschwanz und Mönch und Nonne Im Zuge der Rückbesinnung auf architektonisch ansprechende Dachflächen – die emotionslose Wirkung der Muldenfalzziegel fand nicht überall die ungeteilte Zustimmung – stand die Dachziegelindustrie vor der Aufgabe, die historischen Dachziegel, also zunächst die weitverbreitete Hohlpfanne, den Biberschwanz und den Mönch-Nonnenziegel in gefalzter Ausführung auf den Markt zu bringen.
Erstmals kamen nach 1900 verfalzte Pfannenziegel auf den Markt. Von Ludowici wurde auf der Basis seines Z1 um 1908 die Reformpfanne mit einfachem Stufenfalz, die sogenannte Volkspfanne, entwickelt. Der Rheinland- oder Standadrziegel entstand als doppelfalzige Reformpfanne, die in ihrer Falzung dem Doppelfalzziegel Z2 entsprach. Das unverwechselbare Merkmal der Reformpfanne war eine flache gerade Mulde und eine vertikale Seitentrennfuge zur Wasserableitung.
Es folgte die Falzpfanne, auch Idealpfanne genannt, mit der man der Flächenwirkung des alten Hohlpfannendachs schon sehr nahe kam. Sie

Die Reformpfanne, hier als Volkspfanne – eine Weiterentwicklung des Doppelmuldenfalzziegels Z1 mit nur einer Mulde – ergab durch ihre Deckung in Reihe ein sehr ausgeprägtes vertikales Deckbild. Eine andere Variante der Reformpfanne war der Rheinlandziegel auf der Basis der Doppelfalzziegel.

hatte eine gewölbte Ziegelmulde, welche zum hoch liegenden Seitenfalz mit getrennter Seitenfuge beachtlich anstieg.
Der Grundform der Falzpfanne folgten noch andere Ausführungen, vor allem romanisierende Ziegelformen mit starker Profilierung. An erster Stelle die Klosterpfanne, eine Umformung und Verfalzung des altdeutschen Doppelschalenziegels »Mönch und Nonne«. Ferner die Römerpfanne, mit breiter flacher Mulde und hohem und breiten zylindrischen Deckel oder Deckwulst.
Auch der Flachziegel wurde um 1907 verfalzt, als Biberschwanzfalzziegel, Falzplatte und als Preßdachziegel hergestellt. Diese Falzplatten wurden schon damals mit aufgerauhtem Scherben geliefert, um ein rasches Patinieren der Oberfläche zu erreichen. Diese Biberschwanz-Falzziegel hatten Seitenfalze und dreifachen Kopfschluß. Es gab sie in verschiedenen Schnittformen, sogar mit einer eingepreßten Abstufung, so daß bei der Eindeckung die Kronendeckung nachgeahmt wurde. Es gab eine strohdachimitierende Ausführung mit Zubehörziegeln, mit denen es möglich war, ein »vollkeramisches Strohdach« herzustellen.

Das vollkeramische Dach Ein Ziegeldach besteht nicht nur aus einer geschlossenen, einheitlichen Fläche, für die Flächenziegel benötigt werden, sondern es hat Ränder an Traufe, Giebelkante oder Ortgang, Kanten an Grat und First, Anschlüsse an Dachaufbauten, Gauben, Giebeln und Schornsteinen, Durchbrüche für Licht und Belüftung, Dachdurchdringungen, Kehlen, Dachknicke und vieles mehr. Alle diese Dachdetails

Ziegeldach in strohdach-imitierender Ausführung, bei der Zubehörziegel für Grat und Spitze zum Programm gehörten.

haben in der Baugeschichte die verschiedensten Lösungen hervorgebracht, die sich auch regional und hinsichtlich der vorhandenen Baustoffe unterschieden. Zunächst war die Zahl der individuell gefertigten Zubehörziegel gering. Auf dem Dach mußten die Ziegel entsprechend zugehauen oder durch andere Materialien ergänzt werden. In regionaler Vielfalt gab es hölzerne Ecksättel, Ortganglösungen aus Schiefer, Kehlen aus Blech, um nur einige zu benennen.
Erst jüngeren Datums ist die Forderung nach dem vollkeramischen Dach, bei dem alle diese Aufgaben möglichst mit Formziegeln, also keramisch, einzudecken und auszubilden sind, bei weitgehendem Verzicht auf Fremdmaterialien wie Blech, Holz, Mörtel, Stein und Schiefer. Das erste wirklich »vollkeramische »Dach wurde um 1930 mit der Flachdachpfanne Z15a von Ludowici ermöglicht, für die es ein komplettes Zubehör- oder Formziegelprogramm gab.

Neuzeit: Vielfalt der Dach- und Ziegelformen

Zu den noch vorhandenen, historischen Dachlandschaften in einigen Städten und Dörfern Deutschlands kommen in der Neuzeit neue Akzente. Für die Eindeckung des geneigten Daches, das heute im Wohnungsbau wieder eine führende Position eingenommen hat, steht dem Bauherrn ein überaus reiches Angebot an Dachziegelmodellen, Farben und Zubehör zur Verfügung. Doch begonnen hatte es ganz anders.

Nach dem Zweiten Weltkrieg lagen weite Teile Europas in Trümmern. Millionen Menschen waren ohne Wohnung und es galt, ihnen in kürzester Zeit wieder ein Dach über dem Kopf zu verschaffen. Nur kurz war die Spanne der Zweitverwendung von Baustoffen, die aus der Not geboren war. Bautraditionen hatten erstmals keinen hohen Stellenwert mehr, das Moderne mußte neu sein. Daher scheute man sich auch nicht, noch vorhandene, funktionsfähige Gebäude zu beseitigen, so daß Mitte der siebziger Jahre bereits mehr Baudenkmäler zerstört worden waren als während des gesamten Zweiten Weltkrieges.
Der Wohnungsbau der Nachkriegszeit, von den fünfziger bis in die siebziger Jahre, brachte Satellitensiedlungen am Rande der Städte mit langweiligen Flachdachkonstruktionen und tristem Hochhaus-Ghetto-Charakter hervor, die sich durch die unsachgemäße Verarbeitung der neuen Baustoffe Beton und Stahl und die Konstruktion der Flachdächer zu

Das geneigte Dach in zwei Bauweisen: Das schlichte Satteldach eines Einfamilienhauses in den fünfziger Jahren und moderne Reihenhausdächer in den neunziger Jahren mit komplexen Ziegelflächen und Einschnitten, die nicht unbedingt der Funktion eines Daches entsprechen.

einem Problem entwickelten. Die sogenannte Postmoderne entdeckte das geneigte Dach Ende der siebziger Jahre erstmals wieder als Architektenlösung.

Dachziegeltechnologie der Nachkriegszeit Die Nachkriegszeit konnte mit ihrer technischen Neuentwicklung im Dachziegelbereich nicht mehr die schöpferischen Phasen der Vorgängerperioden übertreffen, denn die wichtigsten konstruktiven und produktionstechnischen

Erfindungen waren bereits abgeschlossen. Dennoch gab es einige Neuerungen, die nicht unerwähnt bleiben sollen. Es sind dies die Weiterentwicklung des Falzziegels als spiralverfalzter Flachkremper, der Verschiebeziegel, der Großflächenziegel und der Solarziegel.

Perfektion der Dachziegelverfalzung: Flachkremper mit Spiralverfalzung Mit der Flachdachpfanne Z15a von 1930 schienen zunächst durch eine umlaufende Ringverfalzung alle Anforderungen an ein regensicheres Eindecken von flachgeneigten Dächern erfüllt zu sein. Diese Ringverfalzung wies aber im Bereich des Vierziegelecks noch Lücken auf, die zu den berücktigten »Scheinstellen« mit Lichtdurchlaß führen konnten. Mit dem Flachkremper K21 schuf Ludowici 1953 einen völlig neuen Typ von Falzziegel, der erstmals eine Spiralverfalzung aufwies und mit einer mehrfachen Ringverfalzung einen extrem dichten Falzen- und Vierziegeleck-Verschluß erreichte. Seinen Namen erhielt er vom historischen Krempziegel, dem er nachempfunden war.

Die Neuen: Verschiebeziegel, Großflächenziegel und Solarziegel
Bei diesen Modellen handelt es sich um die jüngsten Entwicklungen der siebziger bis neunziger Jahre. Der Verschiebeziegel, auch Schiebeziegel und Umbauziegel genannt, wurde als Verschiebefalzziegel und als Verschiebepfanne entwickelt, um für Dacherneuerungen bei der Altbausanierung eine Anpassung an vorgegebene Lattenabstände und Sparrenlängen zu ermöglichen. Diese Ziegel besitzen im Bereich der Kopfverfalzung Verschiebetoleranzen, mit denen sich die Decklänge je nach Modell um bis zu 100 mm variieren läßt.
Der Großflächenziegel liegt seit Anfang der neunziger Jahre im Trend, um den Kostendruck bei Verlegezeit und Lattenbedarf aufzufangen und den Dachziegel gegenüber anderen Deckmaterialien wettbewerbsfähig zu halten. Während man bei Normaldachziegeln je Quadratmeter etwa 14 bis 18 Stück benötigt, sind es bei Großdachziegeln weniger als 13,5 Stück, mit einem Schwerpunkt von derzeit 10 bis 12 Stück pro m^2. Mit diesen Abmessungen nähert man sich wieder langsam an die Maße der Antike an, wo ein Quadratmeterbedarf von zwei bis vier Stück nichts ungewöhnliches war. Inwieweit dieser Trend von Dauer ist, läßt sich derzeit noch nicht abschätzen.

Jüngste Entwicklung ist ein Solardachziegel, der als Alternative zu den großflächigen Sonnenkollektoren gilt. Der Laumans-Solar-Dachziegel auf Photo-Voltaik-Basis kam 1997 auf den Markt und wird von vielen als Ziegel der Zukunft bezeichnet. Bei ihm gibt es eine konstruktive Trennung von traditionellem Dachziegel und kleinen, farblich angepaßten Solar-Modulen, die ohne störende Aufbauten, aber trotzdem sturmsicher in entsprechende Nuten der Dachziegel integriert werden können.

Fazit Zurückblickend läßt sich erkennen, daß gerade Deutschland durch seine besonderen Voraussetzungen an Tonvorkommen, Ziegeleitechnik und vielfältigen Haus- und Dachformen einen beachtlichen Reichtum an Dachziegeln hervorgebracht hat. Obwohl es derzeit etwa 25 gebräuchliche Hauptziegelarten gibt, haben sich bis heute – trotz vielfältiger Modellvarianten – charakteristische Ziegellandschaften und regionaltypische Besonderheiten erhalten, wie dies an der Karte im Anhang zu erkennen ist. Diese sind nicht nur an Altbauten ablesbar, sondern zeigen sich in abgeschwächter Form auch noch auf den Dächern von Neubauten.
In den nördlichen Bundesländern bis weit in den Westen zum Rhein ist es die Hohlpfanne, von Magdeburg über den Ostharz bis nach Thüringen sind es Krempziegel und im Süden und Osten überwiegend die Biberschwanzziegel, wohingehend die Mönch- und Nonnendeckung in ganz Deutschland vereinzelt auftaucht. Die Priebendeckung mit ihrer Vermörtelung der Längsfugen ist den heutigen Umweltbelastungen kaum mehr gewachsen und daher nur noch selten zu finden, vornehmlich in Quedlinburg.
Das Dachziegelprogramm der Jahrtausendwende wird von knapp 50 Ziegeleien angeboten, wobei eine umfassende Zubehörpalette, die zur vollkeramischen Eindeckung notwendig ist, zwingend zum Produktionsprogramm gehört. Dies sind bis zu 40 Standard-Formdachziegel je Dachziegelart. Neu im Trend liegen wieder glasierte Ziegel und farbige Dächer sowie ein steigendes Angebot an Schmuckziegeln aller Art.

Zu allen Zeiten hatten Baumaterialien nicht nur einen Materialwert, sondern besaßen eine zusätzliche Signalwirkung. Farbige und glasierte Ziegel hatten gegenüber den natürlich gebrannten Ziegeln einen höheren Prestigewert – ein Faktum, das auch noch heute Gültigkeit besitzt.

Zwischen den ersten, noch rein manuell und empirisch arbeitenden Dachziegelstreichern und den heutigen vollautomatisierten, computergesteuerten Dachziegelwerken liegt eine Zeitspanne von rund 3000 Jahren. Der ältere Bruder des Dachziegels, der Mauerziegel, ist deutlich älter. Von Anfang an unterlag die Herstellung einem fest gefügten Arbeitsablauf, der die Produktionsstufen Rohstoffgewinnung, Tonaufbereitung, Formgebung, Trocknung und Brand umfaßt. In ihrer Gesamtheit bestimmen deren verschiedene Abläufe – zusammen mit der Beschaffenheit des verwendeten Rohmaterials – die späteren Eigenschaften des Dachziegels.
Bis zum Beginn des 19. Jahrhunderts wurde der Ziegel handwerklich, mit wenigen einfachen Werkzeugen, nach überlieferten Verfahren hergestellt und im selbstgebauten Ofen gebrannt. Die Zieglerarbeit war saisongebunden und eine Zieglerkampagne ging meist über 33 Wochen, von Marien am 23. März bis Martini am 11. November. Die Mechanisierung des Produktionsprozesses begann in der Tonaufbereitung, denn hier war die körperliche Arbeit von Mensch und Tier besonders hoch. Jedoch erst die technischen Erfindungen bei Formgebung und Brand bewirkten den nachhaltigen Wechsel von handwerklicher zu industrieller Fertigung und führten ab der zweiten Hälfte des 19. Jahrhunderts zu einem sukzessiven Übergang von der manuell arbeitenden Ziegelhütte zum vollautomomatischen Ziegelwerk.

Dachziegel: Namensvielfalt und Fachsprache

Die sprachliche Vielfalt für das Ziegelprodukt, den Dachziegel, für die Hersteller, die Ziegler und für die Produktionsstätte, die Ziegelei, ist sehr groß. Diese Begriffe sind auch ein Spiegelbild für die Entwicklung der sozialen und produktionstechnischen Verhältnisse.

Auch nach dem Übergang von der handwerklichen zur maschinellen Dachziegelherstellung war in einigen Bereichen sorgfältige Handarbeit gefragt. Hier werden Mutterformen aus Metall für die Preßdachziegelherstellung auf Revolverpressen bearbeitet. Für die Ober- und Unterseite eines jeden Ziegelmodells ist eine spezielle Mutterform erforderlich, von der mit breiförmigem Gips die benötigten Arbeitsformen abgegossen werden.

Namensherkunft Das assyrische Wort für den Ziegel ist »tikpu«, und mit dem Ziegel wanderte auch das Wort in die Länder des Mittelmeerraums. Es ist die Vorform für das lateinische Wort »tegula« – von »tegere« decken, bedecken – mit dem die Römer den Dachziegel bezeichneten. Tegula, das war der römische Leistenziegel. Da bei den Römern die Dachziegelherstellung vorherrschend war, verbreitete sich der Name »tegula« bei den Germanen, wurde als Lehnwort übernommen und auch für den Mauerstein »later« verwendet. Ziegel bezeichnete also vom Ursprung her den Dachziegel, während man heute im allgemeinen Sprachgebrauch sowohl den Dachziegel als auch den Mauerziegel darunter versteht. Tegula führte im Englischen zu *tile*, französisch *tuile*, italienisch *tegol*e, spanisch *teja* und niederländisch *tegel*. Diese Namen bezeichnen immer den Dachziegel.

Von den verschiedenen Dachziegelarten Die historischen Grundformen der Dachziegel lassen sich nach ihrer Form in zwei Hauptgruppen gliedern: Die gewölbten Hohlziegel und die ebenen Flachziegel. Mit dem 1841 entwickelten Falzziegel kam zu den historischen Ziegelformen ein neuer Ziegeltyp hinzu. Danach begann man auch die bis dahin bekannten Ziegelmodelle mit einer Verfalzung zu versehen. Entwicklungsgeschichtlich lassen sich daher alle Dachziegelarten auf diese drei Grundformen zurückführen.
Durch die Vielfalt der Dachziegelarten ergeben sich auch unterschiedliche Gliederungsmöglichkeiten, die im Laufe der Zeit immer wieder Änderungen unterworfen waren. Nach den »Regeln für Dachdeckungen mit Dachziegeln« gilt heute folgende Klassifizierung:
- Dachziegel ohne Verfalzung, ebene Ausführung: Biberschwanzziegel, gewölbte Ausführung: Hohlpfannen und Mönch-Nonnenziegel.
- Dachziegel mit Seitenaufkantung: Krempziegel.
- Dachziegel mit Seitenverfalzung: Strangfalzziegel. Dachziegel mit unterbrochener Ringverfalzung: Doppelmuldenfalzziegel, Reformziegel. Dachziegel mit mehrfacher Ringverfalzung : Flachdachziegel.
- Dachziegel mit Verschiebefalz für die Decklänge: Verschiebeziegel.
- Formziegel: Kantenziegel, Eckziegel, Flächenformziegel, First-, Grat- und Kehlziegel.

Darüberhinaus gibt es auch noch viele andere Gliederungen.

Namensvielfalt während der Produktion Für den Ziegler beginnt eine erste sprachliche Unterscheidung bereits mit den Umwandlungen, die sein Arbeitsgegenstand während des Produktionsprozesses erfährt. So wird aus dem gewachsenen Boden in der Tongrube – dem Tonstich, der Lehmgrube, den Ziegeläckern oder Ziegelbronnen – durch die Rohstoffgewinnung der Rohstoff oder Rohton, der durch die Aufbereitung zur formbaren Arbeitsmasse wird. Diese wird nach bestimmten Vorgaben – dem Versatz – als Gemisch von Rohstoffen und Zusätzen, wie Wasser und Sand, zusammengestellt und dann zerkleinert, gemischt und homogenisiert. Durch die Formgebung wird die Arbeitsmasse zum Formling oder Preßling. Durch die Trocknung wird hieraus der Rohling oder Grünling. Dabei ist »grün« einmal im Sinne von »unreif« oder »unfertig« zu verstehen, kommt aber auch von der oft grünlichen Farbe der trockenen Rohlinge. Durch das Brennen entsteht als Fertigprodukt der keramische Werkstoff, der »Scherben«. Die wichtigsten Kennzeichen des Scherbens – nicht zu verwechseln mit Scherbe als Teil eines zerbrochenen Ganzen – sind seine Dichtigkeit, also porös oder dicht gesintert, seine Farbe, Gefüge und Dichte (g/cm^3).

Namensvielfalt der Fertigprodukte Die Bezeichnungen für den fertigen Dachziegel werden auch nach herstellungsrelevanten Kriterien unterschieden. Hierfür gibt es mancherlei Beispiele:
Unterscheidung nach der Formgebungsmethode in Handstrichdachziegel, Strangdachziegel, Preßdachziegel; nach dem Konstrukteur oder Produzenten: Gilardoni-Ziegel, Ludowici-Ziegel, Stadlerziegel, Steinbrückziegel; nach dem Ort ihrer Erfindung oder Produktion: Altkirchener Ziegel, Marseilleziegel, Großalmeroder Ziegel; nach der Oberflächenfarbe: naturfarbene, durchgehend gefärbte, engobierte, glasierte, reduzierte und gedämpfte Dachziegel; nach der Oberflächenbeschaffenheit: glatte, gewellte, gerillte, profilierte, genarbte, besandete, gebürstete, gekämmte und aufgerauhte Dachziegel; nach den Abmessungen: kleinformatige Dachziegel $>$ 18 Stück/m^2, mittel- und normalformatige Dachziegel, etwa 14 – 17,5 Stück/m^2 und großformatige Dachziegel, $<$ 13,5 Stück/m^2; nach Produktionsfehlern: Schwachbrandziegel, Fehlfarbenziegel, Schmolzziegel, krumme und flügelige Dachziegel, klapprige Dachziegel.

Diese Aufzählung ließe sich noch detaillieren und fortsetzen, würde aber den Rahmen dieses Leitfadens sprengen. Wer mehr darüber erfahren möchte, dem sei das spezielle »Lexikon der Ziegel« empfohlen.

Namen und Tätigkeiten der Dachziegler Dachziegel wurden jahrhundertelang arbeitsteilig hergestellt, weshalb sich für die verschiedenen Tätigkeiten entsprechende Namen entwickelten. Zu Beginn des 19. Jahrhunderts finden sich in den Handstrichziegeleien noch folgende Bezeichnungen: Der Ton wurde in der Grube vom »Lehmgräber«, »Erdarbeiter« oder »Tonstecher« abgebaut und vom »Umgänger«, »Karrenmann« oder »Aufkarrer« zur Sumpfgrube gebracht, wo ihn der »Grubenknecht« oder »Sümpfer« wässerte. Der fertig gesumpfte Ton wurde auf dem Tretplatz von den »Erdmachern«, »Lehmmachern« oder »Lehmtretern« mit bloßen Füßen getreten, bis er gut durchgearbeitet war.
Für die Dachziegelherstellung genügte dies aber oftmals nicht, und nach dem Treten kam der Ton gelegentlich auf die Hauebank, wo er vom »Tondrescher«, »Tonhauer« mit dem Haueisen durchgedroschen wurde, um ihn noch formsamer zu machen. Mußten noch schädliche Beimengungen entfernt werden, so kam er von dem Hauetisch zur Schneide- oder Schrotbank, wo er vom »Tonschneider« mit einem gekrümmten Schroteisen, einem Tonmesser, in dünne Streifen geschrotet wurde. Der fertig aufbereitete Ton wurde vom »Lehmträger«, »Vogelträger« mit einem Rückentragegerät oder vom »Tonbringer« oder »Kärner« mit der Schubkarre zum Streichtisch gebracht. Bei der Herstellung von Flachziegeln benutzte der »Streicher«, »Flachziegelstreicher« das sogenannte Ziegeleisen, einen eisernen Rahmen mit Handgriff zum Formen. Der fertige Formling wurde vom »Abträger«, »Abtragejungen« oder »Kleinen Jungen« mit dem Trockenbrettchen zum Trockengerüst getragen und dort im Trockenregal abgesetzt oder mit einen speziellen Transportkarren vom »Abkarrer«, »Abnehmer«, »Preßkarrenschieber« zur Trockenscheune gefahren; dort setzte ihn der »Einrüster«, »Gerüstsetzer« in die Trockengestelle.
Zur Herstellung von Hohlziegeln wurde vom »Walker«, »Walkenmacher« ein Tonstock gestrichen, von dem er einzelne Tonblätter abschnitt, denen der »Former« oder »Pfannenmacher« mit Hilfe einer hölzernen Form die endgültige Gestalt gab. Auf den fertigen Formling legte der

Noch zu Beginn dieses Jahrhunderts waren in Deutschland diese handwerklich arbeitenden Ziegeleien nicht ausgestorben. Hier werden auf der Zieglerbank Flachziegel gestrichen und vom Abträger auf den Trockenbrettchen zu den Trockenschuppen getragen.

Former einen hölzernen Absetzer oder Sattel und setzte ihn durch eine geschickte Wendung der Form darauf ab. Mit dem Absetzer wurde der Formling zum Trockengerüst gebracht, wo der Sattel vorsichtig herausgezogen wurde. Waren die Formlinge nach einigen Tagen angetrocknet, wurden sie vom »Ausrüster« herausgenommen und zum vollständigen Trocknen übereinander gestellt.
Die fertig getrockneten Ziegel wurden vom »Zuführer«, »Scherger«, »Schiebknecht«, »Einschieber« oder »Karrenmann« in den Ofen gefahren, wo sie vom »Einsetzer«, »Ofensetzer« oder »Setzer« kunstvoll aufgestapelt wurden. Der »Holzschieber« oder der »Kohlenjunge« sorgte für den Transport des Brennstoffs, und der »Brennknecht«, »Brenner« war für das Entzünden des Ofens zuständig sowie für das Unterhalten und Überwachen des Feuers. Die fertig gebrannte Ware wurde schließlich vom »Ausscheiber«, »Auskarrer« aus dem Ofen gebracht.
Die »Ziegler« oder »Ziegelmacher«, »Ziegelbäcker«, als Dachziegler auch »Pfannenbäcker« und scherzhaft »Lehmkonditor« genannt, übernahmen in der Regel sukzessive mehrere der aufgeführten Arbeiten.
Die Mannschaft eines Streich- oder Formtischs wurde »Pflug« genannt und bestand aus drei bis zehn Personen. Die Leitung einer Ziegelei lag

*Jahrhundertelang war das Zie-
geln Handarbeit und wurde mit einfachen Hilfsmitteln im Team bewerkstelligt, wie hier in einer mittelalterlichen Ziegelscheune, in der Mönch- und Nonnenziegel gefertigt werden.*

beim »Ziegelmeister« oder »Pflugmeister«, der aber auch als »Former«, »Setzer« und »Brenner« mitarbeitete.

Von der Dachziegelbäckerei zum Dachziegelwerk Die Namen für die Produktionsstätten sind sehr zahlreich. Die Römer unterschieden zwischen der »tegularia«, der Dachziegelei, und der »lateraria«, die Mauerziegel herstellte. Diese Unterscheidung war jedoch bei den frühen Ziegeleien selten, weil die Ziegler meist gleichzeitig Mauerziegel und Dachziegel anfertigten. Erst später gab es reine Dachziegeleien, die Dachziegelbrennerei oder Dachziegelbäckerei, die als Flachziegeleien vorwiegend Biberschwänze und als Hohlziegeleien, Dachpfannenziegeleien, Pfannenbäckereien, regional »Panneschopp«, ausschließlich Hohlpfannen herstellten.

Die allgemeine Bezeichnung der Produktionsstätte entwickelte sich von Ziegelschürr, Ziegelofen, Ziegelstadel, Ziegelscheune, Ziegelbrennerei, Ziegelhütte, zur Ziegelei, Ziegelfabrik bis zum Ziegelwerk. Man unterschied zwischen der Fliegenden Ziegelei, der ambulanten Feldziegelei oder Feldbrennerei und der Stehenden Ziegelei, der Standortziegelei. Nach dem Saisonbetrieb, der Saisonziegelei, Kampagneziegelei oder Sommerziegelei, kam mit der Einführung der künstlichen Trockner ab 1870 der Ganzjahresbetrieb.

Nach dem Betreiber differenzierte man schon zu Zeiten der Römer zwischen der Legionsziegelei, der Heeres-, Truppen- oder Militärziegelei

und der Privatziegelei, später gab es die Klosterziegelei, die Rats- oder Kommunalziegelei, herrschaftliche, städtische und ländliche Ziegeleien. Als Nebenbetrieb wurde die Ziegelei als Gutsziegelei, landwirtschaftliche Ziegelei und Bauernziegelei geführt.
Nach der Mechanisierung unterschied man zwischen der Handziegelei, Handstrichziegelei und der Maschinenziegelei, die ab 1870 als mechanische Ziegelei oder Dampfziegelei aufkam.
Nach der Produktart kannte man früher die Dachziegelei, die Backsteinfabrik und die Verblendsteinfabrik. Heute gibt es bei Dachziegeln folgende Werkstypen: Preßdachziegelwerk, Strangdachziegelwerk, Werke für gemeinsame Produktion von Strang- und Preßdachziegeln sowie Werke für Gemischproduktion: Dachziegel und andere Tonwaren.

Die Entwicklungsstufen der Dachziegeleien Die Entwicklungsstufen der Dachziegeleien lassen sich im Zeitablauf hinsichtlich ihrer Fertigungsmethoden in drei Abschnitte gliedern: Die handwerkliche, die vorindustrielle und schließlich die industrielle Fertigung.

Die handwerkliche Fertigung Dieser Produktionsstandard mit manueller Fertigung war für die Dachziegelproduktion bis etwa 1850 typisch. Es waren bis 400 n. Chr. die Legionsziegeleien der Römer, bis ins 14. Jahrhundert die Klosterziegeleien und herrschaftlichen Ziegeleien, danach bis ins 18. Jahrhundert die Rats- und Kommunalziegeleien oder Stadtziegeleien. Mit der Verdrängung der weichen Dachdeckung entwickelten sich ab dem 18. Jahrhundert dörfliche Ziegeleien als landwirtschaftliche Nebenbetriebe oder Gutsziegeleien. Typisch waren Formgebung im Handstrichverfahren, natürliche Trocknung, saisonaler Brand. Die Produktionskapazitäten waren gering und lagen bei jährlich etwa 10000 bis 450000 Stück. Gebrannt wurde bis 1750 überwiegend mit Holz, danach vereinzelt bereits mit Steinkohle.

Die vorindustrielle Fertigung Als Übergangsphase gilt die Zeitspanne von etwa 1850 bis 1880, in der bereits einzelne Fertigungsabschnitte mechanisiert waren. Es gab die ersten Spindelpressen, Schlittenpressen, Großraumtrockner, Kammeröfen, Kasseler Öfen und Ringöfen, aber noch konnte man nicht von einem vollmechanisierten Fertigungsprozeß

Nach dem 1. Weltkrieg hatte bei vielen Dachziegeleien der technische Fortschritt Einzug gehalten, aber noch war man von vollautomatisierten Arbeitsabläufen weit entfernt.

sprechen. Die durchschnittliche Jahresproduktion war auf 500000 bis 1,5 Mio. Stück angewachsen. Als Brennstoff wurde allmählich überwiegend Kohle eingesetzt.

Die industrielle Fertigung Bei der Phase der industriellen Fertigung werden heute verschiedene Generationen unterschieden, die jeweils einen Technologieschritt markieren. Dachziegelwerke der 1. Generation gab es von 1880 bis 1958. Sie waren schon vollmechanisiert. Dachziegel wurden mit der Strangpresse oder mit der Revolverpresse gefertigt, nur noch das Batzenauflegen, die Formlingsabnahme und das Entgraten erfolgte von Hand. Getrocknet wurde in Großraum- und Kammertrocknern, gebrannt in Ring- und Zick-Zacköfen. Die Ziegelausstoß betrug jährlich 1 bis 10 Mio. Stück. Als Brennstoff diente fast ausschließlich Kohle. Dachziegelwerke der 2. Generation von etwa 1958 bis 1970 zeichneten sich durch teilautomatisierte Abläufe aus. Es gab die vollautomatische Revolverpresse, Kammertrockner, Durchlauftrockner, Tunnelofen mit Mischbesatz, Schamottehilfsbesatz oder A-Besatz. Damit war eine weitere Produktionssteigerung im Jahr auf nunmehr 5 bis 15 Mio. Stück die Regel. Als Brennstoff verdrängte Heizöl die Kohle. Dachziegelwerke der 3. Generation waren bereits vollautomatisiert und sind von 1970 bis heute in Betrieb. Typisch sind vollautomatische Flächen- und

Zubehörziegelpressen, automatisch beschickte und entleerte Kammertrockner, Durchlauftrockner, ab 1970 das automatische Setzen in U-Kassetten, ab 1980 in H-Kassetten, Tunnelöfen mit Kassettenbrand. Die Jahresproduktion betrug nunmehr 10 bis 25 Mio. Stück. Erdgas löste Heizöl als Brennstoff ab. Dachziegelwerke der 4. Generation, die es in Ansätzen seit 1993 gibt, sind im Ablauf elektronisch gesteuert und arbeiten in der Fertigung mit Robotern. Die Aufbereitung erfolgt produktspezifisch, die Arbeitsmassen sind konfektioniert und werden steifer verpreßt. Die Durchlaufzeiten sind durch Schnelltrocknung, Schnellbrand und Brennen ohne Brennhilfsmittel verkürzt.

Historische Fränkische Fittichziegel lagern gemeinsam mit den Firstziegeln bei Spezialisten, die sich um die Bergung und Wiederverwendung noch funktionsfähiger Baustoffe kümmern.

Historische Dachziegel für die Zweitverwendung Die Frage nach der Definition von historischen Dachziegeln läßt sich nicht ganz eindeutig beantworten. Einerseits wird in Denkmalpflege und Kunstgeschichte traditionell nach Produktionstechniken abgegrenzt und daher als historisch nur das angesehen, was aus handwerklicher Fertigung stammt. Im Handel und bei der Wiederverwendung von historischen Baustoffen hat sich dagegen eine andere Terminologie durchgesetzt. Hier werden alle Dachziegel als historischer Baustoff bezeichnet, die aus selektiven Rückbau von Gebäuden stammen und aufgrund ihrer Funktionsfähigkeit einer Zweitverwendung bei Reparaturen und Neudeckungen zugeführt werden können. Dies sind daher nicht nur handgestrichene Hohlpfannen und Biberschwänze, sondern auch Ludowici-Doppelmuldenfalzziegel, Maschinenbiber und die Volkspfanne.

Der Rohstoff Ton: Basis der Dachziegelherstellung

Basis für die Dachziegelherstellung sind Tone, die sich in großer Vielfalt fast überall finden. Man sagt deshalb auch »*es gibt so viele Tone wie es Ziegeleien gibt*«, denn kein Ton gleicht genau dem anderen, und es ist die Kunst des »Ziegelns«, daraus ein Produkt mit konstanten Qualitätsmerkmalen herzustellen.

Dachziegeltone Viele Tone eignen sich für die Fertigung von Mauerziegeln, aber bei weitem nicht jeder Rohstoff eignet sich auch für Dachziegel. Nur Ziegeleien mit besseren Tonvorkommen können auch Dachziegel herstellen. Da der Dachziegel in seiner vollen Oberfläche der Witterung ausgesetzt ist und daher in größerem Umfange als der in ein Wandgefüge eingebaute Mauerziegel den Folgen von Frosttauwechseln und anderen Einwirkungen ausgesetzt ist, werden vom Dachziegelton ganz besondere Eigenschaften gefordert: u. a. soll er gut plastisch sein, also hohe Anteile an tonigen Substanzen haben, und frei von Steinen und pflanzlichen Beimengungen sein.

Über die verziegelbaren Rohstoffe Tone sind Verwitterungsprodukte von Gesteinen, welche die unterschiedlichsten Minerale wie Quarz, Feldspäte, Glimmer, Augite, Hornblende und ähnliche Silikate enthalten. Durch mechanische und chemische Einwirkungen auf feldspathaltiges Gestein wie Granit, Gneis, Quarzporphyr und durch Einwirkung von kohlensäurehaltigem Wasser entstanden im Laufe vieler Jahrtausende die Tonminerale, die Träger der Plastizität. Die wichtigsten und in den Ziegelrohstoffen am häufigsten vorkommenden Tonminerale sind Kaolinit, Halloysit, die Illite und Montmorillonit, die sich durch ihre Struktur unterscheiden. Während Kaoline am Ort ihres Entstehens lagern, handelt es sich bei Tonen um Rohstoffe in sekundären Lagerstätten, die durch strömendes Wasser wegtransportiert wurden und dabei andere Stoffe wie Kalk, Eisenverbindungen, Kohle, organische Stoffe und Salze aufgenommen haben und zusätzlich durch geologische Ereignisse beeinflußt wurden. All dies erklärt die große Vielfalt der einzelnen Tonsorten, auf die im Hinblick auf ihre Eignung als Dachziegelton kurz eingegangen werden soll.

Ziegeltone und Lehme Tone besitzen einen hohem Gehalt an toniger Substanz, sind daher sehr plastisch. Sie besitzen einen erhöhten Gehalt an Alkalien, Kalk und Eisenverbindungen mit Flußmittelwirkung. Aus Ziegeltonen lassen sich fast alle Ziegelwaren herstellen. Sie sind die für Dachziegel am meisten verwendeten Tone. Lehme können auch als eine magere Art der Ziegeltone gewertet werden, man verwendet sie vor allem zur Herstellung von Mauerziegeln. Für Dachziegel eignen sie sich nur bei erhöhtem Tonmineralgehalt.

Mergeltone, Löß, Tonstein, Schiefertone, Tonschiefer und Sand
Mergeltone sind Tone mit höherem Kalkanteil und nur in Ausnahmen für Dachziegel zu verwenden. Löß ist ein sehr feinkörniges Material mit hohem Kalkanteil und eignet sich nicht als Alleinmaterial für die Dachziegelfertigung, höchstens als Zusatz bei fetten Tonen. Tonsteine sind durch Gebirgsdruck verfestigte, aber ungeschieferte Tone, die bei erhöhtem Tongehalt früher auch für Dachziegel genutzt wurden.
Die Erzielung einer ausreichenden Frostfestigkeit war jedoch problematisch. Schiefertone und Tonschiefer sind harte, verfestigte Tone, die durch den Belastungsdruck einer darüber liegenden Gesteins- oder Gebirgsschicht entstanden sind und eine schiefrige Textur aufweisen. Sie erfordern eine intensive Aufbereitung, wie sie früher nur selten möglich war, doch lassen sich dann auch Dachziegel daraus herstellen. Sand ist ein Verwitterungsprodukt von Gesteinen, wobei Quarzsand am verbreitetsten ist. Er ist in den meisten Rohstoffvorkommen enthalten. Bei fetten Ziegelrohstoffen wird Sand als Magerungsmittel zugesetzt.

Ziegelkeramische Massen und ihre Eigenschaften Ob ein Ziegelrohstoff zur Herstellung von Dachziegeln geeignet ist, wird heute im Labor untersucht und mit Zahlenwerten belegt. Früher mußte der Ziegler diese Eigenschaften rein empirisch oder mit ganz einfachen Untersuchungsmethoden ermitteln. Auf einige der wichtigsten Eigenschaften soll hier kurz eingegangen werden.

Kornaufbau und Plastizität Die Korngrößenverteilung von Rohstoffen wird heute mit Hilfe von Sieb-, Schlämm- und Sedimentationsanalysen ermittelt. Für die Herstellung von Dachziegeln sollte der Gehalt an toniger Substanz, den Teilchen kleiner 0,010 mm, zwischen 42 und 60 % liegen. Alle Tone haben die Eigenschaft, daß sie eine mehr oder weniger große Plastizität oder Bildsamkeit besitzen, daher formbar sind und danach auch ihre Form behalten. Je größer der Gehalt an toniger Substanz, desto größer die Plastizität. Rohstoffe mit einem hohen Gehalt an toniger Substanz bezeichnet man auch als fett oder plastisch, solche mit geringem Anteil als mager oder kurz. Zur Bestimmung der Plastizität bediente man sich früher z. B. der Druckprobe – wie unten abgebildet – welche zwar keinen zahlenmässigen Wert lieferte, aber doch ein guter Maßstab für die Formbarkeit der Masse war. Man konnte auch ein gut durchgearbeitetes Stück Ton zwischen den Händen zu einer dünnen Wurst formen und diese an beiden Enden langsam auseinanderziehen. Dabei beobachtete man, in welcher Weise das Auseinanderreißen erfolgte. Je plastischer der Ton war, desto länger ließ er

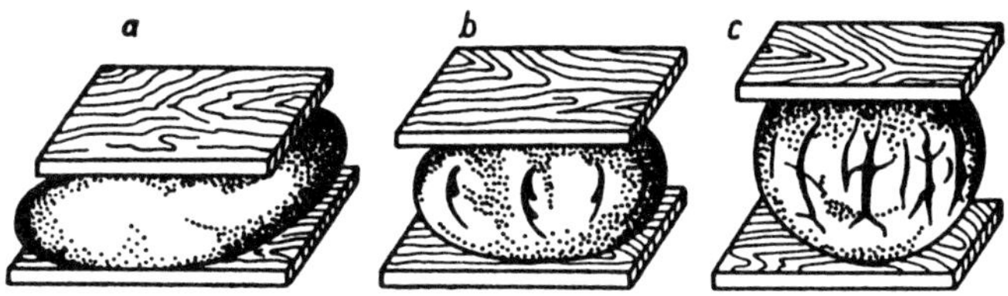

Mit einfachen Hilfsmitteln wurde früher die Plastizität von Tonen geprüft. Hier eine einfache Druckprobe. Je plastischer der Ton, umso stärker läßt er sich ohne Rißbildung zusammendrücken.

sich ziehen. Mageres Material reißt ganz kurz ab, deshalb auch die Bezeichnung »kurz« für magere Tone. Heute benutzt man zur Gewinnung von zahlenmäßigen Werten für die Plastizität u. a. den Stauchwert nach Pfefferkorn oder den Penetrometer.

Gehalt an kohlensaurem Kalk, Eisenverbindungen und wasserlöslichen Salzen Kalk war für den Ziegler schon immer ein Ärgernis, wenn er in Stücken oder Schalen im Formling vorlag. Durch das Brennen entstand gebrannter Kalk, der an der Luft langsam ablöscht und

dabei sein Volumen vergrößert, was zu Absprengungen am Ziegel führt. Feinverteilter Kalk ist im allgemeinen unschädlich, beeinflußt aber die Brennfarbe, die mit steigendem Kalkgehalt über Ziegelrot, Dunkelgelb bis Braunweiß geht. Durch Übergießen einer Tonprobe mit Salzsäure läßt sich nach dem Umfang des Aufschäumens durch die Kohlesäureentwicklung der ungefähre Kalkgehalt ablesen.
Eisenverbindungen wirken allgemein als Farb- und Flußmittel, wenn sie als Eisensilikate oder Eisen-Sauerstoff-Verbindungen vorliegen. Unerwünscht und gütemindernd ist Schwefeleisen in Form von Pyrit oder Markasit, weil es Ausschmelzstellen und Abplatzungen verursachen kann, die sich vor allem bei engobierten Dachziegeln störend bemerkbar machen.
Wasserlösliche Salze im Rohmaterial verursachen Ausblühungen, Verfärbungen und Abmehlungen am gebrannten Ziegel. Sie können am einfachsten durch den Tränkversuch festgestellt werden. Dazu wird ein gebrannter Ziegel so in eine mit destilliertem Wasser gefüllte Schale gestellt, daß er etwa bis zur Hälfte untertaucht. Dabei saugt der Ziegel Wasser hoch, die Salze werden aufgelöst und kristallisieren besonders an den Ziegelkanten und Ecken aus. Treten während der Zeitspanne von 14 Tagen keine oder nur wenig Ausblühungen auf, so können wasserlösliche Salze im Rohton mit großer Sicherheit ausgeschlossen werden.

Bedarf an Anmachwasser, Trocken- und Brennschwindung Unter Anmachwasser versteht man diejenige Wassermenge, die der Tonrohstoff benötigt, um eine formbare, nicht klebende Masse zu bilden. Dieser Bedarf ist vom Gehalt an toniger Substanz und der mineralischen Zusammensetzung des Tons abhängig. Für Dachziegelmassen bewegt er sich – bezogen auf das Gewicht – etwa zwischen 21 und 38 %.
Mit Schwindung bezeichnet man die Eigenschaft der keramischen Rohstoffe, sich beim Trocknen und Brennen zusammenzuziehen. Anmachwasserbedarf und Trockenschwindung bedingen sich etwa wechselseitig und steigen mit zunehmendem Gehalt an toniger Substanz. Das heißt also, daß fette Tone wegen ihres größeren Gehalts an aufquellbarer Tonsubstanz stärker Wasser aufnehmen und später auch wieder mehr schwinden als magere. Das Schwinden verursacht immer eine

Diese sehr gleichmäßigen, handgeformten und glasierten Biberschwanzziegel haben durch den Brand ihre unverwüstliche Oberfläche erhalten und zeigen auch nach 150 Jahren kaum Alterungserscheinungen.

Gefährdung der Form und der Endmaße des Formlings. Durch diesen in der Regel höheren Anteil an toniger Substanz sind Dachziegel in der Fertigung problematischer als Mauerziegel.
Trocken- und Brennschwindung ergeben die Gesamtschwindung. Um also einen Dachziegel mit bestimmten Endmaßen herzustellen, muß er um das Maß der Gesamtschwindung größer ausgeformt sein. Je nach Rohstoffart liegt die Trockenschwindung von Dachziegelmassen etwa zwischen 5 und 9 %, die Brennschwindung in Abhängigkeit von der Höhe der Brenntemperatur zwischen 0 und 4 %.

Brenn-, Sinter- und Schmelztemperatur Das Brennen bewirkt eine weitgehende und dauerhafte Stoffänderung. Dadurch wird die bisher in Wasser auflösbare Tonmasse in einen unlöslichen Zustand überführt. Gleichzeitig erhält sie die Festigkeit, die sie gegen mechanische und chemische Einflüsse widerstandsfähig macht. Die hierfür notwendigen Temperaturen nennt man Brenn- oder Garbrandtemperaturen. Die Garbrandtemperatur von Dachziegeln liegt etwa zwischen 900° C und 1150° C. Erreicht die Ofentemperatur nicht die Garbrandtemperatur, so erhält man Schwachbrandziegel von geringerer Qualität. Bei etwa 1000° C, je nach Art und Menge der im Rohstoff enthaltenen Flußmittel auch bei niederer oder höherer Temperatur, beginnt die Oberfläche des Scherbens zu fließen, d.h. zu sintern, wobei sich die Poren erst verkleinern und danach schließen. An der Oberfläche bildet sich eine Sinterhaut. Der Temperaturgrad, bei dem das Material zu sintern beginnt, heißt Sintertemperatur oder Sinterpunkt. Wird die Temperatur über den Sinterpunkt hinaus gesteigert, so beginnt ab einer bestimmten Temperatur, dem sogenannten Schmelzpunkt, die Tonmasse zu schmelzen. Dachziegel werden im allgemeinen unterhalb der Sintertemperatur gebrannt, um ihr kapillares Porensystem zu erhalten. Vereinzelt werden heute jedoch auch Dachziegel mit gesintertem Scherben hergestellt – Sinterbiber, Klinkerbiber – um einen möglichst dünnen, frostsicheren Scherben zu erhalten. Da aber bei diesen Dachziegeln die Gefahr einer verstärkten Schwitzwasserbildung an der Ziegelunterseite besteht, muß für eine gute Hinterlüftung der Ziegeldeckung gesorgt werden.

Brennfarbe Beim Brennen treten Veränderungen in der Farbe ein, wobei die Oberflächenfarbe abhängig ist von der mineralischen und chemischen Zusammensetzung des Tons, dem Aufbereitungsgrad, der Höhe der Brenntemperatur und der Ofenatmosphäre, den Oxidations- und Reduktionseinflüssen. Vor allem der Gehalt an Eisenoxid bewirkt je nach Brenntemperatur Färbungen in allen Abstufungen, die von Rosa bis Violett und Schwarz-Rot gehen können. Tonerdereiche und eisenarme Tone mit hohem Kalkgehalt ergeben eine gelbliche Brennfarbe. Neben diesen natürlichen Brennfarben kann eine Farbbeeinflussung auch durch andere Maßnahmen wie Färben, Engobieren, Glasieren, Reduzieren und Dämpfen erfolgen, die später noch näher beschrieben werden.

Die Zusammensetzung der Rohtone und der Ablauf des Brennprozesses beeinflussen Brenn-, Sinter- und Schmelztemperatur sowie die spätere Ziegelfarbe. Diese mediterranen Schalenziegel variieren in ihrer Brennfarbe zwischen Gelb und Rot.

Rohstoffgewinnung: Fundorte und Abbau

»*Der Brand beginnt in der Grube*« sagt ein alter Zieglerspruch und betont die Bedeutung einer guten Rohstoffquelle. Anschaulich sind alte Namen für die Tongrube wie Leimengrube, Leimenlöcher, Lehmwiese, Thonberg, Tonstich, Ziegelacker, Ziegelanger, Ziegelbronnen, Ziegelerden. Der Ziegler war auf eine eigene, möglichst direkt bei der Produktionsstätte gelegene Tongrube angewiesen, um den teuren Transport zu vermeiden. Zunächst aber galt es, die geeignete Grube zu finden.

Das Auffinden der Tone Die Rohstofferkundung soll die Tonlagerstätte ausfindig machen und dabei vor allem die Art und Qualität des Rohstoffs, die Mächtigkeit der Rohmaterialschichten und ihren Verlauf ermitteln. Dafür bilden heute geologische Karten ein wertvolles Hilfsmittel. Durch geophysikalische Voruntersuchungen mit geoelektrischen Sondierungen oder refraktionsseismischen Untersuchungen werden die Lagerstätten näher eingegrenzt, während durch Baggerschürfen und Bohrungen, die bis in 50 m Tiefe gehen können, Probematerial gewonnen wird. Solche Hilfsmittel standen dem Ziegler früher natürlich nicht zur Verfügung. Er legte Wert auf oberflächennahe Vorkommen, an die

Kartierung eines abgebohrten Tonlagers, das unterhalb der Ackerkrume mageren Ton, gelben Ton, kalkhaltigen Sand, blauen Ton mit viel Sand, unreife Braunkohle, feuerfesten Ton und bitumenhaligen Letten anzeigt.

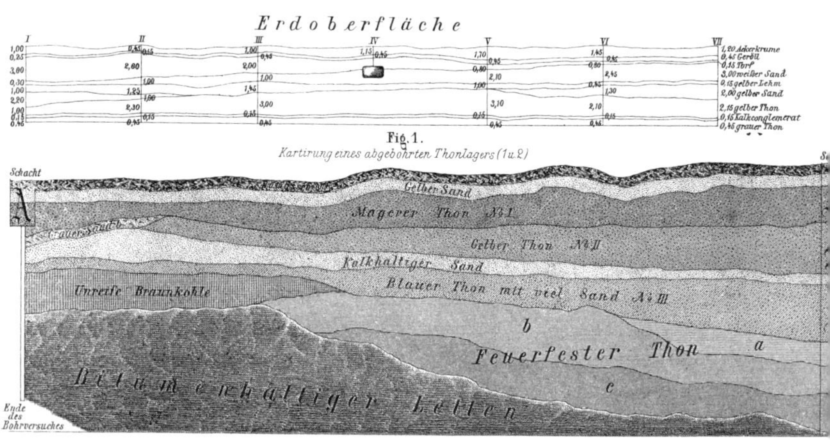

Bis etwa 1870 wurde Ton mühsam mit Hacke und Spaten abgestochen und in Körben, Schubkarren oder mit Tierfuhrwerken zur Weiterverarbeitung gebracht. Das Graben des Tons von Hand hielt sich noch bis in die fünfziger Jahre, wie diese Aufnahme aus Hundisburg zeigt.

leicht heranzukommen war. Wegeinschnitte und Schluchten, ausgeführte Erdbewegungen für Gräben, Baugruben und Brunnen usw. verrieten ihm schon annähernd, wo er näher nachforschen mußte. Weitere Hinweise lieferten ihm auch Pflanzenarten, sogenannte Lehm- und Tonzeiger, wie Huflattich, Klatschmohn, Löwenzahn, Maiglöckchen, Waldmeister, Ackerdistel und Ackerwinde. Durch einfache Schürfgruben von 1 bis 3 m Tiefe oder mit dem Erdbohrer bis in etwa 6 m Tiefe konnte er Tonschichtungen mit ihren Fremdeinschlüssen erkennen und Proben für seine einfachen Tonuntersuchungen und Probebrände entnehmen.

Tongewinnung und Transport Die Gewinnung des Tons war bis etwa 1870 reine Handarbeit. So wählte man vor allem weichere und leichter abbaubare Tone, die mit der Hacke gegraben oder mit dem Spaten abgestochen und mit Schaufeln oder Tonspießen aufgeladen wurden. Das Graben des Tons erfolgte vorwiegend im Herbst nach Einstellung der Arbeit der auf Sommerbetrieb eingestellten Ziegeleien. Später erleichterten Eimerkettenbagger und Löffelbagger diesen Abbau. Heute erfolgt der Tonabbau vielfach auch durch Planierraupen mit Aufreißer, Laderaupen, Schürfkübelraupen und Schubscraper. Der Transport des Tons in Körben, Schubkarren oder Tierfuhrwerken wurde ab der zweiten Hälfte des 19. Jahrhunderts durch Loren ersetzt, die auf Schienen fuhren und Mengen von 0,3 bis 0,75 cbm Inhalt transportieren konnten.

Seit der Jahrhundertwende erleichterten diese Eimerkettenbagger die Tongewinnung und führten bereits beim Abbau zu einer Vermischung der verschiedenen Tonschichten.

Bei größeren Betrieben und einer entfernt liegenden Grube ersetzte man den teuren Pferdetransport durch Seilbahnen mit auf Schienen laufenden Wagen. Seit der Jahrhundertwende wurden vereinzelt Dampfloks eingesetzt. Heute erfolgt der Tontransport überwiegend mit Lastkraftwagen, bei nahe gelegenen Gruben auch mit Bandstraßen und Schaufelladern.

Rohstoffaufbereitung: Plastizität und Formbarkeit

Die in der Grube abgebauten Ziegelrohstoffe sind in ihrem Grubenzustand meist noch nicht zum Verformen geeignet. Dachziegeltone müssen besonders sorgfältig aufbereitet werden. Die Rohstoffaufbereitung hat die Aufgabe, den Rohton umzuformen und ihn plastisch und formbar zu machen, so daß er eine homogene Masse bildet und alle für die weitere Fertigung erwünschten Eigenschaften besitzt. Die Arbeitsmasse gilt erst dann als homogen, wenn alle ihre Bestandteile aufs Innigste miteinander vermischt sind.

Tonaufschluß und Plastizität Die einzelnen Tonmineralteilchen sind in der Natur mehr oder weniger verhärtete Zusammenballungen. Das Lockern und Lösen dieser aneinandergekitteten Teilchen und ihre gleichmässige Durchdringung und Umhüllung mit Wasser nennt man Tonaufschluß. Durch einen Quellvorgang wird die Gesamtoberfläche erhöht und deren Haftkräfte. Das die Teilchen umgebende Hüllwasser gewährleistet gleichzeitig deren Zusammenhalt und Verschiebbarkeit und ist Ursache für die Plastizität oder Bildsamkeit. Man unterscheidet zwischen natürlichen und künstlichen Aufschlußverfahren. Natürliche Aufschlußmethoden sind Wintern, Sommern, Sumpfen und Mauken, künstliche sind die mechanische Zerkleinerung, das Schlämmen und neuerdings die Heißaufbereitung. Neben dem natürlichen Tonaufschluß besteht Aufbereiten immer aus einem Zerkleinern, einem Mischen und einem Homogenisieren. Hinzu kommt in vielen Fällen noch ein Entmischen oder Aussondern, früher Tonreinigung genannt. Hilfsfunktionen sind Beschicken, Dosieren und Fördern.

Wettern: Wintern und Sommern Wintern und Sommern werden unter dem Sammelbegriff Wettern zusammengefaßt, weil die erzielten Wirkungen im wesentlichen auf den chemischen und physikalisch wirksamen Stoffen und Einflüssen der Atmosphäre und der Witterung wie Wasser, Regen, Kohlensäure, Luft, Wind, Sauerstoff, Sonne, Schnee und Frost während der Lagerung im Freien beruhen.
Beim Wintern, auch Winterung, Durchwintern, Überwintern und Frierenlassen des Tons genannt, werden dünne Schichten des abgebauten Tons über mindestens eine Frostperiode gelagert. Durch das gefrierende Wasser im Ton entstehen Eiskristalle, die durch ihre Ausdehnung den Ton auflockern und ihn beim Auftauen krümelig zerfallen lassen. Ein häufiger Wechsel von Frost und Tauwetter beschleunigt den Zersetzungsprozeß. Beim Sommern, auch Aussommern genannt, trocknet der Ton durch Sonne und Wind aus und wird durch Regen und Tau oder künstliche Berieselung wieder befeuchtet. Hierbei erfolgt durch das ständige Schwinden und Quellen ebenfalls eine Auflockerung und ein Aufschluß des Rohmaterials, meist sogar effektiver als beim Wintern. Nach dem Wettern nimmt der Ton sehr viel leichter das Anmachwasser auf als im Grubenzustand.

Sumpfen und Mauken Das Sumpfen, auch Feuchtelagerung, Einsumpfen, seltener Einwecken genannt, bestand früher darin, das gewinterte oder gesommerte Material lagenweise in gemauerte oder mit Holzbohlen ausgelegte Sumpfgruben einzubringen, jede Lage zu wäs-

sern, um danach in Ruhelage die langsame, vollständige Aufnahme des Anmachwassers und damit den Tonaufschluß zu ermöglichen. Bei mehreren zu mischenden Materialien wurden die einzelnen Schichten im erforderlichen Mischungsverhältnis eingebracht und nach dem Sumpfprozeß abgestochen. »*Der Ton war reif oder gar*«, wenn sich keine festen, geschlossenen Klümpchen mehr zeigten. Zur Feststellung dieser Gare stach man früher mit einer mit Eisenspitze versehenen Stange in den Sumpfhaufen und erfühlte am Widerstand, ob noch harte Tonstücke enthalten waren.
Das Mauken, auch Rotten, Faulen, Gären, Stinken, Reifen und Fermentieren genannt, bestand darin, das mechanisch fertig aufzubereitete

Moderne Quersumpfanlage: In einem großen Sumpfbecken wird der aufbereitete Ton gelagert, um eine restlose Durchdringung der tonigen Substanz mit dem Anmachwasser zu ermöglichen, was zu einer weiteren Erhöhung der Plastizität führt.

Material mit seinem endgültigen Anmachwasser entweder als loses ungeformtes Gut, meist aber zu Batzen verpreßt, in dunklen, abgeschlossenen Räumen mit hoher Luftfeuchte, den Maukkellern, zu lagern. Man glaubte an eine Gärung oder Fermentierung der Tonmasse mit Algen oder Bakterien. Ihnen wurde als organischem Kolloidstoff in erster Linie eine Erhöhung der Plastizität zugeschrieben.
Das Mauken wurde vorwiegend in Dachziegeleien durchgeführt. Heute werden Sumpfanlagen in Form von Längs-, Quer- und Rundsümpfen für automatische Befüllung und Entleerung für Fassungsvermögen bis 15000 m^3 gebaut, während das Mauken in Tonsilos mit Fassungsvermögen bis 1000 m^3 erfolgt.

Schlämmen Beim Schlämmen wird der Ton mit viel Wasser in seine kleinsten Teilchen zerlegt. Diese Schlämme oder Schlämmtrübe wird durch ein engmaschiges Sieb passiert, das alle Verunreinigunge, wie Kalkknollen, Mergel, Schwefelkies, Gips, Steine, Sand oder Wurzeln zurückhält. Die gereinigte Schlämme kommt dann in flache Absetzbecken, wo sich der Ton absetzt. Das klare Wasser wird abgelassen, der Tonschlamm trocknet durch Sonne und Wind, bis er verarbeitungsfähig ist. Wenngleich dieses Verfahren bereits in Griechenland um 1400 v. Chr. nachgewiesen ist, erlangte es erst durch den Bau von Schlämmaschinen und -anlagen in der zweiten Hälfte des 18. Jahrhunderts eine gewisse Verbreitung. Aber nach dem 1. Weltkrieg wurden nur noch selten neue Schlämmanlagen gebaut, da die Kosten zu hoch waren.

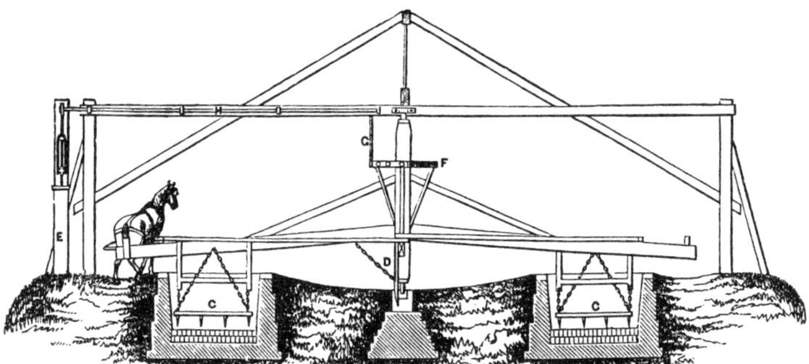

Die Naßaufbereitung des Rohtons durch Schlämmen war früher ein sehr aufwendiges Verfahren, das sich meistens nur die Dachziegeleien leisteten.

Vom Treten, Hauen und Schneiden Für die mechanische Weiterbehandlung des Tons nach dem Sumpfen gab es mehrere Methoden, die je nach Rohstoff- und Produktart einzeln oder in verschiedenen Kombinationen angewendet werden konnten. Beim Treten kam das gesumpfte Material zunächst zu den Lehmtraten oder Traden, den 2 - 3 m³ großen, mit Bohlen gedielten oder mit Steinen gepflasterten Tretplätzen, wo es etwa 30 cm hoch aufgeschüttet wurde. Hier wurde der Ton mit den bloßen Füßen so lange bearbeitet, bis er geschmeidig gewor-

den war. Das Treten mußte mit den bloßen Füßen erfolgen, um Verunreinigungen wie Steine und Wurzeln zu erfühlen, die dann gleich von Hand herausgeklaubt wurden. Zum Treten wurden auch Tiere – meist Ochsen oder Pferde – eingesetzt, indem man sie vor den Zugbalken einer stehenden Welle spannte und in einem Kreis über den Ton trieb. Als nachteilig galt, daß die Tiere nicht auch die Reinigung von Wurzeln und Steinen vornehmen konnten.
Nach dem Treten kam der Ton gelegentlich auf den Hauetisch – Hauebank, Hauetafel – wo er vom Tondrescher mit einem speziellen Werkzeug, dem Haueisen, der Hauklinge oder dem Degen durchgehauen oder durchgedroschen wurde. Hierdurch wurde der Ton verdichtet und formsamer gemacht. Dabei wurde der Ton bewässert, bis er gut plastisch war, ohne zu kleben. Danach kam die Tonmasse zur Schneide- oder Schrotbank, wo sie mit einem gekrümmten Schroteisen oder einem Tonmesser in dünne Streifen von etwa 10 mm Dicke geschrotet oder geschnitten wurde. Der Zweck dieses Arbeitsgangs war, schädliche Beimengungen festzustellen und auszulesen. Meist genügte es, den Ton einmal zu schneiden, nur wenige Tone mußten zweimal geschnitten bzw. geschrotet werden. In manchen Ziegeleien wurde das Schneiden vor dem Hauen durchgeführt, manche praktizierten nur das Hauen und die meisten nur das Treten. Die ersten mechanischen Einrichtungen, mit denen man diese drei Arbeitsschritte mechanisieren konnte, waren die Trade und der Tonschneider.

Maschinelle Traden und Tonschneider Rad- oder Fahrbahnen kamen Ende des 18. Jahrhunderts auf, um als erste Aufbereitungsmaschinen das Treten der Tone durch Mensch oder Tier zu ersetzen und zu verbessern. Sie wurden in der späteren Literatur allgemein als Traden bezeichnet, obwohl die Trade ursprünglich der Tretplatz war.
Die maschinelle Trade bestand aus großen Speichenrädern oder zweirädrigen, mit Steinen beladenen Karren, die an einem Querbaum mit senkrecht drehender Welle befestigt waren. Der Antrieb erfolgte meist durch Zugtiere über Zugbalken, später auch durch Kraftmaschinen. Die Speichenräder bewegten sich im Kreis in einer ringförmigen Grube von etwa 0,4 m Tiefe und 1 – 1,5 m Breite. Über ein Zahnrad und Zahnstange konnte das Rad oder der Karren durch einen auf dem

Querbaum sitzenden Arbeiter oder selbsttätig derart verschoben werden, daß der gesamte in der Grube liegende Ton nach und nach bearbeitet wurde. In einer Radbahn mit 7 m Durchmesser fand Material für einen Tagesbedarf Platz. Das gewinterte oder gesommerte Material wurde von Hand in die Grube eingefüllt und bewässert und nach der Bearbeitung wieder von Hand entnommen.
Etwa ab 1850 wurden die Traden allmählich von Tonschneidern, auch Tonmühlen genannt, abgelöst. Diese bestanden aus einem senkrecht stehenden Bottich mit einer Rührwelle und schraubenförmig gebogenen Messern. Der Tonschneider diente gleichzeitig auch zum Mischen, Homogenisieren und Kneten des Tons. Da der Tonschneider in den

Ende des 18. Jahrhunderts kamen diese Radbahnen auf, bei der Pferde einen mit Steinen beladenen Karren im Kreis herumführten, der an einem Querbaum mit senkrecht drehender Welle befestigt war. Dabei wurde der Ton zerkleinert und vermischt.

Handstrichziegeleien lange Zeit die einzige Aufbereitungsmaschine darstellte, mußte der Ton vorher ausreichend gesumpft sein. Die Sümpfe wurden deshalb um den Tonschneider herum angelegt. Um das beschwerliche Befüllen der stehenden Tonschneider zu vermeiden, baute man später für größere Handstrichziegeleien liegende Tonschneider mit ein oder zwei Mischerwellen.

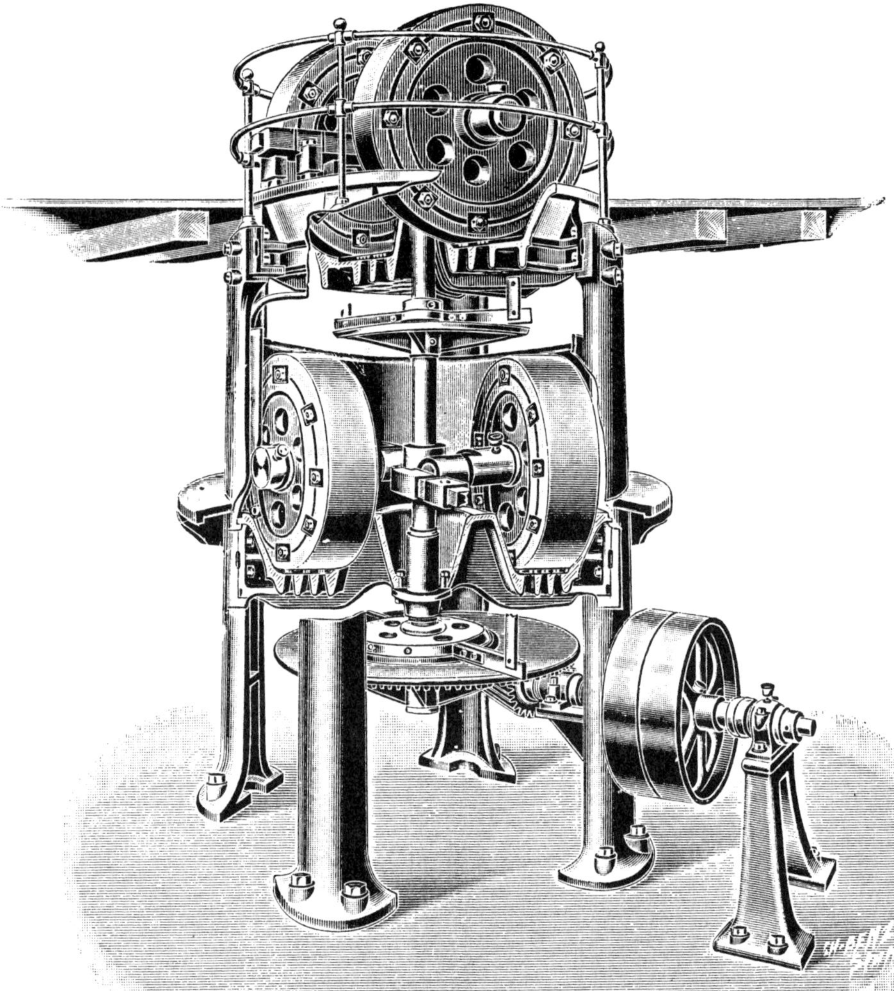

Für die Dachziegelproduktion mußte der Ton sorgfältig zerkleinert werden, was mit einsetzender Mechanisierung durch Walzwerke, Traden und ab 1870 mit Kollergängen geschah. Hier ein kombinierter Etagenkollergang.

Maschinelles Aufbereiten: Brechen, Walzen, Kollern, Mischen, Aussondern Das eigentliche maschinelle Aufbereiten im Ziegelwerk begann mit dem Einsatz von Walzwerken und fand um 1850 Eingang in deutsche Ziegeleien. Die ersten »Thonwalzmühlen« mit gegenläufigen Walzen – glatt oder geriffelt – waren noch handbetrieben, mit Rädervorgelege, Schwungrad und Drehkurbel. Die Walzenspalten betrugen früher 10 mm, heute ist man bereits bei 0,5 mm angelangt. Anfangs glaubte man, daß ein Walzwerk in Verbindung mit einem Tonschneider ausreiche, erkannte aber bald, daß eine stufenweise Zerkleinerung notwendig war. So entstanden Tonbrechwerke und Brechwalzwerke, die man mit einem Glattwalzwerk übereinander anordnete.
Ab 1870 entstanden als Nachfolger der Traden oder Radbahnen die Kollergänge heutiger Bauart. Beim Kollergang, auch Naßkollergang genannt, wird der Ton auf einer mit gelochten und ungelochten Rostplatten belegten Mahlbahn von zwei Kollerläufern überrollt und dabei geknetet, zerkleinert und anschließend durch die Rostplatten gedrückt. Zum Mischen des Rohmaterials wurde der liegende Tonschneider zum Doppelwellenmischer weiterentwickelt. Auch zur Tonreinigung wurden zahlreiche Maschinen entwickelt, um das teure Schlämmen zu vermeiden. Die ersten maschinellen Tonreiniger bestanden aus einfachen Tonschneidern mit vorgeschraubtem, später auswechselbarem Sieb. Beim Steinaussonderungswalzwerk wurden gegenläufige Walzen mit einem flachgängigen Gewinde versehen, wodurch Steine gezwungen waren, weiterzurutschen; am Ende der Walzen wurden sie über eine Rutsche ausgeschieden. Die Zahl der insgesamt entwickelten Maschinenarten ist sehr groß und kann daher hier nicht im Detail behandelt werden.

Rund- und Kastenbeschicker Bis zur Jahrhundertwende mußten die Arbeiter den Ton von Hand in die einzelnen Maschinen schaufeln. Man benötigte viele Arbeiter, die harte Knochenarbeit leisten mußten. Durch die ungleichmäßige Beschickung kam es zu großen Kraftschwankungen an den Maschinen. Die ersten Beschickungsapparate, welche den Ton den Arbeitsmaschinen automatisch zuführten, waren ab 1904 der Rundbeschicker und ab 1906 der Kastenbeschicker. Mit diesen Beschickungsapparaten wurde erstmals ein durchgehender Fließbetrieb im Ziegelwerk ermöglicht.

Moderne Tonaufbereitung Etwa ab 1880 entwickelte sich die klassische Aufbereitung aus Kollergang und Walzwerk. Zunächst glaubte man, auf das Wintern, Sommern, Sumpfen und Mauken verzichten zu können. Bald jedoch erkannte man, daß der Faktor Zeit, der bei diesen Verfahren eine große Rolle spielt, nicht so ohne weiteres zu ersetzen ist und kam deshalb allmählich wieder auf diese Methoden zurück. Bei einer modernen Aufbereitungsanlage durchläuft der Ton folgende Stadien: Tonmischhalde, Beschicker, Walzenbrecher, Kollergang, Vorwalzwerk, Feinwalzwerk, Mischer, Sumpfanlage oder Tonsilo.

Formgebung: Der Ton erhält seine Gestalt

Durch die manuelle und später maschinelle Formgebung entsteht aus dem amorphen Ton, der Arbeitsmasse, der Dachziegelformling, der noch um das Maß der Trocken- und Brennschwindung größer als der fertig gebrannte Dachziegel ist. Anders als bei Mauerziegeln und Bauterrakotten erfolgt die Formgebung bei Dachziegeln immer auf plastischem Wege, da sich hierfür das Trockenpressen krümeliger Massen oder das Gießen mit flüssigem Schlicker nicht eignet. Bis zur Einführung der Maschinenziegel – dem Extrudieren oder Strangziehen bei Strangdachziegeln oder dem Pressen vorgeformter Masseblätter, sog. Batzen oder Kuchen bei Preßdachziegeln – in der Mitte des 19. Jahrhunderts wurden Dachziegel ausschließlich manuell gefertigt. Je nach Dachziegelart, Zeit und Region geschah dies auf sehr verschiedene Weise.

Fertigungsmethoden: Mit Formrahmen, Tonblättern, Holzformen und Töpferscheibe Die Technik, aus einem ausgewalzten Kuchen den Formling frei Hand herauszuschneiden, wird in der Literatur nur bei der Fertigung von Mauerziegeln beschrieben; für die Fertigung von Dachziegeln ist dieser Weg unbekannt. Das direkte Einstreichen, Einschlagen und Eindrücken von Ton in hölzerne oder eiserne Formrahmen gehörte zu der am meisten angewendeten Art der Formgebung. Mit dieser Technik konnten auch einfache Formvarianten, wie die seitlichen Aufkantungen beim Leistenziegel oder das Anbringen von Nasen beim Biberschwanzziegel hergestellt werden.

Ein Zieglerteam im Jahr 1788: Zuträger, Ziegler und Abträger. Eine Zieglerbank mit tuchbespanntem Holzblock, hölzernem Rahmen für Biberschwänze mit Spitzschnitt und Trockenbrettchen sowie eine Bank für den Tonbatzen.

Für die Herstellung eines Hohlziegels – unabhängig ob halbrund oder S-förmig geschwungen oder aufgekrempt – reichte diese Technik allein jedoch nicht mehr aus. Hierfür war ein zweistufiger Arbeitsablauf notwendig: Aus Tonblättern, die entweder einzeln in Formen gestrichen oder aus einem Tonblock geschnitten waren, wurden Hohlziegel geformt, in dem die Blätter auf eine entsprechende Holzform gelegt wurden und dadurch dessen Form annahmen.
Aus China und Nordafrika kennt man noch eine andere Variante für die Herstellung der dünnen Schalenziegel, nämlich die Fertigung auf der Drehscheibe. Hierbei wird auf die Drehscheibe ein leicht konischer, tuchbespannter Holzkübel mit vier senkrechten Stegen gesetzt, um den herum eine dünne Lehmschicht aufgetragen wird, die dann einmal horizontal durchtrennt und später nach dem Antrocknen an den Rillen der Stege abgebrochen wird, so daß sich zwei mal vier gleichgroße, flache Schalenziegel ergeben.

Handstrichziegel der Antike: Leistenziegel und Hohlziegel Über die Herstellung des Leistenziegels, der nicht nur in der griechischen und römischen Antike, sondern auch noch bis ins frühe Mittelalter zur häufigsten Ziegelart rechnete, fehlen gesicherte Informationen. Man geht davon aus, daß die rechteckigen Leistenziegel mit Hilfe einer Holzform und vorgefertigten Tonblättern hergestellt wurden. In die besandete Form, die das Negativ der Ziegelrückseite darstellte, wurde das Tonblatt eingelegt, mit den Händen stark in die Ecken eingedrückt, insbesondere in die unteren Ecken, so daß sich hier die rechteckigen oder schrägen Ausschnitte einpreßten. Desgleichen wurden die Seiten angedrückt, so daß sich hier die hochstehenden Leisten bildeten. Der über den Rand der Form überstehende Teil der Leisten wurde mit einem Messer abgeschnitten. Mit einem »Streichholz«, dessen Länge etwas kleiner als die lichte Weite zwischen den Leisten war, wurde dann die Ziegeloberseite geglättet. Die mittelalterlichen, trapezförmigen Leistenziegel wurden mit Hilfe eines Formbretts, dessen Abmessungen den Innenmaßen des Leistenziegels entsprachen, und vorgefertigten Tonblättern hergestellt. Das Tonblatt wurde auf das besandete Formbrett gelegt und zur Bildung der Leisten seitlich über die Kanten des Bretts nach unten gebogen. Anschließend wurde die Ziegelrückseite glatt gestrichen. Hier war die Zie-

Seit der Antike sind für die Fertigung von Hohlziegeln diese beiden Gerätschaften in Gebrauch: Eine trapezförmige Streichform – hier mit Griff in einer lichten Länge von 50 cm – und ein konisch zulaufendes Holzmodell mit Griff, auf dem das gestrichene Tonblatt geformt wird.

gelsichtseite besandet, also genau umgekehrt wie bei den rechteckigen Leistenziegeln.

Hohlziegel wurden in der Antike sowohl als gerundete oder giebelförmige Abdeckungen der Leistenziegel als auch als Unter- und Oberziegel aufs Dach gebracht. Zunächst wurden Tonblätter in hölzernen, trapezförmigen Streichrahmen gestrichen und danach auf einem meist konisch zulaufenden Formholz in die gewünschte Rundung modelliert. Wegen der flachen Dachneigung hatten diese Ziegel noch keine Nasen, eine Variante, die sich bis heute in den Mittelmeerländern gehalten hat.

Handgestrichene Flachziegel: Varianten bei Form, Nase und Oberfläche Die Herstellung der Flachziegel, der Biberschwänze, wurde zu allen Zeiten und in allen Regionen mit den einfachsten Hilfsmitteln bewerkstelligt. Unterschiede gab es lediglich bei der Form der hölzernen oder eisernen Rahmen, der Steifigkeit des Materials, der Ausformung der Nase sowie der Bearbeitung der Ober- oder Unterseite des Ziegels. Einige ausgewählte Varianten sollen hier beschrieben werden.

Die deutsche, süddeutsche oder niederrheinische Variante: Brettziegel mit Ziegellappen Die in Süddeutschland und am Niederrhein übliche Art, die Flachziegel aus einem relativ weich aufbereiteten Ton zu streichen, galt als eine der besten Art des Dachziegelstreichens. Die

Ziegler, der den vorportionierten Tonklumpen in den eisernen Streichrahmen drückt, der auf einem schrägen Formklotz liegt, über den zum Wenden des Formlings ein Stück Leinen oder Zwillich mit einer Holzleiste genagelt ist. Im Hintergrund die Trockengestelle.

Ausrüstung des Ziegelstreichers bestand aus dem Streichtisch mit Formklotz, der Form, dem Abstreicher oder Streichholz, einem Sandtrog, einem Wasserkübel und den Ziegelbrettchen. Über dem Formklotz lag der Ziegellappen, ein Stück grobes Leinen oder Zwillich, der an der linken Seite am Klotz angenagelt und an der gegenüberliegenden, losen

Seite um eine runde Holzleiste genäht war. Die Ziegelform bestand aus einem schmiedeeisernen Rahmen mit einem seitlichen Handgriff an der unteren Schmalseite. Das Streichholz, der Abstreicher, war eine dünne Holzleiste.

Der Arbeitsvorgang war nun folgendermaßen: Der Ziegelstreicher tauchte die Form in den Wasserkübel und legte sie dann so auf den Ziegellappen, daß der Handgriff links zu liegen kam. Mit beiden Händen entnahm er dem Tonhaufen eine ausreichende Menge, die er auf dem Tisch zu einem kleinen Ballen formte, dann in die Form warf und mit den Fingern in die Ecken drückte. Mit dem Streichholz wurde das überstehende Material zu der Stelle hin gestrichen, wo die Nase stehen sollte und dort mit den Daumen geformt. Danach wurde die jetzt noch oben liegende Unterseite des Formlings mit Sand bestreut und das Ziegel- oder Trockenbrettchen aufgelegt, das einen Ausschnitt für die Nase besaß. Mit Hilfe des am Ziegellappen angenähten Holzstabes konnte der Streicher nun die Form vorsichtig zusammen mit dem Ziegelbrettchen wenden, so daß das Brettchen unten lag. Der Streicher glättete nun die Oberfläche des Ziegels mit seinen zuvor ins Wasser getauchten Händen. Beim Streichen über das schmale Ziegelende entstand der »Kopfstrich«, durch Streichen über die ganze Ziegellänge der »Abstrich«, und durch leichten Druck der beiden Daumen, die an den beiden Längsseiten des Formlings entlang glitten, der »Wasser«- oder »Randstrich«. Danach wurde das Ziegeleisen vorsichtig abgehoben und der Formling mit dem Trockenbrettchen zum Trocknen gebracht. Gewöhnlich war ein Abträger für zwei Ziegelstreicher zuständig und trug oft drei Formlinge gleichzeitig, einen in jeder Hand und einen auf dem Kopf. Ein gewandter Ziegelstreicher konnte bei gut aufbereitetem Ton mit der beschriebenen Methode bis zu 1000 Biber pro Tag streichen. Ziegellappen und Streichholz mußten etwa alle 14 Tage erneut werden.

Da die Formlinge erst dann von den Trockenbrettchen abgenommen werden konnten, wenn sie durch das Trocknen eine genügende Eigenfestigkeit erreicht hatten, benötigte man davon sehr viele. Man rechnete für jeden Streicher mit etwa 10000 bis12000 Trockenbrettchen. Anstelle der Ziegelbrettchen verwendete man später Trockenrähmchen, die den Vorteil hatten, daß die Luft auch von unten Zutritt hatte, so daß ein gleichmäßigeres Trocknen ermöglicht wurde.

Die Lausitzer Variante: Ziegeleisen mit mittigem Stiel und einer Erhöhung für die Nase In der preußischen Oberlausitz, wo es zur Herstellung von Dachziegeln hervorragend geeignete Braunkohlentone gab, wurden Flachziegel auf ähnliche Weise gestrichen. Man verwendete jedoch ein Ziegeleisen, dessen Stiel in der Mitte der geraden schmalen Seite saß und eine Erhöhung aufwies, die als Lehre für die Formung der Nase diente. An Stelle des Ziegellappens benutzte man ein Leder ohne eingezogene Holzleiste, weshalb der Ziegel später eine glattere Oberfläche aufwies. Da man den Ton etwas steifer verarbeitete und dieser dadurch weniger anhaftete, konnte man auf das Besanden der Trockenbrettchen meistens verzichten.

Von links nach rechts: Ziegeleisen mit seitlichem Handgriff, zweiteilige Klappform und Ziegeleisen mit mittigem Stil und einer Lehre mit Erhöhung zur Ausformung der Nase.

Streichen in der Klappform Bei dieser Methode benutzten die Ziegler eine Klappform aus zwei Brettern, die durch ein Scharnier, das seitlich am Streichtisch befestigt war, miteinander verbunden waren. Das obere Brett besaß einen Ausschnitt, dessen Umriß zum eingelegten Ziegeleisen paßte. Der Handgriff dieses Ziegeleisens war mittig angeordnet, mit einem Anschlag zum Ausformen der Nase. Neben der Klappform war etwas vertieft eine Arbeitsplatte zur Aufnahme des Trockenbrettchens am Streichtisch befestigt. Der Ziegelstreicher legte das genäßte Ziegeleisen in das Klappbrett, streute feinen Sand hinein und strich dann den Formling in der bereits beschriebenen Weise. Danach wurde die abgestrichene Seite mit Sand bestreut und mit einem Trockenbrettchen bedeckt. Der Streicher klappte danach das Ganze auf die seitliche Arbeitsplatte. Während er das Ziegeleisen festhielt, schlug er das Klappbrett wieder zurück. Jetzt konnte er die sicht-

Der gewendete Formling liegt bereits auf dem Trockenbrettchen und erhält seinen typischen Fingerstrich am Kopf und an den Seiten.

bare Ziegeloberfläche glattstreichen, die Abstriche anbringen und das Ziegeleisen behutsam abziehen. Der Formling lag auf dem Trockenbrettchen und konnte vom Abträger zum Trockengerüst gebracht werden.

Direktes Streichen auf dem Ziegelbrettchen mit Nasenausschnitt
In manchen Gegenden wurden sehr einfache Biberschwänze ohne Formklotz aus steifem Ton direkt auf besandeten Trockenbrettchen gestrichen. In das genäßte Ziegeleisen schlug der Ziegler die Tonmasse hinein und drückte sie in die Ecken und in den Ausschnitt des Ziegelbretts, wodurch die Nase gebildet wurde. Hierbei wurde die Unterseite des Formlings nicht weiter bearbeitet.

Die französische Variante: umgeklappte Nase In einigen Regionen Frankreichs und in der Schweiz gab es eine Herstellvariante, bei der ein hölzerner Rahmen mit einem Nasenausschnitt benutzt wurde. Dieser Rahmen wurde direkt auf den besandeten Streichtisch gelegt und in der üblichen Art ausgeformt. Danach wurde der Rahmen, ohne ihn zu wenden, auf ein besandetes Trockenbrettchen mit einer entsprechenden Verlängerung für die Nase geschoben. Nach dem Abheben des Rahmens wurde der als Zunge vorstehende Nasenteil auf die Rückseite umgeklappt, festgedrückt und von Hand nachgeformt, wodurch sich verschiedene Nasenformen ergaben. Bei den nach dieser Methode hergestellten Flachziegeln war nur die Rückseite geglättet.

Aufhängenasen an Hohl- und Flachziegeln Die Erfindung der Aufhängenase erfolgte im 11. Jahrhundert, vermutlich für Hohl- und Flachziegel gleichzeitig. Bei den Hohlziegeln wurde die hakenförmige Nase bei der Nonne ganz oben am breiten Kopfende angebracht, beim Mönch dagegen am schmalen Kopfende mit etwa 7-8 cm Abstand vom Ziegelende, wo sie zur Abstützung des darüber liegenden Mönchs diente. Die Nase der Flachziegel war zunächst eine breite, durchgehende Leiste. Während des 12./13. Jahrhunderts verkleinerte sie sich auf die heute gebräuchliche Größe und erhielt eine quadratische oder rechteckige Grundfläche. Sie war am oberen Ziegelrand meist abgerundet und am unteren Ende fast immer unterschnitten. Zeitlich und regional variierten die Nasenformen beträchtlich.

Deutlich sieht man bei dem Ziegel links mit französischer Herstellvariante die umgeklappte Nase, während bei der deutschen Ziegelvariante rechts zu erkennen ist, daß die Nase aus dem abgestrichenen Ton herausgearbeitet wurde, da das Trockenbrettchen den überschüssigen Ton auf der Ziegelrückseite flachgepreßt hat.

Oberflächen von Flachziegeln Bereits im 12. Jahrhundert wiesen die Flachziegel leichte Fingerstriche auf, aber erst seit dem 14./15. Jahrhundert tauchten flache Fingerrillen auf, die V-förmig zum Ziegelfuß liefen. Seit dem 16. Jahrhundert waren die von den Ziegelstreichern systematisch einbrachten Fingerstriche – nunmehr in sehr ausgeprägter, tiefer Form – bei fast allen Flachziegeln zu finden. Die »Kopfstriche« verliefen quer am oberen Ziegelende und sollten Rückstauwasser am Eindringen in den Dachraum hindern. Die »Abstriche« in der Ziegelmitte und die »Randstriche« oder »Wasserstriche« an den Längsseiten, die kielbogenförmig auf die Mitte des unteren Ziegelendes zuliefen, dienten der schnellen Regenwasserableitung, enthielten aber bald auch eine gestalterische Komponente.

Das Formen der Hohlziegel und Pfannen aus Tonblättern Zum Formen aller Hohlziegel, insbesondere der weit verbreiteten Hohlpfanne, aber auch der Mönch- und Nonnen- und Krempziegel, müssen als erstes Tonblätter hergestellt werden, die in einem zweiten Arbeitsschritt auf speziellen hölzernen Formen den Rundungen des Dachziegels entsprechend ausgeformt werden. Zwei Verfahren sind überliefert:

Blätter vom Stock Bei der älteren Methode wurden die Blätter vom »Stock« geschnitten. Dazu wurde der fertig aufbereitete Ton von Hand zu einem rechteckigen Block, dem »Stock« oder »Tonstock« geformt, wobei man auf einen homogenen, blasenfreien Aufbau achten mußte. An den langen Seiten des Stocks wurden viereckige Holzleisten, deren Dicke etwa der gewünschten Stärke eines Tonblatts entsprach, übereinandergelegt und an den Tonblock gedrückt. Mit einem über diese Leisten entlang geführten Messingdraht wurden die Tonblätter nacheinander abgeschnitten. Nach jedem Schnitt wurde das frei gewordene oberste Leistenpaar entfernt.

Nach handwerklicher Tradition werden hier Hohlpfannen hergestellt. Vom Block geschnittene Tonblätter werden in eine eiserne Streichform gewalkt und auf einem entsprechenden Formholz modelliert. Vorne links der hölzerne Abträger, dahinter die entsprechenden Trockenbrettchen.

Blätter oder Walken aus dem Streichrahmen Da das Schneiden vom Stock sehr zeitintensiv war, ging man später dazu über, die Blätter einzeln in einem Streichrahmen zu streichen. Dazu schnitt ein Arbeiter, der »Walkenmacher«, aus dem aufbereiteten Tonhaufen Stücke – die Walken – heraus, die etwa der Größe der Streichform entsprachen und brachte sie zum Formtisch. Ein zweiter Arbeiter, der »Blättermacher«, legte den eisernen Streichrahmen auf ein auf dem Formtisch fest angebrachtes Brett mit Anschlägen und bestreute diese Unterlage mit etwas Sand. Dann nahm er einen Walken, warf ihn in die Form und drückte mit beiden Handrücken den Ton in die Ecken, bis die Form gleichmäßig ausgefüllt war. Zum Schluß wurde das Blatt mit einem eckigen oder runden Streichholz glattgestrichen und danach der Streichrahmen mit beiden Händen abgezogen.

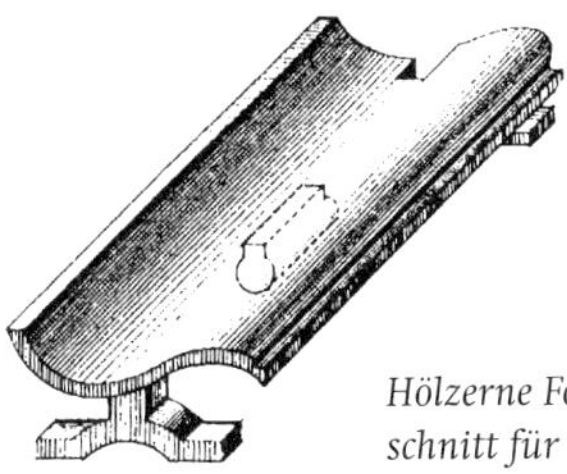

Hölzerne Form mit Ausschnitt für die Nase.

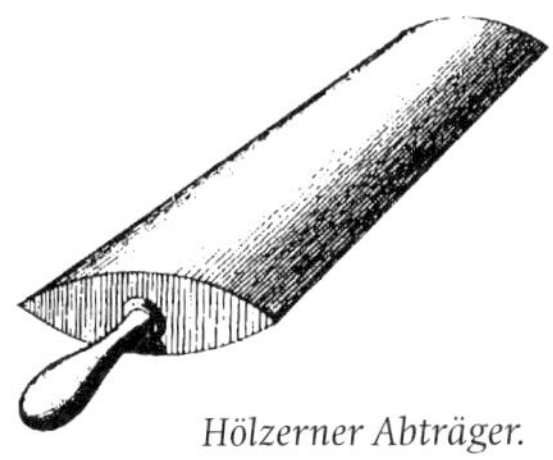

Hölzerner Abträger.

Das Formen der Pfannen Waren die Blätter auf die eine oder andere Weise gefertigt, so nahm der »Former« oder »Pfannenmacher« das fertige Tonblatt auf und legte es auf eine besandete Form. Diese hölzerne Form war den Biegungen der Hohlpfanne – oder analog anderen Hohlziegelformen – entsprechend ausgebildet und mit einer Vertiefung für die Aufhängenase versehen. Der Former drückte das Tonblatt auf die Holzfläche, füllte die Nasenvertiefung aus und strich die dadurch entstandene Delle mit etwas Ton zu. Nachdem er alles Überstehende abgetrennt und die Kanten und die Fläche mit der genäßten Hand glatt gestrichen hatte, legte er einen mit einem Handgriff versehenen Absetzer, dessen Oberfläche eine der Höhlung des Ziegels angepaßte Krümmung besaß, in die Höhlung hinein. Dann drehte er die Form um, so daß der Formling auf den Absetzer zu liegen kam und setzte damit den Ziegel in das Trockengerüst ab. Damit der Former die Tonblätter ohne

Beschädigungen aufheben und bearbeiten konnte, mußte der Ton relativ steif verarbeitet werden. Das Blätterstreichen war daher mühsamer als das Streichen von Flachziegeln. Dennoch konnte ein fleißiger Blättermacher etwa 500 Blätter pro Tag streichen.

Das Formen der Hohlziegel, First- und Walmziegel: Formholz oder Schenkel Tonblätter für konisch geformte Hohlziegel und First- und Walmziegel wurden als ungleichseitige Vierecke hergestellt. Diese Tonblätter wurden zunächst auf besandete Bretter gelegt, so daß sie ansteifen konnten, um später beim Biegen über das Formholz ihre Gestalt beizubehalten. Eine Besonderheit waren schenkelgeformte oder schenkelgerollte Firstziegel, bei denen Frauen die gewünschte konische Form über ihrem Oberschenkel mit den Händen ausformten.

Gebrannter Firstziegel, der hier zu Demonstrationszwecken über das entsprechende Formholz gehalten wird. Das Formholz besteht aus zwei Teilen. Mit dem oberen Teil mit Griff wurde der Formling zum Trocknen getragen.

Geschmückte Walm- und Windbordanfänger Bei diesen geschmückten Anfängern konnte sich wegen der geringen Stückzahlen und der ornamentalen Verzierung trotz Industrialisierung in weiten Bereichen der Dachziegelfertigung die manuelle Fertigung halten. Der Abschluß des Walmanfängers zeigte entweder ein vegetabiles Gebilde, wie zum Beispiel ein stilisiertes Akanthusblatt, häufig aber auch Tierköpfe in großer Vielfalt.

Einfachere Verzierungen wurden ausgeschnitten und an den Ziegel angeformt, komplexere Formen mit einem speziellen Gipsmodell hergestellt, das als Negativform von einem um die Schwindung vergrößerten

Nach einer Schablone wird aus einem gewalkten Tonkuchen das dreiteilige Blatt herausgeschnitten und dann an einen Walmziegel als Walmanfänger angepaßt.

Modell abgegossen wurde. Diese Handformtechniken werden auch heute bei der Anfertigung von Replikaten benutzt.

Maschinenziegel: Preßdachziegel und Strangdachziegel Bei den maschinell gefertigten Dachziegeln unterscheidet man nach der Art der Herstellung zwischen Preßdachziegeln und Strangdachziegeln. Die Ära der maschinell hergestellten Preßdachziegel begann etwa um 1840, die der Strangdachziegel um 1870.

Preßdachziegel Mit der Erfindung des Herz- oder Rautenfalzziegels durch die Gebrüder Gilardoni, denen hierfür 1841 ein Patent erteilt wurde, war ein Dachziegelmodell entstanden, das wegen seiner Kopf- und Seitenverfalzung nur noch maschinell gefertigt werden konnte. Von einem mit einer Schneckenpresse erzeugten endlosen Strang wurden einzelne Kuchen oder Batzen abgeschnitten und zwischen einer Ober- und Unterform in ihre endgültige Form gepreßt. Hierfür wurden nach und nach immer neuere und besser geeignete Pressen entwickelt; die Entwicklung ging über die Schlittenpresse zur Revolverpresse. Um 1865 konstruierte Jean Schmerber die erste Revolverpresse, die mit etwa 12 Pressungen pro Minute Stundenleistungen bis 720 Dachziegel erreichte. Sie wurde 1867 auf der Weltaustellung in Paris gezeigt, dort von Wilhelm Ludowici entdeckt und später weiterentwickelt. Mit seinem Patent von1881, dem Pressenstern oder Malteserkreuz, wurde der Grundstein für die Massenproduktion von Preßdachziegeln gelegt.

Pressen mit der Schlittenpresse Zunächst benutzte man handbetätigte Schraubenspindelpressen mit einer auf- und abgehenden Oberform und einer sich auf einem horizontal beweglichen Schlitten befestigten Unterform. Diese Unterform wurde nach dem Auflegen

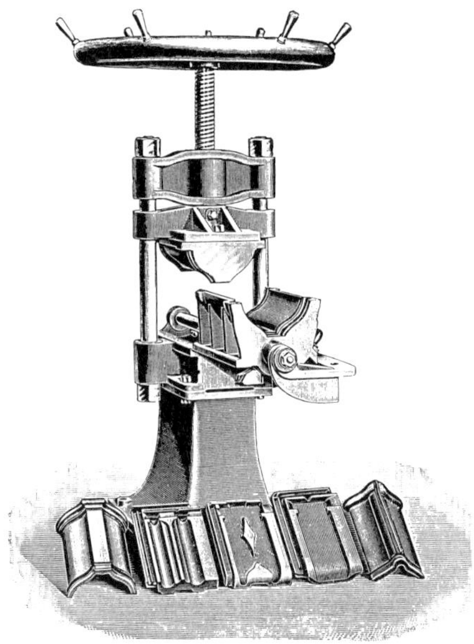

Handbetriebene Schlittenpresse, hier für die Pressung von Firstziegeln mit einer Ober- und Unterform bestückt.

eines Batzens unter die Oberform geschoben und nach erfolgter Pressung – dazu mußte mit Handrad und Spindel die Oberform erst nach unten und dann wieder nach oben bewegt werden – wieder herausgezogen. Dann wurde ein Trockenrähmchen aufgelegt, die Unterform herumgedreht, so daß sich der Formling löste und auf das Rähmchen zu liegen kam und dann wieder zurückgeschwenkt, mit einem neuen Bat-

Auf Drehtischpressen werden hier Zubehörziegel aus vorgefertigten Tonbatzen gepreßt. Der Fortschritt dieser modernen Presse war, daß die Unterformen nicht mehr auf einem Schlitten, sondern auf einem Drehtisch angeordnet waren. Dadurch konnte gleichzeitig ein Ziegel geformt und ein zweiter aus der Form genommen werden.

zen belegt und gepreßt. In dieser Reihenfolge ging es kontinuierlich weiter. Eine Frau oder ein Mädchen, die Putzerin, entfernte mit einer Drahtgabel den beim Pressen zwischen den Formen entstandenen Preßgrat. Danach wurden die Formlinge in Trockengerüsten zum Trocknen abgesetzt.

Aus der handbetriebenen Spindelpresse entwickelte sich die Kurbelpresse mit Riemenantrieb, bei der eine Kurbelwelle mit Pleuelstange die Oberform bewegte und den Preßdruck ausübte. Um die Leistung zu erhöhen, baute man auch Schlittenpressen mit zwei Schlitten und zwei Unterformen für zwei Bedienungsleute: Während des Pressens mit der einen Form wurde die andere entformt und mit einem neuen Batzen belegt. Nachdem die effektivere Revolverpresse erfunden war, benutzte man die Schlittenpresse fast nur noch zur Herstellung von Zubehördachziegeln, insbesondere von First- und Walmziegeln, sowie von Mönch-Nonnenziegeln, die einen hohen Preßhub erforderten. Um 1950 wurde diese Presse noch einmal verbessert, indem der Preßtisch nicht mehr herausgezogen, sondern als Drehtisch in einer Ebene mit zwei Arbeitsformen geschwenkt wird. Seit 1970 gibt es die automatischen

Dreh- und Schwenktischpressen, bei denen alle Arbeitsgänge, wie Auflegen der Batzen, das Entgraten des Preßgrats und das Entformen vollautomatisch ablaufen.

Pressen mit der Revolverpresse Die am weitesten verbreitete Formgebungsmaschine zur Herstellung von Preßdachziegeln ist die Revolverpresse, die nach folgendem Prinzip arbeitet: Auf einer sich taktweise drehenden fünf- oder sechsseitigen Trommel sind in gleicher Zahl Unterformen, die sogenannten Arbeitsformen, aufgeschraubt. Ein Stempel, der die Oberform trägt, drückt bei Stillstand der Trommel gegen die jeweils obenstehende Form, wodurch der Batzen in die Form gepreßt wird. Die ruckweise Fortbewegung der Trommel wird durch einen Mitnehmerbolzen bewerkstelligt, der in das »Malteserkreuz« eingreift. Die Hub- und Senkbewegung des Stempels erfolgten bei den ersten Revolverpressen durch einen Kurbeltrieb, später verwendete man Exzenter.

Eine Revolverpresse mit einer Trommel, die sich taktweise dreht und in deren fünf Unterformen die Batzen durch eine oben stehende, auf- und abgehende Oberform eingepreßt werden. Nach dem Weiterdrehen der Trommel wird der Formling entnommen und entgratet.

Dadurch war es möglich, die Pressung des Ziegels in zwei Abschnitten, einer Vor- und Nachpressung mit einem dazwischenliegenden Entlüftungshub durchzuführen.
Der Formgebungsvorgang setzt sich hierbei aus verschiedenen, getrennten Arbeitstakten zusammen: Auflegen des Batzens, Pressen in drei Phasen – Vorpressen, Entlüften, Nachpressen– Abfallentfernung, Entnahme des Formlings, Entgraten. An den ersten Revolverpressen waren mindestens sechs Arbeiter beschäftigt: ein Batzenaufleger, ein Formlingsabnehmer, ein Rähmchenzuträger, zwei Putzerinnen, die mit Drahtgabeln den Preßgrat entfernten und ein Abträger oder Einrüster, der die Formlinge in einen Ziegelkarren oder Elevator legte.
Automatische Entgrater kamen 1906 auf den Markt. 1958 ging die erste vollautomatische Revolverpresse in Betrieb, die pro Hub nur einen Dachziegel preßte. Bald darauf folgten Mehrfelderpressen, die gleichzeitig nebeneinander zwei, drei, vier oder sogar fünf Formlinge preßten.

Werkstoff für die Formen: Gips, Grauguß, Gummifolien Für das einwandfreie Funktionieren einer Revolverpresse ist der verwendete Werkstoff für die Arbeitsformen entscheidend, der eine einwandfreie Auspressung und ein Lösen des Formlings nach dem Preßvorgang gewährleisten muß. Am besten haben sich Arbeitsformen mit Gipsbelag bewährt. Die Negativbilder des Dachziegels werden in den Arbeitsformen von Mutterformen abgegossen, wobei für die Ziegelober- und -unterseite je ein eigener Mutterformenziegel erforderlich ist. Der breiförmig angerührte Gips wird zum Teil auf die eingefettete Mutterform, zum Teil in die leere Arbeitsform eingebracht. Dann werden die beiden Formen mit einer Gipsformenpresse zusammengepreßt und man erhält so, je nach der verwendeten Mutterform, eine obere oder untere Arbeitsform. Da sich Gips abnutzt, müssen die Arbeitsformen nach etwa 900 bis 1200 Pressungen ausgewechselt werden und einen neuen Gipsbelag erhalten. Es gibt aber auch Graugußformen und Arbeitsformen, die mit Gummifolien überspannt sind oder einen einvulkanisierten Gummibelag aufweisen. Seit 1976 ist ein Metallformensystem im Einsatz, bei dem das Lösen des Formlings durch Elektroschock mit Gleichstrom erzielt wird.

Strangdachziegel Strangdachziegel werden, ohne Umweg über Batzen, direkt mit Strangpressen oder Extrudern hergestellt. Die Tonmasse wird durch ein an einen Preßkopf angeschraubtes Mundstück gepreßt, wodurch sie – je nach Art des Mundstückes – die gewünschte Form erhält und als endloser Strang austritt. Durch eine Abschneidevorrichtung wird dieser Strang in einzelne Ziegelformlinge zerlegt. Je nachdem, wie innerhalb der Maschine der Ton weiterbefördert wird, unterscheidet man Kolbenpresse, Walzenpresse und Schneckenpresse. Letztere wurde 1854 durch Schlickeysen erfunden und zunächst nur für die Mauerziegelherstellung verwendet. Aber sehr bald fand sie ihren Einsatz bei der Herstellung von unverfalzten Biberschwanz- und Dachpfannen.
Da die Herstellung der Falzziegel mit Metall- oder Gipsformen und Revolverpressen schwierig und kostenaufwendig war, lag der Gedanke nahe, auch Falzziegel auf der Schneckenpresse als Strang austreten zu lassen. Als Erfinder der Strangfalzziegel gilt der Schweizer Georg Stadler, der 1883 einen der ersten Strangfalzziegel konstruierte.

Das Prinzip der Schneckenpresse Bei der Schneckenpresse handelt es sich im Prinzip um eine Art überdimensionierten Fleischwolf. Der Ton wird im Einfallrumpf aufgegeben und durch eine oder zwei Speisewalzen oder Speisehaspeln in die Schneckengänge gedrückt. Von den rotierenden Treib- und Preßschnecken wird der Ton über den Preßkopf, in dem das Material verdichtet und der erforderliche Preßdruck aufgebaut wird, durch das formgebende Mundstück nach außen gepreßt.
Das Kernproblem des Strangpressens sind Inhomogenitäten, die durch das Fließen des Tons und die Verdrehung durch die Schnecke entstehen, die sogenannten Texturen oder Strukturen. Das Bestreben aller Maschinenbauer und Ziegler ist daher, einen möglichst texturarmen Strang zu erzeugen. Die Schneckenpresse gibt es in verschiedenen Bauformen. Bereits vor 1900 wurden Pfannen und ähnliche Dachziegel nicht nur mit sogenannten liegenden, also mit horizontal austretendem Strang hergestellt, sondern auch mit hängenden Pressen hergestellt, bei denen der Strang als Doppelziegel oder drei- und vierfach vertikal nach unten austrat.

Entlüftung und Vakuumverpressung Zunächst arbeiteten die Strangpressen noch ohne Entlüftung. Später kamen Maschinen mit Entlüftung zum Einsatz: in Amerika ab 1920, in Europa ab 1933. Die Einführung der Vakuumverpressung – 1902 in Amerika erfunden – war für die Extrusionstechnik ein entscheidender Fortschritt. Mit diesem Verfahren wurde dem Rohstoff die eingeschlossene Luft entzogen, was seine Plastizität erhöhte und das Risiko der Textur minderte. Da die Vakuumpressen zu Verstopfungen, Rückstau und ungleichmäßiger Entlüftung neigten, gab es ab 1935 das Vakuumaggregat als Kombination von Doppelwellenmischer mit Schnitzelvorrichtung, Vakuumkasten und darunter liegender Schneckenpresse. Hiermit konnten selbst aus solchen Tonen Strangdachziegel hergestellt werden, die sich bis dahin – ohne Entlüftung – als ungeeignet für die Dachziegelherstellung erwiesen hatten. Auch bei der Extrusion der Batzen für die Preßdachziegelherstellung wirkte sich die Evakuierung durch ihre höhere Plastizität positiv aus. Bei einigen Materialien stellte man allerdings fest, daß solche Ziegel eine geringere Frostfestigkeit aufwiesen, weshalb einige wenige Dachziegelwerke bis heute auf die Evakuierung verzichten.

Mundstück Das mit einer Vorstellplatte an den Preßkopf angeschraubte Mundstück ist das eigentliche formgebende Organ der Strangpresse, mit dem der gewünschte Strangquerschnitt erzielt wird. Zum Teil sind die Mundstücke heute mit verstellbaren Regulierschiebern, sogenannten Bremsen, ausgerüstet, mit denen eine gleichmäßige Strömungsgeschwindigkeit über den gesamten Strang erreicht werden soll. Man unterscheidet bewässerte und unbewässerte Mundstücke, wobei für Dachziegel meist unbewässerte benutzt werden. Entsprechend dem Verfahrensprinzip können nur durchgehende Profile extrudiert werden. Nasen werden daher als durchgehende Profile geformt und später auf dem Abschneider bis auf das Nasenstück wieder abgeschnitten. Die abgesetzten Mulden und Wölbungen früherer Strangfalzziegelmodelle wurden durch im Mundstück auf- und abgehende Schieber oder einen Spezialabschneider erreicht. Mundstücke für Stranghohlziegel haben auf der Rückseite einen Bügel, an dem die Kernstangen mit den Kernen zur Ausbildung der Löcher befestigt sind.

Hier werden Biberschwanzziegel an der Schneckenpresse durch ein Mundstück als endloser Strang geformt und mit einem automatischen Spezialabschneider abgeschnitten. Von Hand werden die Formlinge auf Trockenrähmchen abgenommen.

Abschneider: Längen- und Formschnitt Als um 1870 die ersten Dachziegelabschneider entstanden, waren sie noch recht einfach in ihrer Bauart. Man arbeitete mit feststehenden Abschneidetischen. Die Formlinge wurden von Hand mit einem Drahtbügel auf Länge geschnitten. Dazu mußten die Pressen angehalten werden, da sonst die Formlinge mehr oder weniger schief geschnitten worden wären. So wurden z. B. von dem aus dem Mundstück austretenden Biberschwanzziegelstrang mit seinem durchgehenden Nasenwulst zunächst mit einem einfachen Handabschneider gerade, rechteckige Platten in Ziegellänge abgeschnitten. Diese Stücke wurden von Hand auf ein Schablonenbrett gelegt, auf dem mit einem Drahtbügel zuerst der überflüssige Nasenwulst weggeschnitten und danach die Rundung des Ziegelendes geschnitten wurde. Erst jetzt wurde ein Trockenrähmchen aufgelegt und der Formling mit dem Schablonenbrett umgedreht, so daß er auf das Rähmchen zu liegen kam und trocknen konnte.
Spätere Lösungen zum winkelrechten Schnitt ohne Anhalten des Tonstranges waren 1865 ein Rollentisch mit Bügeln, die in Richtung des

laufenden Stranges beweglich angeordnet waren und ab 1880 selbsttätig wirkende Abschneider für alle Arten von Schnitten, die zu einer unüberschaubaren Vielfalt von Abschneiderkonstruktionen führten. Eine besondere Abschneidervariante wurde für die Hohlstrangfalzziegel mit ihren durchgehenden Hohlkanälen entwickelt. Diese wurden nach dem Abschneiden am unteren Ende des Ziegels zugedrückt, um Schnee- und Staubeinwehungen zu verhindern. In jeden einzelnen Kanal wurde auf der Unterseite ein Loch gestochen, um anfallendes Schwitzwasser abzuleiten. Diese Arbeiten wurden zunächst von Hand gemacht und erforderten besondere Arbeitskräfte. Bald aber gab es automatische Abschneider, die auch das Verstreichen und Durchstoßen selbsttätig und genau besorgten.
Für jede Dachziegelart – Biber, Pfanne, Firstziegel oder Schalenziegel – wird ein eigener, spezieller Abschneider benötigt.

Paketdachziegel Bei besonders fetten Tonen war die Gefahr von Krümmlingen bei Strangziegeln besonders groß. Um dies zu verhindern, erfand man bei der Biberschwanzfertigung die sogenannten Paketziegel. Hierbei wurden zwei oder vier Ziegel übereinander ausgepreßt. Zusätzlich zur Nasenrippe gab es zwei weitere Rippen als Abstandshalter. Das komplette Paket wurde nach dem Beschneiden von Nasen und Rippen erst nach dem Brennen gespalten.

Mit einem von Hand geführten Drahtbügel werden bei diesen Paketdachziegeln die Kompensations- und Nasenrippen bis auf ein kurzes Stück abgetrennt. Das komplette Paket bleibt beim Trocknen und Brennen zusammen und wird erst danach gespalten.

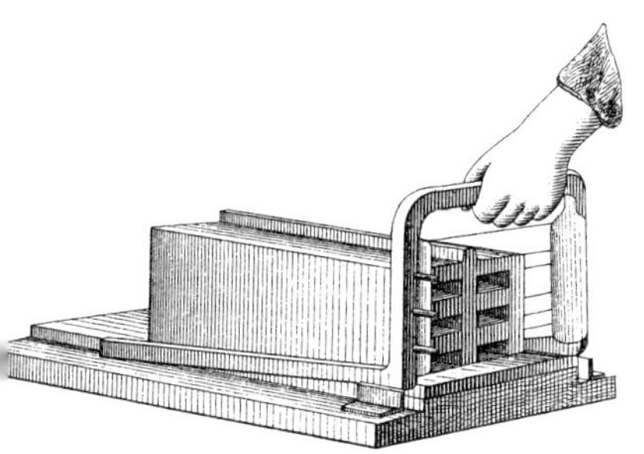

Trocknen: Vom Formling zum Grünling

Nach der Formgebung ist der Dachziegel noch weich und besitzt eine nur geringe Eigenfestigkeit. Er wird daher auf ein speziell für das jeweilige Modell konstruiertes Trockenrähmchen abgelegt. Mit dem Trocknen ist ein Schwinden verbunden, weshalb der Ton so viel Bindekraft besitzen muß, daß er die auftretenden Spannungen ohne Schaden, also rißfrei, übersteht. Trotz ihrer relativ großen Verdunstungsoberfläche sind Dachziegel viel schwieriger zu trocknen als Mauerziegel, da durch ihren höheren Anteil an tonigen Substanzen die Schwindung und damit die Gefahr des Verziehens zum Krümmling größer ist. Nach dem Trocknen hat der Dachziegelformling seine Plastizität verloren, er hat eine bestimmte Eigenfestigkeit und ist stapelbar; er ist aber immer noch in Wasser löslich und kann jederzeit wieder in den plastischen Zustand zurückgeführt werden.
Das Trocknen beruht auf der Fähigkeit der Luft, Wärme an den Formling abzugeben und das durch die Verdunstung in Dampfform verwandelte Wasser aufzunehmen und mit sich fortzuführen. Das Trocknen in der Ziegelei erfolgt also immer durch Konvektionstrocknung, wobei man zwischen künstlicher und natürlicher Trocknung unterscheidet. Natürliches Trocknen erfolgt ausschließlich mit der Wärme der atmosphärischen Luft, beim künstlichen Trocknen wird die Wärme aus einer besonderen Wärmequelle zugeführt.

Natürliche Trocknung Die ursprünglichste und einfachste Art der Trocknung war die unter freiem Himmel, die Freiland- oder Plantrocknung. Bei den Feldziegeleien wurden die Formlinge auf dem geebneten, mit Sand bestreuten Boden, Plan oder Bahn genannt, abgelegt. Weil Dachziegel besonders empfindlich gegen direkte Sonneneinstrahlung, Wind und Regengüsse sind und sich dies an ungewollten Formveränderungen zeigt, wurde diese Art der Trocknung entgegen der Verbreitung bei Mauerziegeln nur in Ausnahmefällen angewendet. Daß es gelegentlich doch vorkam, erkennt man daran, daß man immer wieder Handstrichdachziegel – meist Biberschwänze – findet, die Spuren von Kinderfüßen oder -händen tragen, aber auch Abdrücke von Hunden, Katzen, Hühnern und Wildtieren.

Um witterungsunabhängiger zu werden, trocknete man Dachziegel vorzugsweise in Trockenschuppen und Ziegelscheunen. Die einfachste Art eines Freiluftrockners waren offene Trockenschuppen mit zwei oder drei Doppelgerüsten in Längsrichtung, die teils von außen, teils von innen mit den Formlingen belegt und entleert wurden. Größere Trockenschuppen hatten Breiten von 15 bis 18 m und Schienengleise für den Formlingstransport. Oft gab es noch einen extra Stapelraum, in dem getrocknete Formlinge auf Vorrat gestapelt wurden.
Damit der Wind guten Zutritt zu den Trockenschuppen hatte, mußten sie auf der Hauptwindseite der Ziegelei errichtet werden. Gegen zu starken Luftzug und Schlagregen gab es an den Seiten der Schuppen oft verstellbare Klappen. Die Trockenzeit war je nach Gegend und Witterung sehr schwankend. In Mitteldeutschland rechnete man mit einem 6- bis 12-maligen Leeren der Trockenschuppen in einer Saison. Später wurden die Freilufttrockner auch für den Betrieb mit Absetzwagen eingerichtet. Ziegelscheunen waren große, mehrstöckige Gebäude, in denen die Ziegel gleichzeitig gestrichen und auf Trockenbrettchen in Gerüsten getrocknet wurden.

Künstliche Trocknung: Großraumtrockner, Kanaltrockner, Kammer- und Durchlauftrockner Als ältester, künstlicher Trocknertyp gilt der Großraumtrockner, der an den Seiten und oberhalb der großen Brennöfen, wie zum Beispiel der Kammeröfen, Ringöfen oder Zick-Zacköfen angelegt wurde, um die von dort abstrahlende und aufsteigende Wärme und Abluft zu nutzen. Später kamen Kanaltrockner, Kammertrockner und Durchlauftrockner hinzu. Die Beschickung der Großraumtrockner erfolgte zunächst per Hand mit Transportkarren in Regale, später mit dem Ringtransporteur und ab 1900 auch mit Absetzwagen in Gerüsten. In diesen Großraumtrocknern waren Trockenzeiten von 4 bis 10 Tagen üblich.
Die Großraumtrockner als Zweitnutzer des Brennvorgangs wurden von Kanaltrocknern abgelöst. Bereits um 1870 gab es mit Ofenabwärme beheizte Kanaltrocknereien. Zur Aufnahme der frischen Formlinge wurden Etagenwagen mit mehreren Schichten Dachziegeln bestückt, die in nebeneinanderliegende Kanäle eingefahren wurden und dann während des Trocknungsvorgangs an ihrem Platz stehen blieben. Kurz darauf

Krempziegelherstellung in den dreißiger Jahren. Die stranggepreßten Dachziegel werden auf speziellen Trockenrähmchen getrocknet.

kamen in der Schweiz, England und Nordamerika Tunneltrockner auf, bei denen Etagenwagen auf Gleisen mit den Formlingen die Kanäle durchfuhren. Dies waren die Vorläufer der heutigen modernen Durchlauftrockner. Die erste deutsche Kammertrocknerei wurde 1867 gebaut. Sie benutzte ausschließlich die Kühlwärme der abgebrannten Ofenkammern, besonders die der viel Wärme abgebenden Einzelöfen. Die Trockenkammern waren 5 m lang. Neben der Kühlwärme wurden auch die Rauchgase zur direkten Trocknung benutzt. Einen entscheidenden Anstoß zur allgemeinen Einführung der Kammertrockner gab die Erfindung des Absetzwagens von Keller 1894. Bereits ein Jahr später entwickelte Keller einen Kammertrockner mit Dampfbeheizung über Rippenrohre, der bis 1910 gebaut wurde.
Wichtige Fortschritte waren 1949 die Klimatrocknung mit gleichzeitiger Regelung von Trockentemperatur und Luftfeuchte, 1953 die rhythmische Trocknung, 1968 die Intervall-Trockner von Keller und 1995 die zwangsdurchströmten, einlagigen Schnelltrockner von Lingl und Novokeram, mit denen bei Hochlochziegeln Trockenzeiten zwischen 45 und 78 Minuten erreicht werden konnten. Die modernen Ziegelwerke von

Die Kammertrockner mit schienengebundenen Absetzwagen stellten einen wichtigen Fortschritt bei der Trocknung von Dachziegeln dar.

heute arbeiten mit Kammertrocknern und Durchlauftrocknern, die vollautomatisch befüllt, entleert und gesteuert werden.

Brennen: Krone des Ziegelns

»*Das Brennen ist die Krone des Ziegelns*« sagt eine alte Zieglerweisheit, denn unter dem Einfluß des Feuers, bei Temperaturen zwischen 850° C und 1150° C, wird je nach Rohstoffart die Substanz des Formlings unter Wahrung seiner Form und seiner Maßverhältnisse so umgewandelt, daß der Werkstoff Ziegel entsteht. Während des Brandes laufen verschiedene physikalische und chemische Reaktionen ab, welche die bisher noch im Wasser auflösbare Tonmasse in den unlösbaren Scherben überführen und gleichzeitig die bekannt guten bauphysikalischen Eigenschaften des Dachziegels ausbilden.

Physikalische und chemische Reaktionen beim Brand Der Brennvorgang besteht immer aus einem planmäßigen Anwärmen (Vorwärmen), Aufheizen (Vorfeuer, Halbfeuer), Garbrennen (Hochfeuer, Vollfeuer, Gutbrand, Scharfbrand) und Kühlen, wobei es zu typischen chemischen und physikalischen Reaktionen kommt. Aufgrund der Verschiedenartigkeit der Tonminerale und Beimengungen, die in den unterschiedlichsten Mischungen vorkommen, ist der Ablauf dieser Reaktionen – über die der Ziegler früher nur sehr wenig wußte – äußerst vielschichtig und kompliziert, so daß hier nur die wichtigsten Fakten kurz dargestellt werden können.

Volumen- und Gewichtänderung Bedeutsam ist die Volumen- und Gewichtänderung des Formlings. Während der Aufheizung kommt es zu einer langsamen Ausdehnung und beim Abkühlen zu einem meist größeren Zusammenziehen, wodurch sich insgesamt die Brennschwindung ergibt. Durch die Abgabe des chemisch gebundenen Wassers, die Kalkzersetzung und den Ausbrand brennbarer Bestandteile kommt es außerdem zu einem Brenngewichts- oder Glühverlust.
Alle tonigen Rohstoffe erfahren beim Brand zwei grundsätzliche Veränderungen: die Aufhebung der Plastizität des Tons durch die Abspaltung des in den Tonmineralen chemisch gebundenen Wassers und die Sinterung als Folge beginnender Schmelzprozesse. Das Ergebnis dieses Prozesses ist der grobkeramische Scherben, der Dachziegel.

Brennphasen: Anwärmen, Aufheizen und Garbrand In der Anwärmzone, die bis etwa 400° C geht, wird zunächst zwischen 100° C und 120° C die noch im Formling enthaltene Restfeuchte ausgetrieben. Zwischen 150° C bis etwa 230° C wird bei montmorillonithaltigen Rohstoffen das chemisch gebundene Wasser abgespalten. Zwischen 200° C und 400° C kommt es zu Abschwelungen von organischen Substanzen, z. B von Pflanzen und Wurzelwerk. In der Aufheizzone, also im Tempe-

Es war ein weiter Weg von den ersten keramischen Erdöfen über den Brand in oben offenen Feldöfen und in kontinuierlich brennenden Ringöfen mit ihren dominierenden Schornsteinen bis zu den heutigen modernen Brennanlagen, die nur noch in Stunden statt in Wochen und Tagen den Ton in den keramischen Scherben verwandeln und den Tondachziegeln ihr unverwechselbares Äußeres geben.

raturbereich von etwa 300° C bis 850° C, können sich schwarze Reduktionskerne bilden, wenn organische Substanzen nicht vollständig ausgebrannt werden.

Eine dominierende Reaktion der meisten Rohstoffe ist der Quarzsprung, der sich bei 575° C durch eine plötzliche, beträchtliche Volumenvergrößerung bemerkbar macht. Fast über den ganzen Bereich erfolgt die Zersetzung des Pyrits und Markasits, die meist mit einer Neubildung von Sulfaten verbunden ist. Stückiger, körniger Pyrit, der nicht ausreichend oxidiert wird, führt zu Pyritabplatzungen am Ziegel, erkennbar an einem meist dunklen, rotbraunen Sprengkern. Diese sind besonders bei engobierten Dachziegeln sehr störend.

Kalkanteile gehören zu den häufigen Beimengungen des Tons. Die wichtigste Veränderung, welche die Kalkanteile erfahren, ist die Zersetzung des Kalks in Karbonat (CaO, fest) unter Abspaltung von Kohlensäure (CO_2, gasförmig), bei Temperaturen zwischen 700° C und 900° C. In der Garbrandzone, die je nach Rohstoffart und -zusammensetzung von etwa 850° C bis etwa 1150° C reicht, erfolgen u. a. Sinterung, Farbbildung und Bildung neuer Minerale. Die Sinterung beruht darauf, daß durch beginnende Teilschmelzen Glasanteile gebildet werden, die einen festen Verbund der Scherbenbestandteile herbeiführen. Bei den Ziegeltonen sind es jedoch nicht die Tonminerale selbst, deren Schmelzpunkt erreicht wird, sondern bestimmte Beimengungen, die sogenannten Flußmittel, die die Glasphase des Scherbens bilden. Bei der eigentlichen Tonsubstanz und Quarz tritt ein Erweichen oder Schmelzen bei Ziegelbrenntemperaturen nur in sehr geringem Umfang auf. Sie bilden daher das feste Gerüst des Brennguts. Die Farbe, typisches Qualitätsmerkmal des Ziegels, wird zunächst von der Rohmaterialzusammensetzung bestimmt, aber der Brand wirkt sich zusätzlich ganz wesentlich auf die Farbtiefe und -reinheit aus. Die auf Grund ihrer Eisenanteile rot brennenden Ziegel erfahren bei oxidierendem Brand ab etwa 1000° C eine Farbvertiefung, von einem helleren Rot in Richtung dunkles Rot durch teilweisen Übergang des roten Eisenanteils Fe_2O_3 in das schwarze Fe_3O_4. In reduzierender Brennatmosphäre entsteht eine graublaue Scherbenfarbe. Bei kalkhaltigen, gelbbrennenden Ziegeln bewirken steigende Brenntemperaturen einen Übergang zum helleren Gelb.

Kühlen Im Kühlbereich, der von der Garbrandtemperatur bis unter 100° C reicht, ist als wichtigste Reaktion wiederum der Quarzsprung zu nennen. Die sprunghafte Volumenausdehnung des Quarzes beim Aufheizen hat beim Kühlen ein negatives Gegenstück. In diesem Bereich muß der Prozeß sehr langsam und vorsichtig ablaufen, um Kühlrisse zu vermeiden. Die Summe der Reaktionen beim Brand bewirkt die Bildung des Scherbens. Der keramische Brand führt aber nie zu einem stabilen Endzustand, sondern er wird auf dem Weg zur Schmelze an einem bestimmten Punkt verzögert und abgebrochen. Wird der Brand zu früh beendet, entstehen Schwachbrandziegel, wird er zu spät abgebrochen, entstehen Schmolzziegel oder überbrannte Ziegel, welche nicht die gewünschten Eigenschaften aufweisen.

Ofensysteme Zum Brennen von Ziegeln gab es in der Vergangenheit eine Vielfalt von Ofenbauarten, von denen einige heute noch in Entwicklungsländern zu finden sind. In der modernen Ziegelindustrie hat sich der Tunnelofen durchgesetzt. Die Ofenarten lassen sich nach verschiedenen Kriterien gliedern. Die wichtigsten Unterschiede betreffen die Betriebsweise (periodisch, halbkontinuierlich oder kontinuierlich), die Energiequelle (holz-, torf-, kohle-, öl- oder gasbeheizt), die Flammenführung (mit aufsteigender, waagerecht geführter oder aufsteigender Flamme) und die Veränderbarkeit oder Konstanz des Einsatzes und der Feuerzone, wonach man unterscheidet: Einsatz fest, Feuer ortsfest, Temperaturkurzve veränderlich (Kammerofen); Einsatz fest, Feuer wandernd, Temperatur konstant (Ringofen und seine Abarten); Einsatz wandernd, Feuer fest, Temperaturkurve konstant (Tunnelofen, Rollenofen).

Ofenbetrieb: Ofenzug, Brenntemperatur Der für den Brennbetrieb erforderliche Zug wurde beim Kasseler Ofen und beim Ringofen durch einen Schornstein erzeugt. Die Zugstärke ist von dessen Höhe, der Rauchgastemperatur und von der Temperatur der den Schornstein umgebenden Außenluft abhängig. Der hohe, weit in der Landschaft sichtbare Schornstein war lange Zeit das äußere Wahrzeichen einer Ziegelei. Mit der Einführung des Ventilators als Zugerzeuger durch Bührer um 1868 war es möglich, den Feuerfortschritt wesentlich zu erhöhen. Seitdem diente der Schornstein nur noch zur Rauchgasabführung.

Zur Messung der Brenntemperaturen bzw. des Brennfortschritts entwickelten die Ziegler verschiedene Methoden. Sie basieren auf der Strahlung erhitzter Körper, der Schwindung, der Erweichung und der Thermoelektrizität. Es war die Kunst des Brenners, die Temperatur möglichst genau mit dem Auge zu schätzen. Er konnte zwischen im Dunkel rotglühend bei 500° C bis zum hellen Glühen bei 1150° C differenzieren, auf 5 bis 10° C genau. Exakter war die Messung der Ziegelschwindung während des Brennens.
Man benutzte hierfür eine eiserne Meßstange, die oben mit einer Skaleneinteilung in Zentimeter versehen war und die man von Zeit zu Zeit durch das Schüttloch auf den Einsatz aufsetzte. Aus der Veränderung des Maßes von Oberkante Ofendecke bis zum Brenngut konnte man das Maß der Schwindung und damit den erreichten Brenngrad ablesen. Ein weiteres Mittel war die Ziehprobe mit Probeziegeln, die in ausgesparten Gassen des Einsatzes aufgestellt wurden. Nach dem Brand wurden sie mit einem Haken herausgezogen und vermessen. Außerdem konnte man auch visuell die erreichte Brenngare beurteilen.
Die Erweichung von keramischen Massen zur Bestimmung des Brenngrads nutzte Hermann August Seger mit seinen Schmelzkegeln, später allgemein Segerkegel genannt, die er für den Temperaturbereich von 1150° C bis 1700° C entwickelte. Für die Ziegelindustrie gab es später Kegel für den Temperaturbereich von 960° C bis 1130° C, die durch ihren unterschiedlichen Schmelzzeitpunkt den Temperaturanstieg im Ofen anzeigten. Die moderne Temperaturmessung verwendet Strahlungspyrometer und Thermoelemente, bei denen Wärmenergie in meßbare elektrische Energie umgewandelt wird.

Das Setzen der Dachziegel: Mischbesatz, Einkästeln, Kassetten

Unter Setzen versteht man die Art und Weise, wie die Rohlinge zum Brennen im Ofen aufgestapelt werden. »*Gut gesetzt ist halb gebrannt*« – das wußten schon die alten Ziegler. An dieser Tatsache hat sich nichts geändert, sie gilt für alle Öfen, für das Aufsetzen eines Meilers ebenso wie für den modernen Tunnelofenbrand, bei dem das Setzen der Rohlinge auf die Ofenwagen vollautomatisch mit programmgesteuerten Setzmaschinen erfolgt.

Grundsätzlich müssen die Rohlinge so gesetzt werden, daß sie überall gleichmäßig von der Verbrennungsluft umströmt werden. Des weiteren muß die Eigenstabilität der einzelnen Blätter, wie die in einer Reihe gesetzten Ziegelstapel bezeichnet werden, so groß sein, daß eine leicht einseitige Neigung, etwa durch örtliche Überhitzung verursacht, nicht gleich zum Einsturz des ganzen Blattes führt. Wo der Brennstoff direkt auf den Einsatz gegeben wurde, wie z. B. im Ringofen, müssen besondere Heizschächte in Form eines Treppenrostes gesetzt werden, um die Kohle gleichmäßig zu verteilen.
Der Besatz begann mit dem Setzen des Sohlkanäle, die so dimensioniert werden mußten, daß durch den Ascheanfall während des Brandes

Da Dachziegel eine geringe Eigenstabilität haben, müssen sie beim Setzen zu einem Blatt mit einer Stützhilfe versehen sein. Hier in der Ringofenkammer sind es Mauerziegel, die außerdem die Heizschächte und die Sohlkanäle bilden, die hoch genug sein müssen, damit durch den Ascheanfall während des Brandes der Luftdurchzug an der Ofensohle nicht behindert wird.

der Luftdurchgang nicht behindert wurde. Da Dachziegel – im Gegensatz zu Mauerziegeln – für sich allein nicht standfest sind, war beim Dachziegeleinsatz früher stets eine bestimmte Anzahl von Mauerziegeln als zusätzlicher Einsatz notwendig. Diese Mauerziegel werden zum Setzen der Sohlkanäle und der Heizschächte benötigt. Dachziegel aus besonders empfindlichem Material wurden »eingekästelt« d.h. sie erhielten einen Stützeinsatz, der aus Mauerziegeln oder Tonplatten gebildet wurde. Das Verhältnis des Einsatzgewichts Dachziegel zu Mauerziegel betrug etwa 60 : 40. Wesentlich beim Dachziegeleinsatz war auch das richtige Zusammenlegen der Dachziegel, meist paarweise Rücken an Rücken wegen der Aufhängenase, damit sie ein festes Paket bilden, das sicher auf der Unterlage steht. Bei komplizierten Dachziegelmodellen mußte schon bei der Konstruktion die Möglichkeit des Setzens berücksichtigt werden. Beim Übereinanderstapeln der Ziegelpakete mußte auch darauf geachtet werden, daß keine punktförmige Belastung entsteht, damit beim Brennen und Beginn der Erweichung keine Deformationen auftreten kann. Beim modernen Kassettenbrand mit feuerfesten Brennhilfsmitteln werden Dachziegel weitgehend belastungsfrei gebrannt, entweder 10 bis 20 Dachziegel stehend oder gerollt in U-Kassetten oder jeder einzelne Dachziegel flach auf einer Einzelkassette, der H-Kassette, liegend.

Meilensteine in der historischen Brenntechnik Archäologen, Historiker und Techniker haben sich immer wieder mit historischen Brenntechniken beschäftigt. Drei Bauweisen sind es, die in der Entwicklung als Meilensteine gelten: Der römische Ziegelofen, der Meiler- und Feldbrand und der Ringofen mit seinem kontinuierlichen Brennbetrieb.

Der römische Ziegelofen In Süddeutschland gibt es zahlreiche Funde römischer Ziegelöfen, die darauf hindeuten, daß es in dieser Zeit zwischen den traditionellen Töpferöfen und den Ziegelöfen keine wesentlichen Unterschiede gab. Beim römischen Ziegelofen handelt es sich um einen Kammerofen mit mäßig gewölbtem Kuppeldach. Er besteht aus einem unteren Feuerungsraum mit zwei überwölbten Heizkanälen mit einer Scheitelhöhe von etwa 1,10 m, einer Breite von 0,70 m und einer etwa 0,5 m breiten Zwischenmauer. Die Decke des Feuerungsraums bildet den Boden des Einsatzraums mit dem Gewölbe und ist zum Durchlassen der Hitze mit sogenannten Pfeifen mit einem Durchmesser von 5 bis 6 cm durchlöchert. Als Heizmaterial diente Holz und Holzkohle. In diesen periodisch betriebenen Öfen wurden vorwiegend Dachziegel gebrannt. Daneben wurde für Mauerziegel auch der Meilerbrand genutzt, der aber für die Archäologen leider nur wenige Spuren hinterlassen hat.

Mittelalterliche Öfen: Nicht nur Meilerbrand Liest man die verschiedenen Abhandlungen über die geschichtliche Entwicklung der Brenntechnik, so gewinnt man den Eindruck, daß nach dem Abzug der Römer allgemein nur noch der Feldbrand mit dem Meiler zum Ziegelbrennen praktiziert wurde. Erst um 1750 hätte sich dann aus dem Ziegelmeiler, der auf dem freien Feld aus den zu brennenden Steinen selbst aufgebaut wurde, der oben offene Feldbrandofen mit zwei und der Altdeutsche Ofen mit vier feststehenden Umfassungsmauern und gemauerten Feuerungen entwickelt.
Soweit es den Dachziegelbrand betrifft, kann dies aber so nicht stimmen, denn Dachziegel lassen sich wegen der Zerbrechlichkeit der Rohlinge und ihrer mangelnden Eigenstandfestigkeit im allgemeinen nicht im Ziegelmeiler brennen. Da Dachziegel schon zur Zeit Karls des Großen (742 – 814) wieder gebrannt wurden, mußten dafür auch entsprechende Öfen verfügbar sein. Tatsache ist, daß über die mittelalterliche Brenntechnik und die verwendeten Öfen nur sehr wenig bekannt ist. Es gibt aber archäologische Grabungsfunde, bei denen Feuerungsräume von Ziegelöfen belegt wurden. Der darüber liegende Brennraum konnte dagegen noch nie intakt ausgegraben werden. Immerhin kann als gesichert gelten, daß es auch in der Nachrömerzeit bis zum 16. Jahrhundert ortsfeste Ziegelbrennöfen mit Feuerraum und darüber liegendem, geschlossenen Brennraum gegeben hat, die vorzugsweise für den Dachziegelbrand verwendet wurden.

Fester Feldofen Aus dem Meiler entwickelte sich um 1800 der feste Feldofen, bestehend aus zwei gegenüberliegenden festen Wänden. Im unteren Teil einer oder beider Wände waren Schürlöcher zum Einbringen des Brennstoffs angeordnet. Die zu brennenden Steine wurden so eingesetzt, daß zwischen den Schürlöchern Heizkanäle freiblieben. Meistens wurden hier Mauerziegel gebrannt, aber es ist wahrscheinlich, daß im oberen Teil dieses Ofens gelegentlich auch Dachziegel mitgebrannt wurden. Die Breite der einschürigen Feldöfen – also mit einer Schürlochreihe – betrug maximal 4,5 m, die der zweischürigen maximal 9 m. Die Länge war beliebig und richtete sich nach der Ziegelmenge, die jeweils auf einmal zu brennen war. Der oben offene Feldofen wurde

Altdeutscher oder Deutscher Ofen mit Gewölbe und aufsteigender Flammenführung, der je nach Größe und bei Mischbesatz von Mauerziegeln und Dachziegeln eine Brenndauer von 6 bis 15 Tagen aufwies. Das Fassungsvermögen betrug etwa 35 000 Mauerziegel und 29 000 Biberschwanzziegel oder 22 000 Hohlpfannen.

meist überdacht, da sonst die frisch eingesetzten Ziegel durch Regen aufgeweicht worden wären.

Kammeröfen: Deutscher Ofen und Kasseler Ofen Aus dem Feldofen entwickelte sich der Deutsche Ofen, auch Altdeutscher Ofen genannt, der zunächst noch kein Gewölbe besaß, sondern lediglich aus vier Wänden bis etwa 4 m Höhe bestand. In diesem Ofen wurden in einfachen Handstrichziegeleien oft Kalk, Mauer- und Dachziegel gleichzeitig gebrannt. Die Feuerungen wurden als Planrostfeuerungen an den Längsseiten in Höhe der Ofensohle angelegt. Etwa ab 1820 wurde der Deutsche Ofen mit einem Gewölbe versehen. Dieser Ofen hatte eine aufsteigende Flammenführung, die Heizgase entwichen durch Abzugsöffnungen im Gewölbe ins Freie. Der Kohleverbrauch war mit 400 – 600 kg/1000 Steinen sehr hoch.
Wesentliche Fortschritte brachte der 1827 von Henschel in Kassel konzipierte »Ziegelflammofen«, der sich als »Kasseler Ofen« in den folgenden

50 Jahren zum weitverbreitesten Ziegelofen entwickelte und sehr häufig zum Dachziegelbrand eingesetzt wurde. Es handelte sich um einen Einkammerofen mit einem überwölbten, langgestreckten Brennraum, an dessen erster Stirnseite hinter einer Gitterwand eine in drei bis fünf Einzelfeuerungen unterteilte Planrostfeuerung angeordnet war. An der gegenüberliegenden Seite stand die Brennkammer über einen Fuchs mit einem Schornstein in Verbindung, um den für die horizontale Feuerführung notwendigen Zug zu erzeugen. Die Länge des Brennraums lag mit Rücksicht auf die begrenzte Wirkung der Rostfeuerung zwischen 4 und 8 m, die Breite bei 2 bis 4 m und die Höhe bei 1,5, bis 2,7 m. Bei den größten Abmessungen entstand ein Brennraumvolumen von etwa 67 m^3. Dies entspach einem Fassungsvermögen von etwa 36000 Biberschwanzziegeln oder 27000 Hohlpfannen. Der Kasseler Ofen eignete sich besonders gut zum Blaudämpfen und wurde daher auch als Dämpfofen bezeichnet. Wie alle periodischen Öfen hatte er die Nachteile des immer wiederkehrenden Anfeuerns, der beschränkten Leistung und eines hohen Brennstoffverbrauchs.

Ringofen Der große Durchbruch in der Ziegelbrenntechnik gelang mit der Erfindung des Ringofens. Hierfür wurde dem deutschen Baurat Friedrich Hoffmann, Berlin, gemeinsam mit dem Stadbaurat Licht, Danzig, 1858 in Preußen und Österreich ein Patent erteilt. Der Ringofen, in Österreich zunächst Zirkulationsofen genannt, sonst allgemein auch als Hoffmannscher Ringofen bekannt, wurde mit seinen verschiedenen Abarten für die nächsten 100 Jahre zum wichtigsten Ziegelbrennofen. Das völlig Neue am Ringofen war sein in sich geschlossener Brennkanal, in dem das Feuer mit einem gewissen Feuerfortschritt wanderte. Hinzu kam ein Rauchsammelkanal, an den jede Ofenkammer über einen mit einem Ventil – der Glocke – verschließbaren Abzugskanal – dem Fuchs – angeschlossen war und der Schornstein. Der Brennkanal wurde in verschiedene Zonen, wie Aus- und Einfahrzone, Schmauchzone, Vorwärmzone, Feuerzone, Kühlzone und Reservezone eingeteilt. In der Kühlzone wurde meist noch zusätzliche Heißluft zur Trocknung abgezogen. Durch Schieber, zunächst aus Eisen und Holz, später aus Papier, wurde der Brennkanal in Kammern unterteilt. Diese sollten den Luftzutritt aus der dem Feuer entgegengesetzten Richtung verhindern.

Der Ringofen bildete mit einem Kohlenverbrauch von etwa 150 kg Kohle/1000 Ziegel einen sehr wirtschaftlichen Brennapparat, da die Verbrennungsluft an den zu kühlenden Ziegeln vorgewärmt und die in den Rauchgasen steckende Wärme zum Austrocknen und Vorwärmen der frisch eingesetzten Rohlinge benutzt wurde. Das Brennmaterial, Steinkohle, Braunkohle oder Torf, wurde von Hand durch Schüttlöcher im Ofengewölbe in die darunter liegenden Heizschächte aus Mauerziegeln eingestreut oder mit Schürapparaten eingeführt. Die Höhen des Brennkanals lagen zwischen 2,2 m und 3,25 m, die Breiten zwischen 1,8 m und 5,5 m. Die Brennkanallängen gingen bis über 100 m, so daß bei größeren Öfen zwei Feuer unterhalten wurden. Der erste Ringofen wurde im November 1859 in Scholwin bei Stettin in Betrieb genommen. Die ersten Öfen besaßen eine kreisrunde Form, 1864 wurde die oblonge Form entwickelt. Neben den unterschiedlichsten Grundrißformen entstanden aus dem gewöhnlichen Ringofen sehr bald zahlreiche Abarten, von denen einige für den Dachziegelbrand bedeutsam waren: der Ringofen mit Heizwänden oder mit überschlagender Flamme, der Gasringofen und schließlich der recht weit verbreitete Zick-Zack-Ofen.

Zickzackofen Der Zick-Zack-Ofen wurde von Jakob Bührer erfunden, der hierfür 1868 ein englisches Patent erhielt. Er selber bezeichnete ihn als »Verkürzten Ringofen«, später wurde dieser Ofen auch Bührer-Ofen genannt. Der Brennkanalquerschnitt war kleiner als beim Ringofen, was für den Dachziegeleinsatz mit seiner geringeren Belastbarkeit günstiger war. Da der endlose Brennkanal in Mäanderform ausgeführt war, konnte trotzdem auf einem relativ kleinen Grundriß ein sehr langer Brennkanal untergebracht werden. Durch die Aufteilung in einzelne Kammern konnten zwei oder mehr Setzergruppen gleichzeitig arbeiten. Vorteilhaft war auch, daß man im Zick-Zack-Ofen direkt vor das Blatt fahren konnte, während man im Ringofen den Wagen nochmals drehen mußte. So entwickelte sich der Zick-Zack-Ofen zum bevorzugten Brennofen der früheren Dachziegelwerke. Da das Feuer bei jedem Übergang um 180° abgelenkt wird, erforderte der Zick-Zack-Ofen eine größere Zugkraft als ein Ringofen gleicher Brennleistung, weshalb Bührer den Ventilatorzug einführte. Mit dem dadurch erreichbaren größeren Feuerfortschritt tauchte erstmals der Begriff »Schnellbrandverfahren« auf.

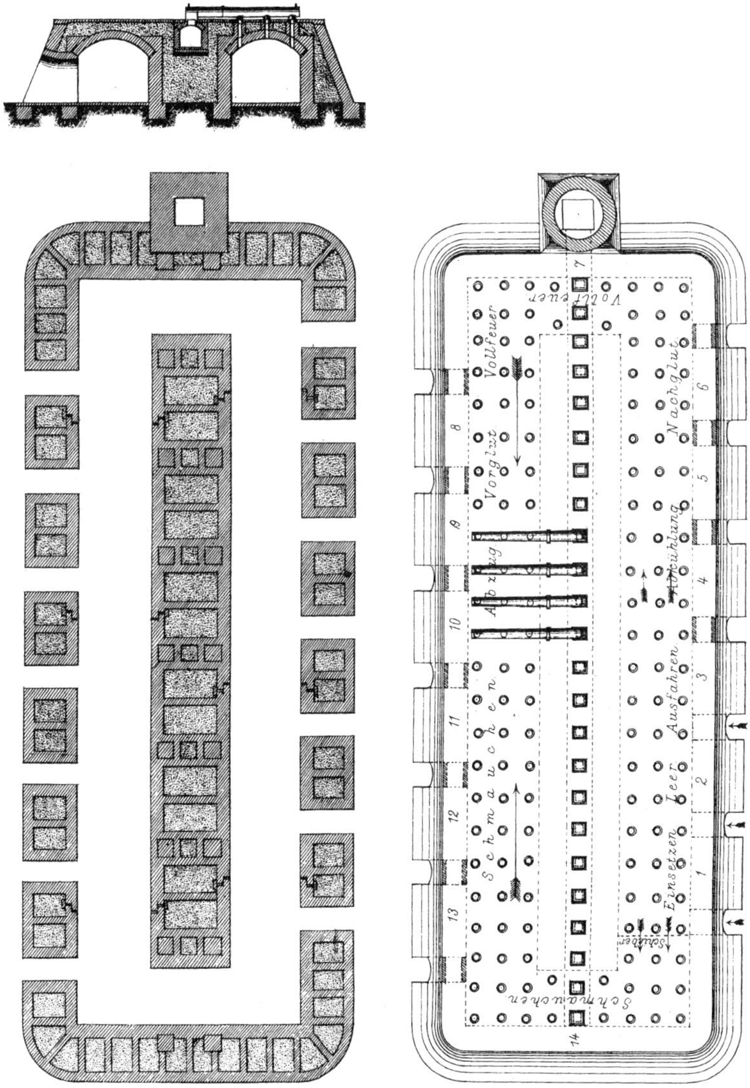

Der Ringofen in allen seinen Bauarten gilt als Meilenstein in der Brenntechnik. Durch seinen geschlossenen Brennkanal war er sehr wirtschaftlich, da die Verbrennungsluft sich an den abzukühlenden Ziegeln vorwärmte und die in den Rauchgasen steckende Wärmeenergie zum Austrocknen und Vorwärmen der frisch eingesetzten Rohlinge diente. Hier eine Ausführung in länglicher Form mit oberem Rauchabzug. Links Querschnitt und Grundriß, rechts Ansicht von oben mit Schürlöchern und den Bezeichnungen der Feuerzonen.

Tunnelofen Ab1960 löste der Tunnelofen allmählich die Ring- und Zick-Zack-Öfen ab. Dieser kontinuierlich betriebene Brennofen ist durch eine feststehende Feuerzone bei wanderndem Brenngut gekennzeichnet. Interessanterweise war der Tunnelofen als Kanalofen bereits seit 1840 bekannt, konnte sich jedoch wegen technischer Probleme nicht durchsetzen.
Einen gewissen Erfolg hatte lediglich der Kanalofen von Otto Bock, dem 1874 ein preußisches Patent erteilt und der erstmals 1875 in Betrieb genommen wurde. Das Neue an Bocks Erfindung war, daß er erstmals einen dichten Sohlenabschluß erreicht hatte, indem er die Ofenwagen mit Nut und Feder versah und – mit Lehm verstrichen – luftdicht zusammenfügte. Seitlich erhielten die Wagen eiserne Bordleisten, die in eine den ganzen Ofen durchziehende Sandrinne eintauchten. So wurde die Ausstrahlung der Wärme aus dem Brennraum nach unten ebenso vermieden wie die Aufheizung des Fahrwerk der Wagen. Erst hierdurch war der Tunnelofen lebensfähig geworden. Obwohl Bock insgesamt 80 Tunnelöfen baute, konnten sich diese noch nicht allgemein durchsetzen.
Die Vorteile des Tunnelofenprinzips waren jedoch so plausibel, daß die Grundidee lebendig blieb und schließlich ab 1947 zur allgemeinen Einführung des Tunnelofens in der Ziegelindustrie führte. Bis zur Einführung des Kassettenbrandes wurden die Dachziegel noch mit einem Stützbesatz aus Mauerziegeln auf die Tunnelofenwagen gesetzt oder bei dem sog. A-Besatz auf einem zur Mitte hin geneigten Ofenwagenplateau gegen eine konisch geformte Mittelstütze angelehnt.

Schnellbrand Derzeit steht bei der Weiterentwicklung der Dachziegel-Brenntechnik aus Kostengründen der Schnellbrand im Vordergrund. Es handelt sich hierbei um ein gegenüber dem konventionellen Brand zeitlich deutlich verkürztes Brennverfahren. Rechnete man beim Ring- und Zick-Zack-Ofen mit Brennzyklen von 5 bis 24 Tagen, beim konventionellen Tunnelofen mit 24 bis 120 Stunden, so erreicht man beim Schnellbrand bereits Brennzeiten von Kalt zu Kalt, je nach Ofenart, von 2,5 bis 16 Stunden. Der moderne Schnellbrand muß als Gesamtprozeß verstanden werden, der alle vorgeschalteten Fertigungsstufen umfaßt und deren Optimierung einbezieht, einschließlich der Anpassung der Arbeitsmasse und der Formgestalt des Endprodukts. Dazu gehört auch, daß die Brennhilfsmittel in Form von Brennwagen, Kassetten und jeglicher Art von Stützbesatz minimiert werden, was insgesamt auch eine positive Energiebilanz durch verringerten Energiebedarf zur Folge hat. Zum Schnellbrand wurden verschiedene Ofensysteme entwickelt, wie der Schnellbrand-Tunnelofen mit ein- oder mehrlagigem Kassettenbesatz und der Rollenofen, bei dem die Dachziegel auf angetriebenen Rol-

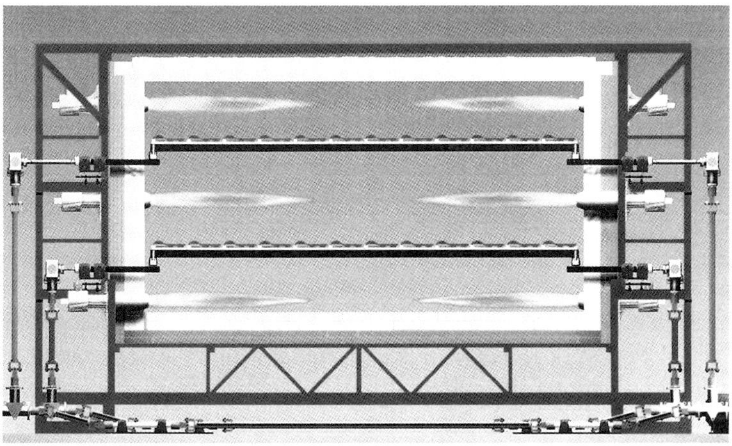

Modernster Präzisionschnellbrand-Rollenofen, in dem die Dachziegel einlagig ohne weitere Brennhilfsmittel wie Brennwagen, Kassetten und Stützbesatz in 150 Minuten von Kalt zu Kalt gebrannt werden.

len flachliegend auf Feuerfestunterlagen durch den Brennkanal laufen. Heute im Einsatz befindliche Rollenöfen ermöglichen bereits Brennzyklen zwischen 2,5 bis 9 Stunden. Weitere Schnellbrand-Ofensysteme sind Schlittenöfen, Tragbalken- und Staböfen, Bandöfen sowie Kugelöfen. Welches Ofensystem sich im neuen Jahrtausend durchsetzen wird, ist heute noch offen.

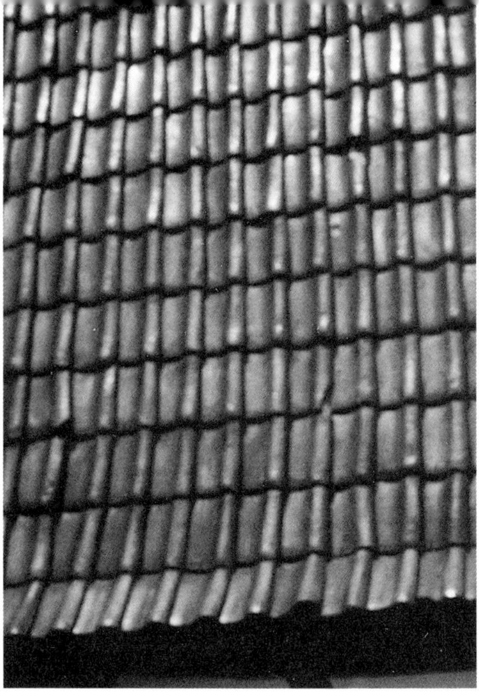

Unter einer matt glänzenden, dunklen Bleiglasur verbergen diese handgestrichenen Hohlpfannen ihre natürliche Brennfarbe.

Dachziegeloberfläche: Farbe und Struktur

Farbe und Oberflächenstruktur eines Dachziegels beeinflussen entscheidend das Aussehen und die ästhetische Gesamtwirkung einer Dachfläche. Schon früh nutzte man verschiedene Möglichkeiten der Farbbeeinflussung und -regulierung durch Reduzieren, Dämpfen, Flammen, Teeren, Engobieren, Glasieren und Durchfärben der Tonmasse.

Natürliche Brennfarbe Naturfarbene Dachziegel zeigen die natürliche Brennfarbe des Tons, die hellrot bis dunkelrot, rotbraun, gelblich, gelbbraun bis grau sein kann. Diese Brennfarbe der Tone hängt von verschiedenen Faktoren ab, insbesondere der Rohstoffart und deren mineralogischer Zusammensetzung, der Brenntemperatur und der Ofenatmosphäre. Da eine ganze Reihe chemischer und physikalischer Prozesse an der Farbbildung beteiligt sind, deren Wirkungsweise früher kaum und heute zwar qualitativ bekannt sind, die aber quantitativ immer noch nicht völlig beherrscht werden, ergibt sich für Dachziegel eine natürliche Farbpalette mit einer nahezu unendlichen Reihe von Farbabstufungen. Allgemein gilt die Regel: Eisenreiche, kalkarme Tone ergeben das typische Ziegelrot. Kalkreiche, eisenarme Tone brennen

Dieser historische Krempziegelbehang in Halberstadt/Harz zeigt viele Nuancen zwischen Gelb und Rot. Ziegler, Dachdecker und Hausbesitzer sahen früher ein breites Farbspektrum als selbstverständlich an.

gelb. Je nach dem Verhältnis des Gehalts an Eisenoxid und Kalk wird bei oxidierender Ofenatmosphäre die Brennfarbe des Ziegelscherbens mehr in Richtung Rot oder Gelb beeinflußt.
Die Vielzahl der Farbnuancen ist der Grund dafür, daß sich für Dachziegel eine systematische Kennzeichnung der Farbtönungen, z. B. nach dem RAL-Farbregister nicht durchführen läßt und daher besondere Farbwünsche vor der Lieferung zu vereinbaren sind. Die natürlichen Brennfarben werden in den Katalogen der Dachziegelfirmen immer mit den Trivialnamen belegt, wobei diese Kennzeichnung stets subjektiv ist. So versteht man unter »Ziegelfarben« allgemein das am häufigsten vorkommende typische »Ziegelrot«, das je nach der Intensität der Rottönung z.B. als Hellziegelrot, Ziegelrot, Dunkelziegelrot, Braunziegelrot, Braunrot, Dunkel-Braunrot und je nach Brennhöhe mit leichtem oder starkem Glanz abgestuft werden kann.

Durchgehende Färbung Das Durchfärben der gesamten Masse mit Metallsalzen gilt als sichere Methode der Farbveränderung, da hier später kleinere Oberflächenbeschädigungen farblich nicht auffallen, im

Gegensatz zu glasierten oder engobierten Oberflächen. Als Farbstoffe kommen u. a. in Frage: Tendenz in Richtung Rot durch Eisenoxid, in Richtung Gelb durch Kalkmehl, in Richtung Braun durch Manganton, in Richtung Grün durch Chromoxid, in Richtung Blau durch Kobaldoxid, in Richtung Schwarz durch Manganeisenerz und Eisenoxid. Die als Farbstoffe in Frage kommenden Metallsalze sind relativ teuer und kamen daher früher nur selten zur Anwendung. Ende der neunziger Jahre nutzen jedoch etwa18 % der deutschen Dachziegelhersteller bei bestimmten Modellen diese Methode der Farbgebung.

Farbgebung durch das Brennen: Reduzieren, Dämpfen, Flammen

Neben den sich durch das Brennen natürlich ergebenden Brennfarben gibt es auch Verfahren, die eine gezielte Farbbeeinflussung während des Brands ermöglichen.

Reduzieren Reduzierendes Brennen ist eine alte Brenntechnik zur Erzielung dunkler Brennfarben. Dabei wird die Verbrennungsluftzufuhr so gesteuert, daß in der Brennatmosphäre weniger Sauerstoff vorhanden ist, als dies zur vollständigen Verbrennung des Brennstoff notwendig wäre. Durch die Reduktion, d.h. den Entzug von Sauerstoff, erfolgt eine Umwandlung des Eisenoxids Fe_2O_3, das an sich eine rote Brennfarbe besitzt, in eine sauerstoffärmere Verbindung des Eisens Fe. Als Reduktionsmittel dient das Kohlengas CO. Aus einer ersten Umsetzung kann Eisenoxiduloxid mit einer braunen Brennfarbe entstehen, leichter und häufiger erfolgt die Umwandlung in schwarzes Eisenoxidul FeO nach der Gleichung: $Fe_2O_3 + CO = 2\ FeO + CO^2$. Diese Reduktionswirkungen lassen sich jedoch nur erzielen, wenn das Rohmaterial eine ausreichende Menge an Eisenoxid Fe_2O_3 enthält.

Dämpfen Dämpfen ist ein spezielles Reduktionsverfahren, auch Blaudämpfen, Blauschmauchen, Silberdämpfen, Graudämpfen, Schwarzdämpfen und Schwarzbrand genannt, mit dem eine charakteristische blau- bis silbergraue Färbung der Scherbenoberfläche von Dachziegeln erreicht werden soll. Das Dämpfen erfolgt in der Weise, daß nach dem Erreichen der Garbrandtemperatur der Ofenraum abgedichtet wird und dann über einen Trichter direkt Öl, Teer oder Schmieröl, manchmal auch

harziges Holz oder frische Zweige in den Ofenraum aufgegeben werden. Durch den Luftabschluß erfolgt auch hier die Umwandlung des Eisenoxids in Eisenoxidul. Daneben lagert sich Graphit aus den sich zersetzenden Kohlenwasserstoffen in den Poren des Brennguts ab, so daß die gewünschten Glanzeffekte entstehen. Die Silberhaut beim »Silberdämpfen« wird durch die Wahl des Dämpfmittels – »Dämpföl und harzige oder grüne Zweige (Erlenholz)« erreicht. Die Abkühlung muß rasch und ohne Luftzutritt erfolgen. Wenn vor dem völligen Abkühlen der Ziegel atmosphärische Luft in den Ofen dringt, so oxidiert das Eisenoxidul wieder zu Eisenoxid, der Ziegel verliert seine schwarze Farbe und wird schmutzig-grau.
Für das Dämpfen von Dachziegeln eignen sich am besten periodische Öfen, wie zum Beispiel der Kasseler Ofen, der sehr gut abgedichtet werden konnte. Zum schnelleren Kühlen bespritzte man die als Wanne ausgebildete Ofendecke mit kaltem Wasser, um dem Ofen durch Verdampfung Wärme zu entziehen. Er wurde daher auch als Dämpfofen oder Blaudämpfungsofen bezeichnet. Ein solcher Dämpfofen konnte etwa 4000 bis 6000 Dachziegel, aufnehmen, für die etwa 80 bis100 kg Dämpföl verbraucht wurde. Das Brand dauerte etwa 14 Tage. Das Blaudämpfen der Ziegel war beliebt, um dem Dachziegel in etwa die Farbe von Schiefer zu geben, da dieser nicht überall verfügbar war.

Flammen Geflammte Ziegel oder Flammziegel sind ebenfalls reduziert gebrannte Dachziegel, jedoch örtlich begrenzt. Sie entstanden ursprünglich unbeabsichtigt in der Nähe der Feuerungen der alten periodischen Öfen. Da sie wegen ihrer ästhetischen Wirkung bei Baumeistern und Architekten sehr gefragt waren, stellte man sie später durch eine gezielte Feuerführung im gesamten Ofenraum her. Dieses Flammen ist heute auch in gasbeheizten Tunnelöfen möglich. Zur Erzielung der gewünschten Farbvariationen arbeitet man heute nach der »Flashing«-Methode, bei der eine ganz bestimmte Übermenge an Brennstoff an einer bestimmten Stelle im Ofen mit einer Düse eingeführt wird, eventuell bei vermindertem Ofenzug.

Farbgebung durch Oberflächenbehandlung: Engobieren, Glasieren, Teeren Die Veredelung der Scherbenoberfläche durch farbgebende Überzüge ist eine alte keramische Technik. Zu den wichtigsten Verfahren gehören das Engobieren und das Glasieren.

Engobieren Eine Engobe ist ein Farbüberzug aus natürlichen Erdfarben, um ganz verschiedene Brennfarben zu erzielen. Die mögliche Farbpalette ist sehr groß; sie reicht von braunen und schwarzen über blaue bis zu gelben und grünen Tönungen. Es kann aber auch ein ganz normales Ziegelrot sein, wenn zum Beispiel der Rohstoff durch seine Zusammensetzung zu Mißfarben oder wenig klaren Farben neigt, weil er etwa zu kalkhaltig ist.
Die Engobe ist eine Mischung aus Ton als Trägermasse, Metalloxiden als Färbemittel und einem Flußmittelzusatz, der als Schmelz- und Glanzmittel die Aufgabe hat, die Engobe mehr oder weniger dicht zu brennen und ihr den gewünschten Glanz zu verleihen. Diese Mischung wird zusammen mit Wasser gemahlen und aufgeschlämmt und dann als »Beguß« vor dem Brand durch Begießen, Aufschleudern, Spritzen oder Tauchen auf den Dachziegelrohling aufgebracht. Man unterscheidet zwischen Naß- oder Trockenengoben, je nachdem, ob die Engobe auf den frisch geformten, also noch plastischen oder auf den getrockneten Formling aufgebracht wird. Naßengoben müssen dickflüssiger aufgetragen und in ihrem Brennschwindungsverhalten dem Scherben angepaßt werden. Im anschließenden Brand verzahnt sich die Engobe innig mit dem Scherben, und die farbgebenden Metalloxide werden fest im silikatischen Verband eingebunden.

Engobieranlage, mit der eine flüssige Mischung aus toniger Trägermasse, Metalloxiden als Färbemittel und einem Flußmittelzusatz auf den getrockneten Ziegelrohling gesprüht wird.

Engobefarben sind der Mode und dem Zeitgeschmack unterworfen. In den siebziger Jahren kam mit der rustikalen Welle das Antikdachbild auf, das sich den alten Dachlandschaften anpassen sollte. Seit Ende der achtziger Jahre liegen wieder farbige Dächer im Trend. Während man in der Schweiz matte Engoben bevorzugt, sind in Deutschland mehr glänzende Engoben gefragt.

Diese beiden oberen historischen Hohlpfannen vom Niederrhein wurden per Hand geformt und dann glasiert, indem die Glasur mit einem hölzernen Schöpflöffel aufgetragen wurde. Es war normal, daß dabei die Ränder nicht komplett bedeckt waren. Darunter ein engobierter Ziegel mit seiner typischen dunklen und matten Oberfläche.

Glasieren Durch das Glasieren erhält der Dachziegel einen Überzug aus geschmolzenem Glas. Die Glasurschicht, etwa 0,15 bis 0,4 mm dick, dient der Abdichtung und der Veredelung, um der Oberfläche des Ziegels gleichzeitig Härte, Glätte und Farbe zu geben. Der Glasurschlicker wird entweder im Einbrandverfahren auf den getrockneten Formling oder im Zweibrandverfahren auf den bereits gebrannten Ziegel durch Übergießen, Tauchen, Besprühen oder Spritzen aufgebracht. Beim Brand bildet die Glasur eine Schmelze, die sich mit dem Scherben chemisch verbindet. Durch diese feste Verbindung von zwei Schichten ist es beim Einbrandverfahren wichtig, daß zur Vermeidung von Rissen die Wärmedehnung von Glasur und Scherben übereinstimmt.

Eine besondere Glasurart ist die Salzglasur, die bei entsprechend hoher Garbrandtemperatur in Kammeröfen hergestellt werden konnte, indem man nach Ende des Garbrandes Kochsalz aufgab. Dieses zersetzt sich bei Temperaturen oberhalb von 1100° C in Natrium und Chlor. Das Natrium lagert sich an der Ziegeloberfläche ab und bildet mit dem dort vorhandenen Silizium Natrium-Silikate. Das Ergebnis waren sehr schöne, hochglänzende, schlag- und kratzfeste Glasuren. Bekannt für salzglasierte Dachziegel war früher Großalmerode in Hessen, wo von etwa 1660 bis 1920 zunächst Brett- oder Krempziegel, später auch Falzziegel hergestellt wurden. Die meisten der Großalmeroder Dachziegel erhielten eine Salzglasur, wobei dem Kochsalz noch Braunstein zugegeben wurde, so daß sich die für diese Dachziegel typische dunkle Färbung ergab. Für Bleiglasuren verwendete man ein feingemahlenes Gemenge aus Bleiglanz und Ton oder Bleiglätte, die man in einem dünnen Tonbrei anrührte und über die zu glasierenden Dachziegel goß.

Teeren Das Teeren der Dachziegel war eine Oberflächenbehandlung, die vor allem vor 1900 und vereinzelt noch bis etwa 1930 praktiziert wurde. Dazu wurden die Dachziegel, wenn sie noch warm aus dem Ofen kamen, mit dünnflüssigem, heißem Teer begossen oder in den heißen Teer getaucht. Der Teer sollte mindestens 1,6 mm in den Scherben eindringen. Damit der Teer dünnflüssig wurde und schneller erstarrte, wurde Paraffin zugesetzt. Die ursprüngliche Absicht des Teerens war, poröse Dachziegel wetterbeständig zu machen, es wurde aber auch als Mittel der Farbgebung benutzt.

Gestaltete Dachziegel: Zieglergraphik und Zieglerplastik

Die Bildsamkeit und leichte Formbarkeit des Tons hat zu allen Zeiten den Ziegler inspiriert, die frischen Dachziegelformlinge zu verzieren und zu gestalten. Nach der Art der Ausführung unterscheidet man zwischen der Zieglergraphik mit graphischen und der Zieglerplastik mit figürlichen Darstellungen.

Dieser Dachfirst als höchste Stelle des Hauses wurde vor mehr als 100 Jahren mit einem Tonreiter mit Lebensbaumschmuckelement geschmückt.

Feierabendziegel: Schutz- und Schmuckbedürfnis Unter dem Sammelbegriff Feierabendziegel versteht man im Handstrich hergestellte, verzierte und gestaltete Dachziegel. Der Brauch, Ziegel zu verzieren, geht auf antike Vorbilder zurück; nicht nur Griechen und Römer versahen ihre Dachziegel mit Symbolen gegen böse Geister oder zur Versöhnung guter Geister, sondern auch Ziegler in China und Korea. Im Mittelalter lebte dieser Brauch wieder auf, die ältesten bekannten Ziegel dieser Art entstanden 1453 und stammen aus Bad Herrenalb. Da es keine schriftlichen Überlieferungen der Ziegler selbst gibt, die Aufschluß über deren Motivation zur Herstellung von Feierabendziegeln geben könnten, ist man auf Vermutungen angewiesen. Feierabendziegel gelten heute als Träger einer Volkskunst. Man kann sie in drei Hauptgruppen einteilen: Bedeutungsträger, Schmuckziegel und Dokumentation des Herstellungsprozesses und der daran beteiligten Personen.
Da man davon ausging, daß der hart arbeitende Ziegler, der immerhin etwa 800 bis 1000 Dachziegel am Tag streichen mußte, tagsüber keine Muße für künstlerische Aktivitäten hatte, sondern dies nur nach Feierabend, sozusagen als Abschluß des Tagwerks machen konnte, erhielten die verzierten Ziegel den einprägsamen Namen »Feierabendziegel«.

1890

Es kann jedoch als sicher gelten, daß viele verzierte Ziegel auch Bestellungen von Kunden waren oder einfach spontan als spielerische Variante der Oberflächenbearbeitung beim Fingerstrich entstanden und daher auch während der normalen Arbeitszeit gefertigt wurden.
Die graphischen Darstellungen auf den Feierabendziegeln entstanden durch Einritzen mit dem Holzgriffel oder Eisenstichel, durch Einstreichen oder Eindrücken mit Hand oder Fingern, durch Aufmodeln mit eigens geschnitzten Holzmodeln oder zweckentfremdeten Lebkuchenmodeln oder solchen für Blaudruck. Es entstand eine große Vielfalt von Darstellungen und Motiven: Inschriften, wie Sprüche, Namen, Buchstaben, Zahlen, Zeichnungen von Menschen, Tieren, Pflanzen, Wappen, Sternen oder Sonnen, Symbole mit zauberischen und religiösen Abwehr- und Heilszeichen oder christlichen Symbolen, Verzierungen in Form von Ornamenten, Dekoren, geometrischen Mustern, Abdrücken von Kinderhänden und Füßen, aber auch von Tieren oder Kritzeleien von Kindern.

Schutzziegel – Unheilabwehrer und Glücksbringer Waren Feierabendziegel mit Abwehrzeichen gegen Blitz, Hagel, Krankheit und sonstigem Bösen, das dem Haus und seinen Bewohnern widerfahren könnte, versehen, so wurden sie auch Abwehrziegel genannt. Dient das Dach schon generell als Schutz des Hauses, so ist es nach volkstümlichen Glauben doppelt geschützt, wenn es außerdem noch Schutzziegel trägt. Als Abwehrzeichen findet man oft das Kreuz als eines der ältesten Schutzzeichen, so daß sich hier christliche Symbolbedeutung mit dem Sinn magischer Abwehr verbindet. Kreuze mit zwei Querbalken, die Pestkreuze, sollten diese gefährliche Krankheit vom Haus fernhalten. Sternen, achtzackig als Achtstern, Fünfstern (Pentagramm) und Sechsstern (Hexagramm) wurden zauberabwehrender Wirkung zugesprochen. Sehr häufig gab es Feierabendziegel mit dem Sonnenzeichen, die deshalb den Namen Sonnenziegel erhielten. Die eingekerbten Strahlensonnen stellten ein altes sehr verbreitetes Motiv dar. Die Ziegel zeigen ganze Sonnen, aber auch Viertel- oder Halbsonnen vom Rand her, so

Dachziegel: Von Erd gemacht, vom Ziegler geformt, an der Luft getrocknet, im Feuer gebrannt. In allen Kulturen waren sie stets auch Schmuck, Schutz und Abwehr, wie diese Sammlung von Feierabendziegeln zeigt. Beliebte Symbole waren die Sonne oder Halbsonne und Tiere als Glückbringer,

daß zwei nebeneinanderliegende Ziegel wieder eine ganze Sonne ergeben. Dieses Sonnenzeichen ist häufig von Sternen begleitet. Bei den Teilsonnen, insbesondere den Viertelsonnen, ist zu aber vermuten, daß sie nicht die Sonne darstellen, da sie im Volksmund als »Hexenbesen« bezeichnet werden, womit eigentlich die Mistel gemeint ist.

Glücksbringer Die mit glücksbringenden Symbolen verzierten Feierabendziegel wurden auch als Glücksziegel bezeichnet. Solche magischen Sinnbilder konnten eingeritzte oder eingeprägte Symbole vielfältiger Art sein: der Lebensbaum, der in vielen Varianten vorkommt, der Fisch als Zeichen Christi und gleichzeitig Sinnbild des Lebens und der Fruchtbarkeit, Abdrücke einer Kinderhand oder einer Tierpfote, die im Sinn alter Mystik das Schicksal zum Guten wenden sollte, figürliche Darstellungen von einem Hahn, der den Brand vom Haus abwehren sollte. In Baden hießen solche Schutzziegel Floriansziegel, denn der heilige Florian galt als Schutzpatron gegen Feuersgefahr.

Aus Brumath im Elsaß wird berichtet, daß Schutzziegel immer zwei Nasen besaßen im Gegensatz zu den gewöhnlichen Flachziegeln mit nur einer Nase. Dies sollte ihre besondere Bedeutung noch weiter hervorheben, dem besseren Halt auf dem Dach und als Erkennungszeichen dienen, damit man vom Inneren des Hauses genau erkennen konnte, wo sich der Schutzziegel befand.

Als Schutzziegel fanden auch die sog. »Heiligen Ziegel« Verwendung. Sie stammten von Kirchendächern und wurden bei notwendigen Sanierungen als Recyclingziegel verkauft. Obwohl sie keinerlei besondere Symbole aufwiesen, wurden ihnen nur aufgrund ihrer Herkunft magische Schutzfunktionen zugesprochen, und sie wurden daher auf Privatdächern als Schutzziegel und Glücksbringer angebracht.

Inschriftenziegel: Dokumentation, Kommunikation, Information

Eine besondere Gruppe bilden die mit Inschriften allgemeiner oder religiöser Art versehenen Inschriften- oder Spruchziegel. Beispiele solcher Inschriften sind: »*der liebe Gott behüte dißes haus vor allem Unglück und schaden, ano 1747*« (Alsfeld); »*wenn lieben eine sünde währ, so währ es nicht erschaffen. Friedrich Vollmer, Ziegler den 3. Juli 1833*« (Oberndorf a.N.); »*Ohne Bier und brantwein und ohne ein Hüpsches*

Mägdelein mag der teufel Ziegler sein. Julius Greffenig. Schulzendorf den 5ten Juli 1855«, (Kreis Arnswalde/Neumarkt); »*ich ward gemacht in einem heisen Jahr drum borgt mich nicht und zahlt mich baar. J.Maßholder, Sinsheim den 12. August 1847*«

Eine besondere Art von Inschriftenziegel waren die Heischeziegel, deren Inschriften eine besondere »Aufforderung« darstellen. Nach dem mittelalterlichen Heischerecht oder Heischebrauch konnten nach Abschluß einer Arbeit, z. B. Ernte oder Richtfest, Geld oder Sachleistungen »gefordert« werden. Es wird vermutet, daß diese Ziegel eine Zugabe der früheren Handstrichziegler waren, um dem Bauherrn noch ein Trinkgeld zu entlocken. Beispiele solcher Inschriften und Sprüche:

»*Der ist ein Trinkgeld wert. 1801*« (Ittersbach); »*Diese Blatt hab ich Jacob Wurster gemacht und der wo sie überkommt wird uns auch ein trink geld geben. 1713*«. (Waiblingen); »*1830... schieb auch gern ein trinkgeld ein*«, *(Althengstett)*; »*ich mach den Ziegel hübsch und fein schieb auch gern ein Trengeld Ein.*« (Würzbach); »*wer das Trinkgeld thut vergessen den soll gleich der teufel fressen*«, (Brachbach).

Zählziegel, Partienziegel, Tagwerkziegel, Stückwerkziegel, Kampagneziegel Bis ins 19. Jahrhundert leisteten Handstrichziegeleien nur Auftragsarbeit, d. h. die Anzahl der hergestellten Ziegel richtete sich nach den vorliegenden Bestellungen. Die Ziegler arbeiteten in der Regel im Akkord, wobei die Stückzahl der täglich gestrichenen Ziegel maßgebend für die Bezahlung war. Dies waren sicher die Gründe, warum einzelne Ziegel mit einem Zählzeichen versehen wurden. Diese Zeichen wurden mit dem Finger oder einem Holzgriffel in den frischen Formling eingestrichen, wobei Zahlen, Buchstaben, Namenszüge, Symbole und Zeichnungen oder Kombinationen daraus verwendet wurden. Je nach Art der Zählzeichen waren folgende Markierungen möglich: erster und letzter Ziegel der Tagesproduktion, welcher zugleich den Anfang der nächsten Tagesproduktion markierte; die Ziegel eines ganz bestimmten Auftrags; das von einem Zieglergesellen hergestellte Tagespensum; gelegentlich wurde auch der erste und letzte Ziegel einer Saison, der Kampagneziegel, mit Datum und Name signiert. Leider steht eine umfassende Untersuchung über Art, Umfang und Bedeutung dieser Zählzeichen bis jetzt noch aus.

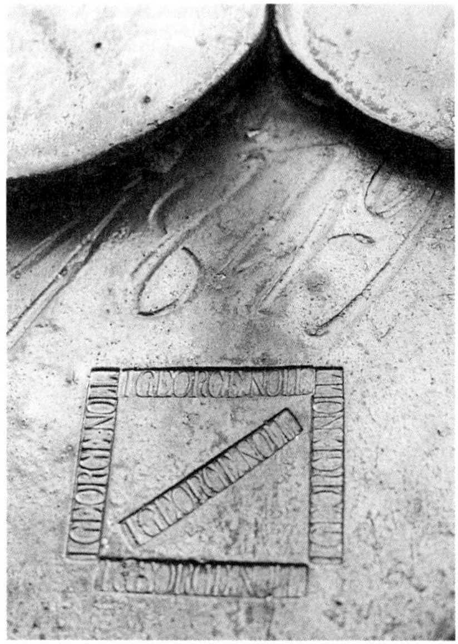

Fünf Abdrucke eines Stempels mit der Inschrift »IGeorge Noll« und das eingeritzte Herstellungsjahr 1849 schmücken die Vorderseite dieses handgestrichenen Biberschwanzziegels. Als Großalmeroder Ton wurden sie wahrscheinlich salzglasiert und erhielten ihre dunkle Färbung durch Beimengungen von Braunstein. Wegen ihrer sehr gleichmäßigen Ausführung könnte es sich hierbei auch um Hafnerziegel handeln.

Herstellermarken: Ziegelstempel, Ziegler- und Ziegelzeichen Die Markierung der Ziegel durch Schriftzeichen und Stempeln tauchte erstmals in Mesopotamien auf. Diese von den Sumerern benutzten Ziegelstempel waren Positivstempel, die mit der Hand in den noch plastischen Ton gedrückt wurden. Mit dem Ziegelstempel konnten große Ziegelmengen schnell markiert werden. Die Inschriften wurden in Keilschrift in die Ziegel eingedrückt; es waren Weihesprüche oder betrafen die Bautätigkeit des jeweiligen Herrschers.

Rollsiegel und Herstellermarken Nach der Entwicklung des Rollsiegels Ende des 3. Jahrtausends v. Chr., der primär dazu diente, Eigentumsvermerke vorzunehmen oder Abmachungen zu bestätigen, wurde dieser auch zur Ziegelkennzeichnung verwendet. Auf den Außenseiten der zylinderförmigen Rollsiegel aus Stein oder Knochen wurden die verschiedensten Zeichen, Szenen oder Inschriften eingraviert. Sie waren in Achsrichtung durchbohrt, so daß man ein Holzstäbchen hindurchstecken konnte, mit dessen Hilfe das Rollsiegel auf dem weichen Ton abgerollt wurde, wodurch ein kleines Fries entstand.
Auch die Römer verwendeten Handziegelstempel, mit denen sie den Namen des Herstellers, die Bezeichnung der Legion, eine Fabrikmarke oder ein Datum angaben. Vorzugsweise wurden die »tegulae«, also die

Dachziegel gestempelt. Dieser Brauch wurde im 15. Jahrhundert wieder aufgenommen. Seit diesem Zeitpunkt sind Ziegel nachgewiesen, die datiert, signiert oder mit dem sogenannten Zieglerzeichen versehen sind und damit eine Herstellermarke aufweisen. Dazu bildete man den Namen oder die Anfangsbuchstaben des Zieglers und das Handwerkszeichen ab, die symbolhafte Darstellung des Handwerkszeugs, das Ziegeleisen. Bis zum 16. Jahrhundert benutzten die Ziegler als Vorlage die gestielte, rahmenartige Form, in der die Blätter für die Hohlziegel gestrichen wurden. Vom 17. Jahrhundert an wurde sie von der Form für Biberschwanzziegel abgelöst. Meist wurden zwei kreuzweise übereinander gelegte Formen dargestellt. Neben dem Zieglerzeichen, dem Herstellerzeichen, unterscheidet man das Ziegelzeichen, worunter üblicherweise alle schmuckhaften oder volkstümlichen Verzierungen des Ziegel verstanden werden, wie sie unter den Feierabendziegeln bereits aufgeführt wurden.

Inschriften bei Maschinenziegeln Bei den ab 1860 aufkommenden, maschinell hergestellten Preßfalzziegeln wurde auf der Ziegelrückseite neben dem Firmennamen oft Hinweise auf Schutzrechte, Prämierungen und Herstelljahr eingepreßt. Diese Texte nahmen oft die ganze Rück-

Ziegelrückseite eines maschinell hergestellten Preßziegels mit dem Firmennamen »Ernst Bitz & Co« sowie Hinweise auf Schutzrechte, Prämierungen und Herstelljahr.

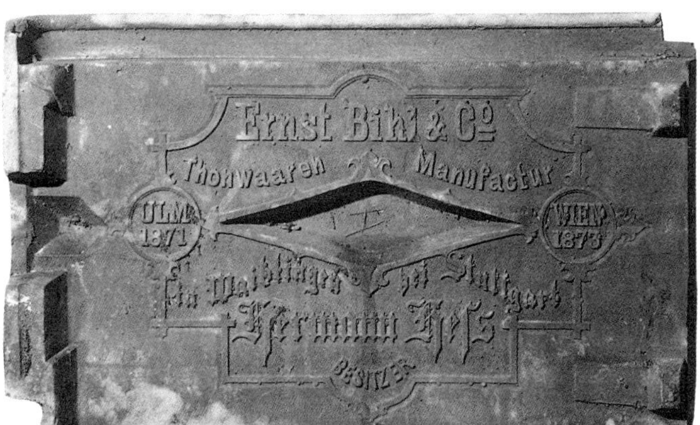

seite des Ziegels ein. Je nach Anbringung der Texte auf der Mutterform, erschienen sie auf dem Ziegel als erhabenes oder vertieftes Schriftbild. Textbeispiel eines industriell gefertigten Falzziegels aus dem Bestand des städtischen Museums Waiblingen: *<fec. Anno 1904 / gesetzlich geschützt / praemirt Ulm 1873 / Wien 1873 / Stuttgart 1881 / Hermann Hess & Sohn / Waiblingen>*. (*fec. = fecit, lat. »hab es gemacht«*). Für Strangpreßziegel gibt es seit etwa 1945 den Rollstempel, mit dem auf der Ziegelunterseite ein Werkzeichen als Herstellerzeichen angebracht werden konnte. Die moderne Signierrolle gibt es mit ein- oder zweiteiligen Schriftzeichen. Durch Anlegen eines elektrischen Stroms wird das Ankleben des Tons vermieden.

Zieglerplastik: Dachschmuck Ornamentale und figürliche Darstellungen, die den Grenzbereich zwischen Dachziegelproduktion und keramischem Kunsthandwerk darstellen, finden sich am häufigsten bei First-

Firstabschlußziegel in Gestalt eines Hirtenkopfs, der sowohl das Haus bewachen als auch Unheil abwehren soll. Er entstand um 1900 in der Schweiz

und Walmziegeln, aber auch bei Windbordziegel, wobei den Endstücken oder Anfängern eine besondere Bedeutung zukam. Ihre Herstellung war stets mit besonderem Aufwand verbunden und auch bei Übergang zu maschineller Fertigung mit einem hohen Anteil an Handarbeit verbunden.

Mit Tonreitern wurde der Dachfirst als höchste Stelle des Hauses mit besonders markanten Abwehrsymbolen versehen. Es gab Pferde mit und ohne Reiter, Hähne, Hasen, Hunde, Vögel und vieles mehr. Bestimmte Ausführungen erhielten besondere Namen, wie zum Beispiel der Höckerziegel. Dieser Firstziegel wies von der höchsten Stelle der Wölbung aus eine nach rückwärts immer kleiner werdende Reihe von Höckern oder Zacken auf. Es gab aber auch Firstziegel mit gleich großen Höckern. Die Höckerreihe beginnt manchmal mit einer kleinen menschlichen oder tierischen Fratze. Vermutet wird, daß die Höckerziegel, gelegentlich auch Zackenziegel, Krokodilsziegel oder Drachenziegel genannt, einen stilisierten Drachen darstellen sollen.
Der Kopfziegel, auch Neidziegel, Neidkopf, Schreckkopf genannt, ist ein Firstend- oder Walmendziegel, der mit einem Zerrbild eines menschlichen oder tierischen Kopfs versehen ist. Kopfziegel mit heraushängender Zunge werden auch Blecker genannt. Sie gehen auf antike Vorbilder zurück und hatten die Funktion der Abwehr von Unheil vom Haus. Sie waren als Schutzziegel vor allem an mittelalterlichen Kirchen und Bürgerhäusern angebracht. Während der Zeit des Historismus wurde die Herstellung dieser »Endstücke mit Fratzen« wieder aufgenommen. Was einst aber Brauch eines festen Volksglaubens war, wurde jetzt zum rein ornamentalen Schmuck. Mit dem 1. Weltkrieg hörte die Produktion dieser weitgehend von Hand hergestellten Ziegel auf.

Dachziegel für die Restaurierung: Nach altem Vorbild

Scheiden bei der Sanierung historischer Ziegeldächer die Erhaltung der Originalziegel oder die Zweitverwendung originalnaher Ziegel aus, so bleibt nur der Ausweg, auf Ziegel aus neuer Produktion zurückzugreifen. Ideal wäre es, nicht nur das gleiche Dachziegelmodell möglichst authentisch nachzufertigen, sondern auch ähnliche Tone auszuwählen und vergleichbare Herstellungstechniken anzuwenden.
Verschiedene Dachziegelwerke pflegen neben ihrem Standardangebot heute wieder ein spezielles Programm für die Restaurierung und Denkmalpflege. Dies sind sowohl maschinelle Nachfertigungen historischer Dachziegelmodelle, als auch Einzelanfertigungen nach vorhandenen Originalen, die ergänzt oder ersetzt werden müssen. Außer den Ziege-

Endkontrolle in einer Handformerei: Walmanfänger, Firstspitzen, Walmglocken und viele Sondermodelle warten auf den Dachdecker, der mit diesen Replikaten die Eindeckung sanierungsbedürftiger Dächer durchführen kann.

leien mit Handformabteilungen gibt eine Reihe kleinerer keramischer Werkstätten und Ziegeleien, meist sogenannte »Produzierende Denkmale«. Diese Adressen wurden im Anhang zusammengestellt. Nachfrage besteht für handgestrichene Biberschwanzziegel, Mönch-Nonnenziegel und Hohlpfannen, aber auch für maschinell hergestellte Preßdachziegel und Strangfalzziegel, vorwiegend aus der Zeit des Historismus, wie Doppelmuldenfalzziegel, Villenziegel, Turmziegel, Schmuckfirst-, Grat- oder Walmziegel sowie Einzelanfertigungen von Giebelverzierungen und Dachschmuck nach Originalvorlagen. Das Abgreifen der Form und das Einstellen der Maschinen verursacht dabei hohe Kosten. Insgesamt produzierten in Deutschland im Jahr 1995 etwa 45 Dachziegelwerke etwa 825 Millionen Dachziegel einschließlich Sonderziegeln. Im Schnitt boten sie etwa sechs verschiedene Basismodelle mit jeweils etwa 22 Ergänzungsmodellen an. Hinzu kommen noch Varianten in der Farbgestaltung durch Engobieren, Glasieren, Durchfärben oder Brand. Zwei Drittel der Werke haben Schmuckziegel im Programm, wie Firstspitzen, Gockel, Giebelrosetten, Windbordziegel. Einige Werke fertigen auch Sonderziegel und Repliken nach historischen Vorlagen an, wobei die Dachziegel aus der Zeit des Historismus zum Haupttätigkeitsfeld geworden sind. Da bis zu 60% der Dachziegelproduktion in die Altbausanierung gehen, gewinnt der Bereich der historischen Dachziegel zukünftig immer mehr an Bedeutung.

Handgestrichene Dachziegel Biberschwanzziegel sind wegen ihrer Form am einfachsten herzustellen und werden daher auch heute noch vereinzelt als echte Handstrichziegel gefertigt. Da diese Handstrichbiber jedoch relativ teuer sind, werden sie vorzugsweise bei bedeutenden Baudenkmälern eingesetzt.
Handgestriche Hohlpfannen und Mönch-Nonne-Ziegel werden heute kaum noch gefertigt, da sie zu teuer und aufwendig in der Herstellung sind und die verfügbaren, maschinell hergestellten Modelle in ihrer äußeren Form und Wirkung auf dem Dach den handgeformten Ziegeln sehr nahe kommen können.

Preßdachziegel und Strangdachziegel Gerade bei Biberschwanzziegeln bieten Dachziegelwerke heute wieder eine große Palette an Maschinenbibern an, die bezüglich ihrer Abmessungen und Oberflächenbeschaffenheit weitgehend an handgestrichene Originalbiber herankommen. Beachtlich sind dabei die zahlreichen Varianten, die sich hinsichtlich Format – Süddeutsches, Norddeutsches, Berliner und Sächsisches Format, Klosterformat, Turmbiber – Schnittform, Ziegeldicke und Oberflächengestaltung unterscheiden.
Auch die maschinell hergestellten Mönch- und Nonnenziegel und Hohlpfannen, sowie deren verfalzte Ausführungen, kommen in ihrer äußeren Form und Wirkung auf dem Dach den handgeformten Originalen sehr nahe. Dadurch ist es möglich, die historische Dachoptik mit den Vorteilen eines modernen Dachziegels zu verknüpfen.
Bei der Nachfertigung historischer Preßdachziegel liegt das Problem weniger in der fertigungstechnischen Machbarkeit, sondern in den hohen Grundkosten der neu zu erstellenden Preßformen. Einige Dachziegelwerke verfügen jedoch über einen Bestand an historischen Dachziegelformen, wie z. B. für den Muldenfalzziegel Z1, den Schuppenfalzziegel, den Turmfalzziegel oder den Herzziegel und können diese im Standardprogramm anbieten. Teils hilft man sich damit, maschinell vorgeformte Rohlinge von Hand zu vollenden.

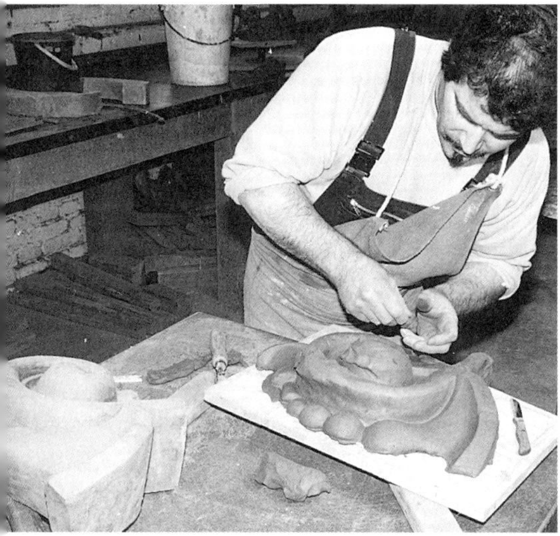

Nach dem Original wird ein um die Schwindungsmaße größeres Modell aus Ton geformt, von dem dann eine Gipsform abgegossen wird, die je nach Kompliziertheit des Modells nicht wie hier einteilig ist, sondern auch aus mehreren Teilen bestehen kann.

Unterschiede zwischen alt und neu Bei der Frage nach der Originaltreue von Replikaten ist zu sagen, daß eine absolute Authenzität nicht erreicht werden kann, da sie immer in einem oder mehreren Punkten vom Original abweichen werden. Dies hat vielerlei Gründe: die Art des verwendeten Rohmaterials, die Art der Aufbereitung und Formgebung und unterschiedliche Brennverfahren, wenn z. B. in einer anderen Ofenart oder mit einem anderen Brennstoff, wie z. B. Gas statt Kohle, gebrannt wird. Trotzdem ist es möglich, zumindestens hinsichtlich der Dachoptik mit neuen Tondachziegeln eine weitgehende Übereinstimmung mit dem ursprünglichen Zustand und der authentischen Wirkung der historischen Deckung zu erreichen.

Nachfertigung von Dachschmuck und Sonderziegeln nach dem Original Mit dem überaus großen Formenreichtum an Dachschmuck und Sonderziegeln aus dem Historismus stellen Denkmalpfleger und Hausbesitzer heute die Dachziegelindustrie vor große Aufgaben. Müssen alte historische Schmuckziegel, von denen die alten Gipsformen nicht mehr verfügbar sind, neu hergestellt werden, dann muß nach einem eventuell noch vorhandenen Originalziegel oder nach Vorlagen in historischen Katalogen, aus Ton oder Gips ein Modell modelliert werden. Von diesem Modell, das um die Schwindmaße des Tons größer ist,

In diese Form drückt der Handformer Ton ein, den er mit der Faust fest in alle Rundungen preßt. Meist wird nur so viel Ton eingeformt, bis überall eine gleichmäßige Wandstärke erreicht ist. Nur bestimmte Modelle werden vollständig ausgefüllt, da dies zu größeren Verlusten durch Schwindungsrisse beim Trocknen und durch Verformungen beim Brand führen kann.

wird eine Gipsform, die das Negativ des Formlings darstellt, abgegossen. Diese Gipsform ist die Arbeitsform des neu herzustellenden Schmuckziegels. In diese wird der Ton manuell eingeformt, wobei der Handformer auf ein gleichmäßiges Einkneten und die blasenfreie Verdichtung des Tons achten muß. Es wird üblicherweise so viel Ton eingeformt, bis überall eine gleichmäßige Wandstärke erreicht ist. Nur bestimmte Modelle werden durch vollständiges Füllen der Form als Vollkörper ausgeformt. Nach einer gewissen Zeit, wenn der Ton »angezogen« hat, läßt sich der Formling aus der Arbeitsform lösen und kann vor dem Trocknen noch nachbearbeitet, »geputzt« werden.

Nach dem Brand haben das Original – im Hintergrund – und das Replikat wieder die gleiche Größe und differieren nur noch durch ihre unterschiedliche Farbe. Auf dem Dach wird sich die Patina jedoch ganz von selber wieder einstellen, was einer der vielen Vorteile des gebrannten Tons mit seinem porösen Scherben ist.

Handwerker rund ums Dach

In diesem Kapitel geht es darum, wie vom Dachdecker in handwerklich einwandfreier Ausführung mit einem geeigneten Dachziegel auf einem Zimmermannsdach ein schönes und regensicheres Dach eingedeckt werden kann, und welche Vielfalt diese handwerklichen Traditionen je nach Zeit und Region, Dachaufbau und Ziegelart hervorgebracht haben. Mit dem Ziegeldach wird üblicherweise das Zusammenwirken der drei Z – der drei Handwerker Ziegler, Zimmermann und Ziegeldecker – in Verbindung gebracht. Der Ziegler liefert die Dachziegel, der Zimmermann fertigt das Dachgerüst und der Ziegeldecker deckt ein. Doch damit sind noch nicht alle Berufe aufgezählt, die sich im Laufe der Baugeschichte an der Eindeckung der Dächer beteiligt haben. Das Dach und sein Handwerk, das sind die Gewerke des Zieglers und Maurers, des Zimmermanns, Dachdeckers und Klempners.

Berufsvielfalt bei der Eindeckung der Dächer Aus der Gruppe der Haushandwerker spezialisierte sich zunächst der Zimmermannsberuf heraus, dem nicht nur die Herstellung des hölzernen Dachwerks oblag, sondern auch die Dacheindeckung. Je nach Deckmaterial kamen weitere Berufsgruppen hinzu. Bei weichen Dachdeckungen waren es neben den Bauern, die ihre Dächer als Haushandwerker selber eindeckten, die saisonal arbeitenden Reetdachdecker, die im Sommer über Land zogen und im Winter andere Berufe wie Korbflechter oder Hausschlächter ausübten. Metalldächer aus Kupfer und Blei wurden dagegen von Kupferschmieden oder Klempnern gedeckt. Sehr häufig übernahmen Maurer das Eindecken der vermörtelten Ziegeldächer. Diese Praxis hat sich in vielen Regionen Deutschlands noch bis in das 19. Jahrhundert gehalten. Ein selbständiger Dachdeckerberuf ist ab dem 13. Jahrhundert nachweisbar. So wird in Straßburg erstmalig im Jahre 1298 ein Steindecker erwähnt, 1317 einer in Frankfurt. Diese Steindecker deckten das Dach mit Schiefer oder mit Ziegeln ein, woraus sich bald eine Spezialisierung entwickelte. 1350 trennten sich die Stein- und Schieferdecker aus der

Der Zimmermannsdachstuhl ist die Unterkonstruktion des Ziegeldaches. Je komplizierter das Dachwerk, um so anspruchsvoller wird die Arbeit des Dachdeckers. Aufnahme zur Erinnerung an den Rathaus-Erweiterungsbau in Quedlinburg 1899.

gemeinsamen Zunft von den Zimmerleuten und Steinsetzern und bildeten eine eigene Zunft als Hartdachdecker.

Dachdeckerinnung, Reichsverband, Fachregeln Heute ist der Dachdecker ein Beruf, der praktisch alle Arten von Dachdeckungsmaterialien verarbeitet. Zu seinen Aufgaben gehört nicht nur das Neueindecken von Dächern, sondern auch deren Reparatur, Sanierung und Wartung. 1997 gab es etwa 110 000 Dachdecker, die in 226 Innungen und 16 Landesorganisationen im Zentralverband des Deutschen Dachdeckerhandwerks (ZVDH), Fachverband Dach-, Wand- und Abdichtungstechnik e.V. zusammengeschlossen waren.

Regeln für Dachdeckungen mit Dachziegeln Bereits 1921 hatten die Regionalverbände beschlossen, einheitliche Fachregeln mit dem Ziel zu entwickeln, den allgemeinen Stand der Technik und Erfahrungen zu sammeln und zu dokumentieren. 1925 gründeten sie den Reichsverband des Deutschen Dachdeckerhandwerks.1926 erschienen die ersten Grundregeln, 1930 folgte erstmals eine vollständige Anleitung für die Ausbildung von Dachdeckerlehrlingen. Weitere Fachregeln wurden veröffentlicht. Derzeit gelten die Regeln von 1997, die die Ausgabe vom Mai 1984 ablösten. Dieses Regelwerk ist kein starres Vorschriftenwerk, sonders stets offen für Neuentwicklungen im Werkstoffbereich und für sinnvolle Varianten innerhalb der Verlegetechniken und regionaler Detailvarianten. Abweichungen hiervon sind jederzeit möglich, bedürfen jedoch einer Vereinbarung zwischen Ziegelherstellern, Bauherren und Ausführenden.

Handwerksordnungen Art und Umfang der Bauarbeiten am Haus und deren Ausführende wurden früher durch die Zünfte geregelt. Heute werden sie in Deutschland durch die jeweiligen Handwerksordnungen der Landesinnungsverbände festgelegt. Aufgrund der engen Verbindung zwischen den beiden Gewerken von Zimmermann und Dachdecker kam es zwischen den ausführenden Arbeiten dieser Berufsgruppen immer wieder zu Überschneidungen. Die novellierte Handwerksordnung von 1998 war ein Schritt in die Richtung, wieder breite Leistungsangebote aus einer Hand zu ermöglichen, also sinnvolle Dacharbeiten sowohl vom Zimmermann als auch vom Dachdecker durchführen zu lassen. Nach langer Zeit wurde den Zimmerern wieder die Möglichkeit eröffnet, in gewissem Umfang Dachdeckerarbeiten auszuführen. Hierzu gehört u. a. die Herstellung und Reparatur von geneigten Ziegeldächern. Flach- und Grasdächer bleiben weiterhin die Domäne des Dachdeckers. Im Gegenzug dazu ist es dem Dachdecker möglich, im Rahmen seiner Deckarbeiten einfache Zimmermannsarbeiten in Eigenregie durchzuführen.

Dacharbeiten: Ausrüstung und Werkzeuge

Je nach Art des Rohbaus, der Wahl der verwendeten Deckmaterialien und der speziellen Verlegetechnik benötigen Zimmerleute und Dachdecker einen Fundus an Grundausrüstung und Werkzeugen, der hier kurz beschrieben werden soll.

Ausrüstung der Baustelle Dachdecker müssen mobil sein, wenn sie Dächer eindecken. Im Traufenbereich benutzen sie meist die Gerüste der Maurer und Zimmerleute. Für die oberen Dachbereiche gab es einst spezielle Dachleitern, hölzerne Rüstböcke, die mit Stricken an den Balken befestigt waren, Knotenseile für steile Dächer und Türme, Firsthaken zum Aufhängen der Dachleiter und Dachstühle für besseren Sitz. Auf dem Land bei niedrigen Dächern wurden die Ziegel hochgeworfen, in Städten trugen Handlanger die Ziegel in Butten und Kiepen hinauf. Heute erleichtern moderne Gerüste, Hebebühnen und Aufzüge die Arbeit des Dachdeckers.

Gerätschaften und Werkzeuge des Dachdeckers Die zu bearbeitenden und zu verlegenden Werkstoffe des Dachdeckers sind vielseitig und dementsprechend auch sein Werkzeug.

Werkzeuge für Holz, Draht und Eisen Zu den traditionellen Werkzeugen der Zimmerleute und Dachdecker bei Holzarbeiten gehören verschiedene Äxte und Beile, mit denen das Holz grob zugerichtet und danach geglättet wird, Hämmer mit verschiedenen Gewichten zum

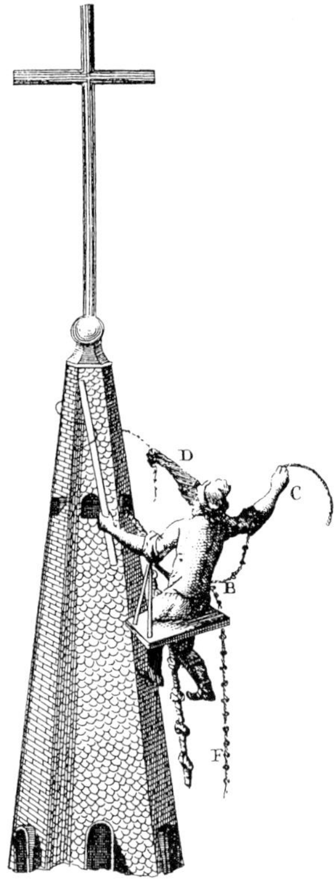

Mobilität in luftiger Höhe: Baustelle anno 1767 mit hölzernem Sitz am Knotenseil und ledernen Steigbügeln an beiden Beinen. Heute erleichtern Hebebühnen diese gefährliche Arbeit.

Richten des Holzwerks und zum Einschlagen der Nägel sowie Stemmeisen und Lochbeitel. Ein wichtiges Spezialwerkzeug ist der Latthammer. Er besitzt auf der einen Seite eine flache, aufgerauhte Bahn zum Einschlagen der Nägel, auf der anderen Seite eine Klaue mit einer langen Spitze neben einer stumpfen kürzeren. Die lange Spitze ersetzt den Nagelbohrer und kann ins Holz eingeschlagen werden, der Schlitz zwischen beiden dient zum Nagelziehen. Je nach der speziellen Form sprach man in den Spezialkatalogen ab 1850 z. B. vom Hamburger, Berliner oder Königsberger Hammer. Mit dem Lattbeil – einer Kombination von Beil und Hammer – wurden die Dachlatten abgerichtet und angenagelt. Eine Einkerbung auf der Beilinnenseite kann zur Entfernung falsch oder schief eingeschlagener Nägel benutzt werden. Weitere Hilfsmittel bei der Einlattung waren ein Gegenlatter für sich durchbiegende Leisten, Schnüre, eine Lattenlehre oder ein Lattenknecht für die Einhaltung eines gleichmäßigen Abstand der Traglattung, ein Nagelkasten zum Einhängen in den Latten sowie verschiedene Beiß- und Kneifzangen.

Werkzeuge für die Ziegelbearbeitung Der Dachdecker benutzt verschiedene Dachdeckerhämmer, die sich durch Form und Gewicht unterscheiden. Der sehr leichte Spitzhammer dient zum Entfernen der Nasen und zum Einschlagen von kleinen Drahtstiften. Der klassische Deckhammer mit Hammer und Spitze wird zum Zuhauen der halben und Dreiviertelziegel sowie der Kehl- und Gratziegel benutzt. Mit der Ziegelkneifzange werden kleinere Stücke abgetrennt, abgedünnt, abgekämmt; mit der Ziegelfeile die Grate beseitigt. Ein Dachziegelanreißwinkel erleichtert das Anzeichnen bei Kehlen und am Grat. Heute stehen dem Dachdeckerhandwerk darüber hinaus moderne Schneidgeräte und elektrische Werkzeuge zur Verfügung, die ein Bearbeiten der Werkstoffe erleichtern.

Werkzeuge für die Mörtelzubereitung und Verarbeitung Als der Kalk noch auf der Baustelle zubereitet wurde, benötigte man eine Kalklöschbank, die innen mit Eisen beschlagen war. Das Kalkgefäß wurde mit einem Widerhaken mit Kette und Knebel an der Lattung eingehängt. Mit der Mörtelkelle, etwa 17 cm lang und 8 bis 9 cm breit, wurde Kalk an den Seitenkanten und an den Kopfenden der Ziegel angebracht, mit schmalen, länglichen Fugenverstreichkellen wurden die sichtbaren Fugen verstrichen, geglättet und verdichtet. Eine Besonderheit sind die regional unterschiedlichen Deckkellen für die Mörtelverarbeitung von Biberschwanzdeckungen. Man unterscheidet für die Mörtelaufbringung die Böhmische, Berliner und Naumburger Kelle. Hinzu kommt die First- und Verstreichkelle.

Das Werkzeug des heutigen Dachdeckers ist immer noch überschaubar und Zeichen seines Handwerks mit Tradition.

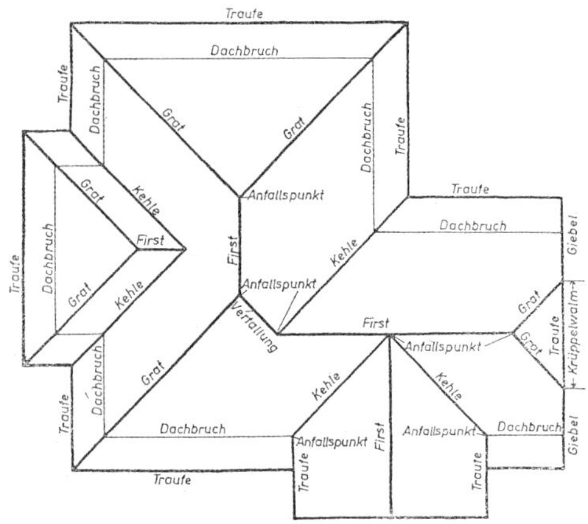

Beim Dach hat jeder Teil seinen Namen, damit sich der Fachmann schnell und genau verständlich machen kann. Je komplizierter der Dachaufbau, umso vielseitiger und anspruchsvoller sind die Deckarbeiten.

Fachsprache und Basiswissen des Dachdeckers

Bevor das Eindecken der Dächer im Detail geschildert wird, sollen noch einige grundsätzliche Begriffe, Techniken und Regeln geklärt werden, die das Dachdeckerhandwerk im Laufe seiner Entwicklungsgeschichte geprägt haben und ohne deren Basiswissen ein Verständnis für die Probleme der Ziegeldeckungen nicht möglich ist.

Dachterminologie: Nicht nur Fläche, First & Traufe Beim Dach haben Flächen, Linien und Punkte ihre speziellen Namen und stellen an das Deckmaterial und seine handwerkliche Verarbeitung ganz unterschiedliche Anforderungen. Gleichzeitig differieren sie nach der Art der Dachformen, deren wichtigste bereits im ersten baugeschichtlichen Teil behandelt wurden, und nach der Art des Gebäudegrundrisses.
Für den Dachdecker sind Satteldächer auf einem quadratischen oder rechteckigen Grundriß am einfachsten einzudecken. Sie bestehen aus zwei Dachflächen, die oben durch die waagerechte Firstlinie, unten durch die parallel dazu verlaufenden Traufen und an den Giebelkanten durch den Ortgang begrenzt sind. Hier muß die handwerkliche Verlegung von Fläche, First, Traufe und Ortgang gelöst werden.

Komplizierter wird die Dachdeckarbeit bei zusammengesetzten und gebrochenen Dächern sowie bei Dächern auf winkelförmigen Grundrissen. Hier kommen als Aufgabenstellung die fachmännische Eindeckung von Grat und Kehle, Anfallpunkt, Walmfläche, Verfall und Dachknick hinzu.
Grate sind als hervorspringende Kanten zweier schräg zulaufender Dachflächen sehr windanfällig, besonders unten am Fußpunkt und oben am Anfallpunkt, wo drei Flächen zusammenstoßen. Demgegenüber weisen Kehlen den höchsten Wasseranfall auf dem Dach auf und stellen daher besonders hohe Anforderungen an die Regendichtigkeit. Von einem Verfall spricht man, wenn bei zusammengesetzten Dächern der Grat von einem höher gelegenen zu einem tieferen First »fällt«. Unter einem Dachknick oder Dachbruch versteht man die waagerechte Übergangslinie zweier verschieden geneigter Dachflächen, wie dies beim Mansarddach und beim Schleppdach der Fall ist.
Gibt es Dachaufbauten oder Dachdurchdringungen wie Fenster und Gauben, Schornsteine und Dachreiter, so ergeben sich weitere Problemzonen am Dach. Es stellt sich die Frage nach den geeigneten An- und Abschlüssen, die häufig auch mit dem Wechsel zu einem anderen-Werkstoff verbunden sein können. Ein Spezialgebiet sind die Eindeckung von Türmen aller Art. Alle diese Sonderaufgaben erhöhen den Material-, Zeit- und Kostenaufwand des Dachdeckers und fordern sein handwerkliches Geschick.

Dachaufbau: Zwischen Tragwerk und Dachhaut Betrachtet man die historische Entwicklung der Dächer, so stellt man fest, daß sich der Aufbau des Daches von einem sehr einfachen zu einem äußerst komplexen Schichtengefüge entwickelt hat. Dies hat neben den Fragen der regensicheren und wirtschaftlichen Eindecktechnik im Wesentlichen mit der veränderten Aufgabenstellung des Dachraums zu tun. Bei historischen Bauten diente der oberste, nicht weiter ausgebaute Dachraum meist als Speicherraum, er benötigte hierfür etwas Licht und gute Belüftung. Heute gelten Dachräume als wichtige Wohnraumreserven und unterliegen daher bei ihrem Ausbau völlig anderen Ansprüchen.
Zwischen der obersten, sichtbaren Schicht, den Dachziegeln, und dem unteren Dachtragwerk mit seinen Sparren oder Pfetten können unter-

schiedlich viele Dachschichten vorhanden sein. Es sind dies vor allem die horizontale Lattung, die vertikale Konterlattung und die flächige Schalung als Tragkonstruktion für die Deckung oder als Unterdach, sowie Unterdeckungen, Unterspannungen und Dämmschichten.

Sparren und Schalung In der Antike war der Unterbau sehr einfach. Die Leisten- oder Hohlziegel ruhten auf sehr engen Sparren. Bei zu breiten Sparrenabständen wurden senkrecht zum First verlaufende Hilfssparren eingezogen oder wie im Mittelalter bei der Mönch-Nonnendeckung dreieckige Leisten eingefügt. Eine waagerechte Lattung gab es noch nicht. Eine anderer Aufbau waren flächige Verschalungen auf den Sparren, die den Ziegeln einen besseren Halt gaben und als Unterlage für den Mörtel dienten. In der spätrömischen Zeit und noch im frühen Mittelalter waren dies gebrannte Tonplatten. Später bürgerten sich hölzerne Verschalungen ein, die mit zusätzlichen Abdichtungsschichten aus Teerpappe, Blech, Folien und anderen Materialien versehen sein konnten und dann weiter mit Konterlatten und Latten bestückt waren.

Parallele Lattung zwischen First und Traufe Es läßt sich nicht genau datieren, wann die parallel zum First verlaufende Lattung aufgekommen ist. Es wird vermutet, daß sie zuerst in Frankreich angewendet wurde und sich aus Ersparnisgründen aus der ursprüngliche Schalung entwickelt hat. Dies setzte gleichzeitig voraus, daß die zunächst noch nasenlosen Dachziegel Nasen oder Leisten erhielten, die ihre Aufhängung ermöglichten. Dies war – wie im ersten Kapitel ausgeführt – erstmals bei den mittelalterlichen Haken- und Preisenziegeln und den Biberschwanzziegeln und Hohlpfannen der Fall.

Wer bringt die Lattung an? Die Arbeitsteilung bei der Anbringung der Dachlattung war zu allen Zeiten fließend. Früher waren es die Zimmerleute und die Dachdecker, aber auch die Maurer, die sich dieser Arbeit annahmen. An der Arbeit der Zimmerleute kritisierten die Dachdecker oft die Ungenauigkeit bei der Durchführung, da jene zu wenig darüber wußten, wie wichtig eine exakte Lattung für den Erfolg einer guten und schnellen Eindeckung war. Zufriedener war man mit der Arbeit der Maurer, denn diese deckten häufig Dächer ein und wußten

Das historische Dach war in seinem Aufbau einfach und hatte nur wenige Dachschichten: Auf den Sparren lagen waagerechte Latten zum Aufhängen der Ziegel. Die Lattweite ergab sich aus der Länge der Ziegel und der erwünschten Überdeckung.

daher um die Vorteile von gleichen Abständen der Traglatten von Oberkante zu Oberkante. Heute teilen sich wieder Zimmerleute und Dachdecker diese Arbeit.

Art der Lattung Latten müssen an ihrer Oberkante waagerecht und in ihren Abständen gleichmäßig sein. Sie dürfen nicht durchhängen oder bei Belastung durchbiegen und beim Nageln nicht spalten. Nur das beste Holz ist also für die Latten gut genug. Bei zu breitem Sparrenabstand können die waagerechten Latten noch einmal mit senkrechten Gegenlatten zwischen den Sparren stabilisiert werden, wofür es wegen der Federung ein spezielles Werkzeug, den Gegenlatter, gibt.
Die heute selbstverständliche Gleichmäßigkeit und Scharfkantigkeit der Latten an drei Seiten war früher nicht immer gewährleistet. So schreibt Matthaeij in seinem 1833 erschienenen Buch »Der vollkommene Dachdecker« dazu u.a.: »*Eine gute Lattung ist ein wesentliches Erforderniß zu einer tüchtigen Dacheindeckung. ... Dann aber müssen die Latten hinlänglich stark sein, und es ist besser, etwas zu starke als zu schwache Latten anzuwenden. ... Auch müssen die Latten zu einem solchen Dache die besten und allezeit geschnittenen Latten sein, von welchen noch alle fehlerhafte, als: krumme, windschiefe, zu schwache und dergl. ausgeschlossen werden müssen.* «

Nach den heutigen Regeln müssen die Latten mindestens drei scharf geschnittene Kanten aufweisen, wobei sie mit zwei Kanten auf den Sparren aufliegen, während die dritte zum Einhängen der Ziegelnase dient. Die vierte Kante kann eine Baumkante sein, muß aber entrindet werden. Gängige Lattenquerschnitte in mm sind 24/48 bis 30/50 und 40/60, wobei die Auswahl – früher mehr empirisch, heute statisch zu berechnen – abhängig vom Dachziegelmodell, dem Sparrenabstand, der Dachneigung und den zu erwartenden Schnee- und Windlasten ist.

Lattung an Traufe und First Traufe und First stellen an die Lattung zusätzliche Ansprüche. Unter dem Fuß- oder Traufgebinde – so nennt man die unterste Lage der Ziegeldeckung – muß die Auflage als Doppellatte, Keilbohle oder Traufbrett höher sein als auf der Fläche, um das Maß der Höhe der überlappenden Dachziegel auszugleichen.
Ebenso sorgsam muß die Lattung am First erfolgen. Die letzte Lattreihe muß so aufgenagelt werden, daß die im Firstscheitelpunkt gegenüberliegenden Dachziegel einen möglichst geringen Abstand voneinander haben, damit die Firstziegel die Flächenziegel auf beiden Seiten möglichst weit überdecken. Je steiler das Dach und je größer die Lattenquerschnitte, desto näher muß die Firstlatte an den Scheitelpunkt herangerückt werden, damit diese Bedingung erfüllt wird.

Lattenabstände zwischen First und Traufe Die Bestimmung der Traglattenabstände bei vorhandener Sparrenlänge, gemessenem Abstand von Trauflatte zu Firstlatte, gegebenen Dachziegellängen, Dachziegelformen, möglichen Decklängen und geforderter Überdeckung ist ein komplexer Rechenvorgang. Ist die erste Latte mit dem notwendigen Maß der Überdeckung von der Traufbohle angebracht, dann kann die restliche Länge durch die maximale Lattweite geteilt werden, was die Zahl der noch zu befestigenden Latten ergibt. Früher stützten sich Dachdecker auf Erfahrungssätze, zumal die Abmessungen der Dachziegel in der Höhe nicht so maßhaltig waren wie heute. Bei Verlegung von Altmaterial ist es daher sinnvoll, eine nicht zu kleine Fläche von Dachziegeln auszulegen und den Abstand durch Drücken und Schieben zu ermitteln. Bei Neuziegeln erleichtern heute Tabellen die Ermittlung der Abstandsmaße.

Ist der gewünschte Lattenabstand ermittelt, so kann das exakt waagerechte Einlatten mit Hilfe von Setzlatte, Wasserwaage und der hölzernen »Lattenlehre« des Dachdeckers – einem Lattenstück mit Einschnitten des erwünschten Lattenmaßes – oder durch Abschnüren erfolgen.

Dachziegelbefestigung: Nasen, Nägel, Schrauben, Klammern oder Drähte Bei flachen Dächern und schweren, großformatigen Ziegelformaten der Antike reichte es aus, die Dachplatten nur aufeinanderzulegen und auf eine zusätzliche Befestigung zu verzichten. Höchstens die Anfangsreihe wurde gegen Abrutschen gesichert. Als jedoch das Dach steiler wurde und der Dachziegel kleinformatiger, wuchs die Notwendigkeit einer Befestigung. Bei steilen Dächern und an den windgefähr-

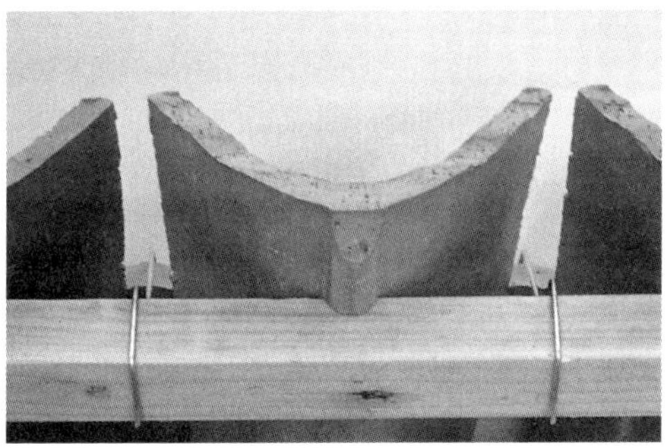

Bei dieser Mönch-Nonnendeckung sind die Nonnen an ihren Nasen aufgehängt, während die durchbohrten Mönche mit Drahtklammern befestigt sind.

deten Dachkanten reichen auch heute Nasen zur Aufhängung nicht mehr aus.

Vermörtelungen gelten heute nicht mehr wie früher als Mittel zur Windsogsicherheit. Heute ist bei Dachneigungen ab 65° generell jeder Dachziegel zu befestigen. Ansonsten sind je nach Situation die Dachziegel mechanisch zu befestigen, wenn der zu erwartende Windsog größer ist als das Eigengewicht der Dachdeckung. Die erforderliche Anzahl der Befestigungen errechnet sich nach Windzone, exponierter Lage des Gebäudes, nach Firsthöhe und anderen Faktoren. Als mechanische Befestigungsmittel gelten Nägel, Schrauben, Schraubnägel, Klammern und Bindedraht, die je nach Lage korrosionsgeschützt oder korrosionsbeständig sein müssen. Ebenso sind alle Dachziegel an Ortgang, First, Grat und Pult mechanisch zu sichern.

Ein heute selten gewordener Anblick: Wandbehang mit glasierten Muldenfalzziegeln, deren Fuge zwischen Ziegel und Fachwerkständer mit einem mageren Luftkalkmörtel ausgefüllt wurden. Auch nach etwa 100 Jahren zeigt der mit grobkörnigem Sand hergestellte Mörtel nur geringe Schwundrisse.

Mörtel: Dichtigkeit und Zusammenhalt Das historische Dach, insbesondere das Mönch-Nonnendach, aber auch das Hohlpfannen-, Krempziegel- und Biberschwanzdach war ein mit Mörtel verlegtes oder verstrichenes Dach.

Die Verwendung von Mörtel hat nach heutigem Regelwerk wenig mit der Regen- und Windsicherheit eines Daches zu tun, sondern hat primär die Aufgabe, die einzelnen Ziegel besser zu lagern, zu befestigen, auf der Fläche Einwehungen durch Wind und Schnee zu mindern und Anschlüsse an Wände auszufüllen. Abgesehen von der Längsfuge der vermörtelten Biberschwanzdeckung, der Stoßfuge der Priebendeckung und dem Mörtelverstrich der Firste, Grate, Ortgänge und Anschlüsse darf grundsätzlich von außen kein Mörtel sichtbar sein.

Mit der Erfindung der Falzziegel nahm die Bedeutung der Vermörtelung ab. Heute ist – mit einigen Ausnahmen – die trockene Verlegung zur Regeldeckung geworden. Ein Verständnis für das Wesen der historischen Dächer ist jedoch ohne einen Exkurs zum Thema Mörtel, zu seiner Herstellung und Verarbeitung, nicht möglich.

Dachdeckermörtel: Kalk, Zement, Zuschläge, Wasser Die Dachdeckung als Verbund ihrer einzelnen Elemente Dachziegel, Latten und Sparren darf nicht als eine starre Fläche verstanden werden, sondern muß gewisse thermische Spannungen durch Wärme und Kälte sowie Bewegungen durch Wind und Erschütterungen auffangen können. Dieser Aufgabe hat auch der Mörtel gerecht zu werden. Jeder Dachdeckermörtel wird aus Bindemitteln – Kalk und/oder Zement – Zuschlägen

und Wasser hergestellt. Generell ist ein Mörtel nur dann für den Dachdecker geeignet, wenn er sich einerseits problemlos für die Verlegung der Ziegel im Mörtelbett und zum Fugenverstrich eignet, also kellengerecht, dicht und dauerhaft ist, aber anderseits trotz eventuell auftretender Rissebildung seinen Zusammenhalt behält und nicht in Bruchstücken herunterfällt.
Die historischen Rezepturen bestanden meist aus einem mageren Luftkalkmörtel, also einer Mischung aus frisch gelöschtem Kalk und Sand in einem Mischungsverhältnis von etwa 1:2 bis 1:3 und einem Zusatz von Reh- , Kälber- oder Kuhhaaren zur Verbesserung der Elastizität. Zementanteile können die Festigkeit und Beständigkeit des Mörtels verbessern, haben aber den Nachteil, daß sie durch ihre Starrheit die Neigung zu Rißbildung verstärken und das Auswechseln der Ziegel bei Reparaturmaßnahmen erschweren oder unmöglich machen. Deshalb sollte ihr Anteil so gering wie möglich gehalten werden. Heute gelten Kalkzementmörtel aus Kalk, Zement und Sand im Mischungsverhältnis von 2:1:8 als regelgerecht, denen zur besseren Verarbeitung ein erhöhter Kalkanteil oder andere Zusatzstoffe beigefügt werden können.

Mörtel in der Denkmalpflege Für die Denkmalpflege gibt es heute wieder spezielle Luftkalkmörtel als mineralische Werktrockenmörtel, mit einem Bindemittel aus Weißkalkhydrat – einem gelöschten Luftkalk – Zuschlägen aus gewaschenem, quarzitischem Natur-Grubensand und Kalkstein-Brechsand, deren hoher Grobkornanteil eine wasserarme Verarbeitung ermöglicht. Zusätze aus Feinton und Ziegelmehl verbessern das Abbindeverhalten und die Witterungsbeständigkeit. Bei starken Witterungseinflüssen kann 1/3 des Weißkalkhydrats zementfrei durch natürlichen hydraulischen Kalk ersetzt werden. Mit Dachshaar wird der Mörtelverbund bei Biege- und Zugbeanspruchung verbessert, was bei Altrißfüllungen und Überputzungen sinnvoll ist. Mit Erdpigmenten können nach Mustervorlagen Farbanpassungen erfolgen.

Mörtelverarbeitung und Verdichtung Mörtel sollte nicht an heißen Tagen verarbeitet werden, da sonst der trockene Ziegel dem Mörtel zu rasch die Feuchtigkeit entzieht, zu schnell abbindet und daher nicht dauerhaft ist. Deshalb sind die Ziegel vorher zu wässern.

Bei der Anbringung des Mörtels unterscheidet der Dachdecker zwischen Mörtelschlägen und Fugenanstrichen. Je nach Deckungsart, Ziegelart und Dachziegelform werden die Mörtelschläge als Quer-, Längs- oder Stützschlag ausgeführt. Die Längsfugenanstriche können voll oder mit verdeckter Längsfuge erfolgen. Bei der Innenvermörtelung werden die Quer- und Längsfugen und die Scheinstellen verstrichen, was früher eine typische Winterarbeit war. Im lederharten Zustand, also nach etwa 15 Minuten, sollte ein Verdichten der Fuge erfolgen, um die während der ersten Abbindephase entstandenen kleinen Schwindrisse zu verstreichen. Ein Nachnässen mit dem Pinsel bringt keinerlei Vorteile. Ein fachgerechter Mörtelverstrich beim Hohlpfannendach kann auf diese Weise etwa 20 bis 25 Jahre halten.

Von der Traufe zum First: Reihenfolge und Decktechnik Für die Verlegung der Dachziegel gibt es bestimmte Regeln, was die Reihenfolge, Deckrichtung und Verlegetechnik in Reihe oder Verband angeht. Bei Dachziegeln mit rechter Krempe erfolgt die Eindeckung von der rechten zur linken Seite des Gebäudes, und zwar von unten nach oben, meist in schräger Linie fortlaufend. Andere Lösungen von links nach rechts oder von der Mitte zu den Giebelseiten können durch die Art des Dachziegels, Dachaufbauten oder andere Besonderheiten bedingt sein. Bei langgestreckten Satteldächern werden beide Seiten gleichzeitig eingedeckt, damit eine gleichartige Belastung des Dachgerüsts erfolgt.

Decktechnik: Reihe oder Verband? Grundsätzlich können Dachziegel in Reihe, also mit durchgehender Fuge von unten nach oben, oder im Verband, also mit wechselnder Fuge verlegt werden. Dies kann ein Versatz um eine halbe Ziegelbreite oder auch seltener um eine drittel oder viertel Breite sein. Es gibt Dachziegelmodelle, wie zum Beispiel den Biberschwanzziegel oder den Muldenfalzziegel, die nach beiden Decktechniken verlegt werden können, aber auch Modelle, die wie die Mönch- und Nonnenziegel, Leistenziegel oder Krempziegel nur in Reihe – man spricht auch von einer Verlegung außer Verband – eingedeckt werden können. Sofern diese Wahlmöglichkeit besteht, haben beide Verfahren ihre unterschiedlichen Auswirkungen auf die Dachoptik.

Detaillösungen: Dachdeckerarbeit oder Sonderziegel? Zwischen den Ziegelprodukten und der Arbeit des Dachdeckers haben sich im Laufe der Jahrhunderte deutliche Wechselwirkungen ergeben. Solange Dachziegel von Hand geformt und in Kammeröfen oder Ringofen mit festen Brennstoffen gebrannt wurden, war jeder Dachziegel weitestgehend ein Unikat hinsichtlich Größe, Form, Rundung und Farbgebung. Sonderziegel wurden nur selten angefertigt, einige wurden aus dem Brand herausgesucht, der Rest vom Dachdecker behauen. Heute gibt es für fast jedes Dachziegelmodell eine Fülle von Spezialziegeln.

Bei diesem alten Biberschwanzdach in Gau-Odernheim/Rheinhessen läßt sich die Frage: »Ziegel in Reihe oder Verband?« nicht beantworten. Die unterschiedlichen Breiten haben optisch zu beiden Verlegetechniken geführt. Die Lüftungsgaube aus Ton hebt sich kaum von der Dachfläche ab.

Sonderziegel durch Sortierung und Bearbeitung In der vorindustriellen Fertigung hatten auch gewölbte Ziegel, Krümmlinge, Weichbrandziegel, Schmolzziegel und andere Abweichungen von der Norm ihre Chance. Sie wurden nicht weggeworfen, sondern aussortiert und für spezielle Zwecke eingesetzt. Diese Varianz nutzte der Dachziegler bei seinen Handwerk, solange das vollkeramische Dach mit seiner unendlichen Fülle an Zubehörziegeln noch nicht erfunden war. Für die Eindeckung von Turmflächen wählte er zum Beispiel Dachziegelkrümmlinge mit konkaver oder konvexer Biegung aus, die sich durch ihre Form

Das Behauen von Ziegeln zur Eindeckung von Dachrundungen und Giebelflächen, Kehlen und Graten, An- und Abschlüssen gehörte früher zum Alltag des Dachdeckers. Hier zwei Beispiele aus Quedlinburg: Im Vordergrund eine Priebendeckung mit Gierenziegeln, im Hintergrund ein Giebelbehang mit Krempziegeln.

besser den Rundungen anschmiegten als die flachen Normalziegel. Fand er kein geeignetes Material, so gehörte es zu seinem Tagesgeschäft, die Ziegel vor Ort mit dem Spitzhammer oder Ziegelhammer zu behauen. Für die Schrägen an Türmen und Kehlen fertigte er die sogenannten Gierenziegel an, die so geplant, berechnet und behauen wurden, daß trotz Verschmälerung die Nasen in der Mitte erhalten blieben. Er spaltete Ziegel in der Länge, um sie als Teilziegel an den Dachrändern zu verwenden, oder in der Quere, um sie als verkürzte Ziegel für die Traufe oder für Hauptgesimse zu verwenden. Häufig mußte er auf andere Ziegelmodelle ausweichen oder Materialien wie Holz, Metall oder Stein verwenden.

An- und Abschlüsse: Verwahrung und vieles mehr Ein heikles Detail bei der Eindeckung von Dächern sind die sogenannten An- und Abschlüsse, an denen entweder Dachflächen an aufsteigende Wände anschließen oder Dachkanten begrenzen. Bei den Anschlüssen ist es wichtig, diese beiden Bauteile konstruktiv dauerhaft miteinander zu binden und gegen eindringendes Wasser abzudichten. Hinzu kommen ästhetische Komponenten, die gerade bei der Gestaltung von Dächern eine große Rolle spielen.

Schließt die Dachziegelfläche an aufsteigende Wände an, so müssen diese Anschlüsse dauerhaft und regensicher gestaltet werden. Am sichersten ist es, die Ziegeldeckung unter eine schützende Verwahrung zu schieben. Links ist es eine Werksteinlösung, rechts eine auskragende Mauerziegelschicht.

Historische und moderne Lösungen: Frösche und Auskragungen, Formziegel und Kappstreifen Seitliche Anschlüsse von geneigten Dachflächen an senkrechte Mauerflächen, Giebel und Kamine wurden in alter Technik zum Beispiel durch das Heben der Fläche mit Keilbeilagen, den sogenannten Fröschen, gelöst, die auf den Dachlatten angebracht waren und dazu beitrugen, das Regenwasser von der aufsteigenden Wand abzulenken. Dieser wasserableitende Effekt kann auch mit Wandkehlen erzielt werden. Die Vermörtelung der aneinander stoßenden Wand und Dachfläche ist die einfachste Lösung. Besser ist die Einbindung der Dachfläche in das Mauerwerk, entweder mit auskragenden oder ausschießenden Mauerschichten über den Dachflächen, getreppten Steinanschlüssen mit unterschobenem Dach und bündiger Vermörtelung oder speziellen Werksteinlösungen in Kombination mit einer Mörtelleiste oder Putzaussparungen.
Moderne An- und Abschlüsse werden mit speziellen Formziegeln oder viel zu häufig mit Metallen, Kunststoff und elastischen Verwahrungen durchgeführt. Hierbei werden Blecheinfassungen oder Kunststoffbahnen von der Fläche nach oben geführt. An der Oberkante eingelassene Mauerwinkel oder aufgeschraubte und oben abgedichtete Kappstreifen sollen hier gegen eindringendes Wasser schützen.

Dachziegel und Schiefer: Allianz auf dem Dach Die Eindeckung mit Schiefer oder mit Dachziegeln ist in der Regel eine grundsätzliche Entscheidung für oder gegen einen dieser beiden Werkstoffe. Sie leitet sich entweder aus einer regionalen Schiefer- oder Ziegeltradition ab oder hat ihren Ursprung in der sozialen Hierarchie des Gebäudes und seiner Bewohner. Herrschaftliche Villen wurden zum Beispiel häufig mit dem dunklen Schiefer eingedeckt.

Unabhängig hiervon sieht man aber auf vielen historischen Dächern gemischte Deckungen, also nebeneinander Dachteile, die mit Dachziegeln eingedeckt sind und solche, für die Schiefer ausgewählt wurde. Diese Praxis hat sich bis heute in vielen Regionen Deutschlands gehalten, nicht nur bei einfachen Wohn- und Bauernhäusern, sondern auch bei Villen und Mansarddächern.

Trotz ihrer unterschiedlichen Herkunft sind die beiden Materialien Dachziegel und Schiefer vor Jahrhunderten eine bewährte Allianz eingegangen, da sie in ihrem Einsatz und in ihrer Gestaltung miteinander harmonieren und jeweils unterschiedliche Aufgaben auf dem Dach lösen. Der gebrannte harte Ton eignet sich besonders gut für die Flächengestaltung, während schwierige Lösungen von Dachdetails, wie zum Beispiel Schornsteine, Gauben, Grate und Kehlen, mit dem vor Ort von Hand zugerichteten Schiefer genauer und ästetischer in ihrer Form gestaltet werden können. Beide Baustoffe sind farbecht, altern in Ehren und entwickeln dabei Patina.

Gegensätze ziehen sich an: Dies gilt auch für die beiden Dachbaustoffe Schiefer und Ziegel. Anspruchvolle Dachgauben, wie hier eine Fenstergaube mit abgewalmtem Dach und eingebundener Wangenkehle, lassen sich mit dem vor Ort von Hand zugerichteten Schiefer sehr präzise und ästhetisch gestalten.

Bei dieser Neudeckung des Kirchendaches in Bürgeln/Hessen mit alten handgestrichenen Biberschwänzen wurden in alter Tradition die Dachkanten mit Schieferplatten gedeckt.

Dachdeckung: Arbeitsumfang und Beratung

Die Dachdeckerarbeiten gliedern sich in die Bereiche Neueindeckung, Reparatur, Umdeckung und Sanierung. Hierbei gehört die Beratung der Bauherrschaft durch den Dachdecker hinsichtlich der Wahl des Dachziegelmodells und der Art seiner Verlegung ebenso wie die spätere, handwerklich saubere Durchführung zu den Aufgaben des Dachdeckers. Hinzu kommen Wartungsarbeiten, die trotz der Langlebigkeit des einzelnen Tondachziegels in regelmäßigen Abständen durchgeführt werden müssen.

Neueindeckung Bei Neueindeckungen, also bei Dächern, die erstmals gedeckt werden, hat der Dachdecker die größte Auswahl hinsichtlich der Art der Dachziegel und der Decktechnik. Er kann in Zusammenarbeit mit dem Bauherrn, Architekten und Zimmermann die für ihn wesentliche Voraussetzungen, insbesondere Dachneigung, Sparrenabstände, Art und Lage der Dachaufbauten und Dachdurchdringungen klären und eventuell noch variieren und dann auf Grund der regionalen Traditionen und der individuellen Präferenzen dazu raten, das jeweilige Dach z. B. mit Biberschwanzziegeln in Doppeldeckung oder mit Hohlpfannen im Kurzschnitt einzudecken. Es kann auch passieren, daß er die urspünglichen Wünsche des Bauherrn nach einem bestimmten Dachziegelmodell nicht erfüllen kann, weil zum Beispiel die Dachneigung die Verlegung nicht zuläßt.

Reparatur Werden bei der Reparatur nur einzelne, kleinflächige Schäden an der Ziegeldeckung behoben, kommt man um die Verwendung eines identischen Ziegelmodells meist nicht umhin. Deshalb war es eine von altersher geübte Praxis, bereits bei der Neueindeckung einige Reserve- und Ersatzziegel mitzuliefern und sie auf dem Dachboden zu

Reparaturen, An- und Umbauten haben dieses Dach geprägt. Nebeneinander finden sich maschinell hergestellte Falzziegel, oben am Giebel einige Reihen Biberschwanzziegel, in der Mitte eine Fläche mit Hohlziegeln, um den seitlichen Dachknick aufzufangen, und schließlich eine Reihe Leistenziegel an der seitlichen Nahtstelle.

lagern. Waren diese Reserveziegel aufgebraucht, wurden zerbrochene oder stark verwitterte Ziegel durch Altziegel aus Hausabbrüchen oder Neuziegel aus aktueller Produktion ersetzt. Aus diesem Grund finden sich auf historischen Dächern oft Dachziegel aus verschiedenen Epochen nebeneinander. Dies war solange problemlos, als sich die einzelnen Ziegelmodelle regional nur wenig änderten und fehlende Verfalzungen eine gewisse Variablität bei der Überdeckung ermöglichten.

Umdeckung Hierbei wird eine zum Teil schadhafte Ziegeldeckung komplett abgenommen und dann an gleicher oder anderer Stelle wieder aufgebracht. Fehlende Ziegel können entweder aus Zweitverwendung stammen oder aus neuer Produktion. Bei der Umdeckung sind zwei Methoden üblich: Entweder werden die neuen Ziegel mit den alten Ziegeln vermischt, oder beide Flächen werden klar voneinander abgegrenzt. Das jeweilige Vorgehen erfolgt bei denkmalgeschützten Häusern meist in Absprache mit der Denkmalpflege und nach Überprüfung individueller Faktoren. Es ist auch Baupraxis, hoch beanspruchte, ältere Ziegel an Orte umzudecken, wo die Ansprüche hinsichtlich der Regensicherheit deutlich geringer sind. So werden beispielsweise noch gut erhaltene, handgefertigte Dachpfannen von den Dächern abgenommen und als Wandbehänge benutzt.

Wartung Früher war es selbstverständlich, mindestens einmal im Jahr, meist im Frühjahr nach den Beanspruchungen der Winterszeit, das Dach zu kontrollieren. Dabei wurden verschobene Dachziegel wieder ausgerichtet, einzelne schadhafte Dachziegel ausgetauscht und Vermörtelungen geprüft. Beim einfachen Biberschwanzdach wurden die Spließe kontrolliert und gegebenenfalls ersetzt, beim Hohlpfannendach die Strohdocken und der Innenverstrich geprüft. Heute empfehlen die Regeln für Dachdeckungen mit Dachziegeln bei Neueindeckungen den Abschluß eines Inspektions- oder Wartungsvertrages, der Umfang und Zeitintervalle regelt.

Wahl des Deckmaterials: Ziegelart, Dachneigung und Güte Die Dachziegelwahl war in der Zeit der handwerklichen Fertigung vor allem von der örtlichen Verfügbarkeit abhängig, so daß die Dachdeckung zu einem der wichtigsten Merkmale der regionalen Bauweise gehört. Da die Dachformen mit ihren typischen Dachneigungen sich in ihrer Bauweise ebenfalls den klimatischen Voraussetzungen angepaßt hatten, konnte der Dachdecker sicher sein, daß seine Wahl stets dann richtig war, wenn er sich an seine regionalen, historischen Vorbilder hielt.
Der Dachdecker holte sich sein Material von der örtlichen Ziegelei und prüfte vor Ort die Qualität. Heute steht dem Dachdecker ein genormtes, überregionales Angebot zur Verfügung.

Dachneigung: Einfluß auf Ziegelart und Verarbeitung Wenn die Deckung regensicher sein soll, muß für jede Ziegelart eine Mindestdachneigung eingehalten werden. Dabei ist bei Ziegeldächern zwischen der am Dachsparren gemessenen Dachneigung und dem Eigengefälle der Dachziegelfläche zu unterscheiden. Dachziegel sind nämlich je nach Form, Größe, Dicke und Überdeckung um etwa 3° bis 7° flacher geneigt als die Dachsparren, weil beim Überdecken der einzelnen Reihen die Ziegel einseitig angehoben werden, was bei der Einlattung an der Traufe durch eine höhere Leiste ausgeglichen werden muß.
Die Frage, bis zu welcher geringsten Dachneigung die einzelnen Ziegelarten noch eingedeckt werden können, läßt sich nicht allgemein beantworten, da sie von vielen Bedingungen, wie z. B. Lage des Gebäudes, Dachgliederung, Dachraumnutzung u.v.m. abhängig ist.

Regeldachneigung und Mindestdachneigung Jeder Dachziegel hat seine Dachneigungsgrenzen. Man unterscheidet zwischen der Regeldachneigung und der Mindestdachneigung. Als Regeldachneigung gilt die untere Dachneigungsgrenze, bei der sich eine Dachdeckung in der Praxis als ausreichend regensicher erwiesen hat. Die Mindestdachneigung ist die technisch mögliche unterste Grenze der Dachneigung, die auf keinen Fall unterschritten werden darf. Je günstiger die äußeren Bedingungen, um so eher kann man sie in Betracht ziehen.

Ziegelart: Welcher Ziegel für welches Dach? Jeder Dachziegel hat seine Besonderheiten. Neben der Tragfähigkeit des Dachstuhls, der Dachneigung, dem Verwendungszweck und Lage des Gebäudes und der Erzielung eines bestimmten äußeren Erscheinungsbilds aufgrund regionaler Traditionen, gibt es für die Auswahl des speziellen Dachziegelmodells weitere Auswahlkriterien, wie zum Beispiel baurechtliche Vorschriften zur Wahrung der Einheitlichkeit der Kulturlandschaft und des Ortsbildes, die die Wahl des Deckmaterials vorschreiben.

Güteanforderungen im Wandel der Zeit Ursprünglich standen dem Dachdecker nur empirische Erfahrungswerte zur Verfügung. Parallel dazu bekam er durch seine tägliche Arbeit Gefühl für Qualität. Dachziegel sollten so hart und gleichmäßig beschaffen sein, daß sie unter dem

Schlag des Hammers weder zerfallen noch in der falschen Richtung springen oder sich nur schwer teilen lassen. Sie sollen einen hellen Klang haben, an der Bruchfläche rein und gleichartig sein. »*Selbst beim Erhitzen bis zum Glühen im Feuer und abschließender Kühlung mit Wasser sollten sie nicht springen*«, heißt es in einem Fachbuch 1855. Das schöne, regelmäßige Aussehen und eine gleichmäßige Färbung war bei unseren Vorfahren dagegen ein nachrangiges Kriterium.
Die Qualitätskriterien, an denen moderne Dachziegel gemessen werden, beziehen sich auf die Oberflächenbeschaffenheit, Maße, Formhaltigkeit, Dauer der Wasserundurchlässigkeit, Frostbeständigkeit, Tragfähigkeit und den Gehalt an schädlichen Stoffen. Die Farbgebung muß jeweils vor Lieferung individuell vereinbart werden.

Normung von Dachziegeln Die Verdingungsordnung für Bauleistungen, kurz VOB genannt, schreibt heute für die Durchführung von Dachdeckerleistungen die Verwendung von genormten Produkten vor, es sei denn, es werden vorab besondere Vereinbarungen getroffen. Die moderne Normung der Dachziegel wurde 1921 und 1922 durch die DIN 453 und die DIN 454 eingeleitet. Im November 1937 erschien die erste Ausgabe der DIN 456 – Anforderungen, Prüfung, Überwachung, die letztmalig in der Ausgabe August 1976 novelliert wurde. Es ist vorgehen, daß sie Mitte des Jahres 1999 durch die Euronorm DIN EN 1304 ersetzt wird: Dachziegel aus gebranntem Ton, Definitionen und Spezifikationen der Produkte.
Die Einführung der europäischen Norm, die die alte deutsche Produktnorm für Dachziegel ablöst, wird von der Dachziegelindustrie mit Skepsis betrachtet, da keinerlei regelmäßige Fremdüberwachung mehr gefordert wird. Hinzu kommt, daß in den verschiedenen Mitgliedsländern der Europäischen Union unterschiedliche Frostprüfverfahren gelten. Aus diesem Grund haben sich die Mitglieder der Arbeitsgemeinschaft Ziegeldach entschlossen, einen zusätzlichen Güteschutz einzuführen, der den Verbrauchern weiterhin die Anwendung des schärfsten Frostprüfverfahrens in der EU garantiert.

Die Eindeckung der Dachfläche

Im folgenden werden die heute noch für Deutschland typischen historischen Ziegeldächer hinsichtlich ihrer handwerklichen Durchführung näher beschrieben. Es sind dies das Mönch-Nonnendach, das Prieben- oder Nonnendach, das Krempziegeldach, das Hohlpfannendach, das Biberschwanzdach und das Falzziegel- und Falzpfannendach. Die Eindeckung der antiken Dächer kann hier außer Betracht bleiben.

Das Mönch-Nonnendach: Verlegung von Unter- und Oberdächlern

Die konisch zulaufenden Halbschalen können nur in Reihe verlegt werden und ergeben durch ihre starke Profilierung, ihre vertikale Linienführung und ihr Schattenspiel eine sehr mächtig erscheinende Wirkung, die sie als Deckung für große Dachflächen von Kirchen und Monumentalbauten prädestiniert. Sie sind in der Breite sehr anpassungsfähig und eignen sich daher gut für gerundete Dachflächen und Türme. Die Nonnen eignen sich mit ihrer Rinne gut als Kehlziegel, die Mönche gut für Firste und Grate. Als Mindestüberdeckung werden heute dachneigungsunabhängig 8 cm gefordert.

Unterbau: Sparren, Bretter und Latten Solange beide Hohlziegel noch genau die gleiche Form besaßen und nasenlos waren, lagen die Nonnen auf nahe aneinander gerückten Sparren oder auf senkrecht zum First verlaufenden Hilfssparren, auf einem Brett oder auf kräftigen Latten. Als bei den steilen Dächern Nasen aufkamen, führte dies zu einer Veränderung des Unterbaus. Die Nonnen wurden auf horizontalen Latten aufgehängt, während die schmaleren Mönche auf hochkant gestellten schmalen Latten befestigt wurden, die in Richtung des Gefälles verliefen. Als später die trockene Verlegung aufkam, wurden die Nonnen auch auf Schalung oder Dachpappe verlegt.

Befestigung: Nagel, Nase, Mörtel, Klammern und Draht Die Entwicklung ging vom Nageln zu Aufhängung der Nonnen an Nasen. In einer weiteren Entwicklung erhielt die Nonne oben zwei Einschnitte, in welche die Mönche eingehängt wurden. Zu diesem Zweck wurde das obere Ende des Mönches mit einem angeformten Boden versehen. Eine

andere Lösung waren Nasen bei den Mönchen an der Sichtseite, etwa 5-7 cm von der Ziegelkante entfernt, an dem sich die Mönche aneinander abstützten.
Die historische Mönch- und Nonnendeckung war üblicherweise vermörtelt. Da sich die Nonnenziegel infolge ihrer runden Form leicht zwischen den Sparren und Latten verschieben konnten, wurden sie zunächst durch kleine Holzkeile, Steinstücke oder Strohwiepen stabilisiert oder auch vollflächig in einem Lehmmörtelbett verlegt. Danach erhielten die Nonnenziegel in der Rinne am Rand des Kopfendes einen Querschlag, auf den der Fuß der nachfolgenden Nonne gelegt wurde. Dieser schmale Mörtelstreifen diente vor allem dazu, Staub und Flugschnee abzuhal-

Ein italienisches Mönch-Nonnendach aus alten und neuen Dachziegeln, die heute wie früher identisch geformte Halbschalen sind. Entgegen unserer sprachlichen Gepflogenheit werden in Italien und in Südtirol die unteren Schalen als Mönche und die überdeckenden Schalen als Nonnen bezeichnet.

ten. Die Mönchziegel, die die Stoßfuge zweier Nonnenreihen abdeckten, wurden am Kopf mit Mörtel gefüllt und bekamen innen rechts und links einen schmalen Längsschlag. Dann wurden sie auf die Nonnenziegel aufgerieben. Der beim Aufsetzen austretende Mörtel wurde abgeschnitten und möglichst senkrecht oder schräg nach innen abgestrichen. Durch alle diese Maßnahmen war diese Eindeckung sehr schwer und erforderte ein massives Tragwerk.

Das Besondere an der Priebendeckung ist, daß anstelle der schützenden Mönche die Stoßfugen zwischen den Nonnen eine Mörtelhaube erhalten. Der hohe handwerkliche Aufwand und die Problematik der sichtbaren Vermörtelung bei der heutigen Umweltbelastung haben dazu geführt, daß die Priebendeckung in erster Linie bei denkmalgeschützten Objekten gepflegt wird.

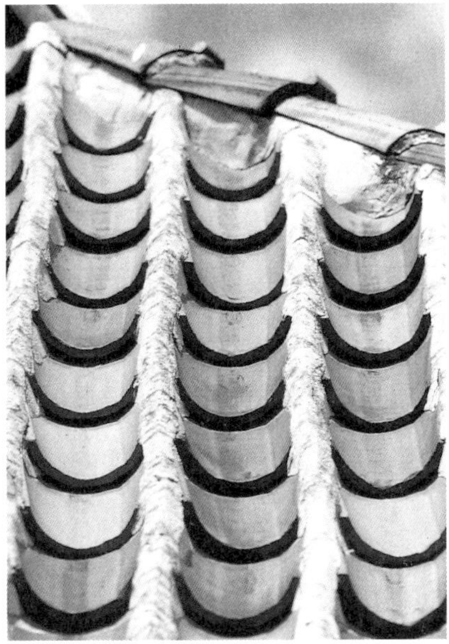

Bei den modernen, maschinell gepreßten Mönch- und Nonnenziegeln besitzen die Nonnen einen parallel geführten Steg an den seitlichen Aufwölbungen, so daß sie Ziegel an Ziegel gestoßen werden können, sowie an ihrer Unterseite eine ausgeformte Fläche als Lattenauflager mit einer anschließenden Nase. Eine Quervertiefung des Randes gegen den Ziegelfuß dient als Auflager für den Abschlußboden des Mönches. Regelgerecht ist heute eine Deckung in Mörtel oder in trockener Verlegung. Ein vollständiges Aufmörteln ist unzulässig. Bei der trockenen Verlegung mit Klammern oder Drähten ist entsprechend der Herstellervorschriften zu verfahren.

Das Prieben- oder Nonnendach: Vermörtelte Unterdächler Die Priebendeckung ist eine Variante des Mönch-Nonnendaches, bei der aus Sparsamkeits- und Gewichtsgründen auf die abdeckenden Mönchziegel verzichtet wird und die Stoßfugen zwischen den Nonnen komplett mit einem Weißkalkmörtel ausgefüllt werden. Gerade an dieser exponierten Stelle ist es wichtig, den elastischen Mörtel nach etwa 15 Minuten mit einem Kellenstrich zu verdichten, um auf diese Weise eine optimale Verbindung zu den Dachziegeln zu erreichen und durch Abbindung bedingte Schwundrisse zu schließen. Die Zwickel zwischen zwei zusammenstoßenden Ziegelschalen wurden meist mit einem runden Stück Holz oder einem Lehmwickel unterlegt.

Das Krempziegeldach: Schräggeneigte Ziegel Der Krempziegel kann mit seiner seitlichen Aufkantung und seiner konisch tütenformigen, selten eingeschnürten Deckwulst nur in Reihe eingedeckt werden und ist hinsichtlich seiner Höhenüberdeckung dachneigungsunabhängig. Das Deckbild der Krempziegeldaches ist durch die nicht rechtwinklige Lage der einzelnen Dachziegel zur Traglattung gekennzeichnet. Je breiter die Krempe gestaltet ist, umso eher ist sie in der Lage, die Aufkantung des unter ihr liegenden Ziegels zu überdecken. Bei schmalen Tüten gibt es deshalb von Reihe zu Reihe einen Versprung nach links, weshalb am Rande schmalere Ziegel benötigt werden. Nur Ziegel mit einer breiten Krempe können ohne Versprung eingedeckt werden, da sie ein variables Übereinanderliegen der Ziegelreihen ermöglichen. Die Form der

Dieser Krempziegelbehang zeigt die Besonderheiten dieses Dachziegels mit breiter konischer Tüte bei seiner handwerklichen Verarbeitung: Verlegung von links nach rechts mit einer typischen, nicht rechtwinkligen Lage der einzelnen Dachziegel zur Traglattung.

Krempe mit entsprechenden Toleranzen bestimmt das Maß der Höhen- und Seitenüberdeckung. Im Durchschnitt liegt die Überdeckung bei historischen Krempziegeln zwischen 9 und 6 cm, von heutigen Krempziegeln wird eine Mindesthöhenüberdeckung von 8 cm gefordert. Anders als bei den anderen Pfannenziegeln ist die Krempe meist linksseitig angebracht, weshalb die Eindeckung der Dachfläche nicht wie sonst üblich von rechts nach links, sondern von links nach rechts

erfolgt. Aber auch hier gibt es eine Ausnahme, und zwar im Westmünsterland, wo die Krempe rechtsseitig angeordnet ist. Krempziegel werden entweder trocken verlegt und mit Innenverstrich versehen oder mit Quer- und Längsschlag eingedeckt, wenn ein nachträglicher Innnenverstrich nicht möglich ist.
Wegen der knappen Aufkantung sind Krempziegel für das Eindecken runder Dachflächen weniger geeignet, wie dies zum Beispiel bei Fledermausgauben oder bei Hauptkehlen verlangt wird. Für Dachaufbauten mit einem Schleppdach oder für kleine Spitzdachgauben sind sie jedoch geeignet. Durch ihre geringe Bauhöhe eignen sich Krempziegel besonders gut als Dachbehang, der entweder genagelt oder vermörtelt sein kann.

Das Hohlpfannendach: Aufschnitt- oder Vorschnittdeckung? Die Hohlpfanne ist ein gewölbter Ziegel mit Nase, dessen Abmessungen, Wölbungen und Ziegeldetails bis heute in kein eindeutiges Raster zu bringen ist. Neben der kleinen holländischen Pfanne von 24 cm Länge und 18-19 cm Breite gibt es die großen Pfannen bis zu 36 cm und 42 cm Länge und 27 cm Breite. Die DIN 456 Dachziegel schrieb keine Abmessungen vor. Deshalb wird die Hohlpfanne heute immer noch wie früher firmenspezifisch in verschiedenen Maßen hergestellt.
Das Typische an allen ist eine große Mulde zur Wassersammlung und eine nach unten offene, kleine Krempe, die als Deckwulst über den Nachbarziegel greift und dadurch die Längsfuge zwischen zwei Dachziegeln nach oben abschließt. Üblich sind Rechtskremper, bei denen die übergreifende Windkrempe rechts und die Wasserkrempe links liegt, deutlich seltener Linkskremper, bei denen dies umgekehrt ist. Es gibt Regionen, in denen parallel Rechts- und Linkskremper hergestellt wurden, die dann jeweils entsprechend der Hauptwindrichtung eingedeckt wurden, also in der Weise, daß die Fugen der Überdeckung der vorherrschenden Windrichtung abgekehrt sind. Als Doppelkremper für den Abschluß der Dachfläche am Ortgang haben sie eine Wassermulde und zwei Deckwulste rechts und links.
Die Hohlpfannendeckung eignet sich für alle Dachformen, insbesondere für einfache Satteldächer. Rundungen und schräge Anschnitte von Walmdächern oder Dächer von Zwerchhäusern sind eher schwierig zu

Dach in Rheinhessen aus handgestrichenen Hohlpfannen, die dort Schottlpfannen genannt werden. Die Eindeckung aller Hohlpfannen kann wegen der übergreifenden, meist rechts liegenden Windkrempe nur in Reihe erfolgen. Hier handelt es sich um Langschnittpfannen, die in Vorschnittdeckung verlegt wurden.

gestalten. Es gibt mit Hohlpfannen eine spezielle Kehlengestaltung, die Dreipfannenkehle, und bei Walmdächern einen ziegeltypischen Gratanfang, den Fechtel. Beide Ausführungen werden später bei den Dachdetails beschrieben.
Wenngleich alle Hohlpfannen nur in Reihe verlegt werden können, ergibt sich durch den unterschiedlichen Grad der Wölbung und die unterschiedlichen Breiten, Höhen und Tiefen der Mulden optisch eine große Vielfalt an Dachbildern. Da die Dachpfannen ebenso wie die Krempziegel sowohl in ihrer Längsrichtung als auch in der Querrichtung übereinandergreifen, so erscheinen ihre Kanten im Aufriß ebenfalls nicht als lotrechte, sondern als geneigte Linien, deren untere Endpunkte aber alle in einer Lotlinie liegen. Ein eventueller Versprung wie beim Krempziegel ist aber hier nicht nötig.
Weitere optische Varianten kommen durch die unterschiedlichen Schattenwirkungen der beiden Ziegelarten Kurzschnitt- und Langschnittpfannen zustande, die ihrerseits zwei verschiedene handwerkliche Verlegetechniken bedingen, nämlich Aufschnitt- und Vorschnittdeckung.

Kurzschnitt- und Langschnittpfanne Bei jeder Hohlpfanne sind zwei gegenüberliegende Ecken diagonal abgeschnitten, bei rechtskrempenden Pfannen sind es die rechte obere und die linke untere. Die Größe der Kappung variiert. Bei der Langschnittpfanne sind zum Beispiel 4 x 7,5 cm oder auch 4,5 x 8 cm üblich, bei Kurzschnittpfannen zum Beispiel 3 x 3,5 cm, 4 x 4 cm oder 4,5 x 4,5 cm. Diese Ecken wurden einst vom Dachdecker vor Ort mit einer Zange gebrochen oder gekappt oder bei entsprechender Vorfertigung nachgearbeitet, denn früher war es die

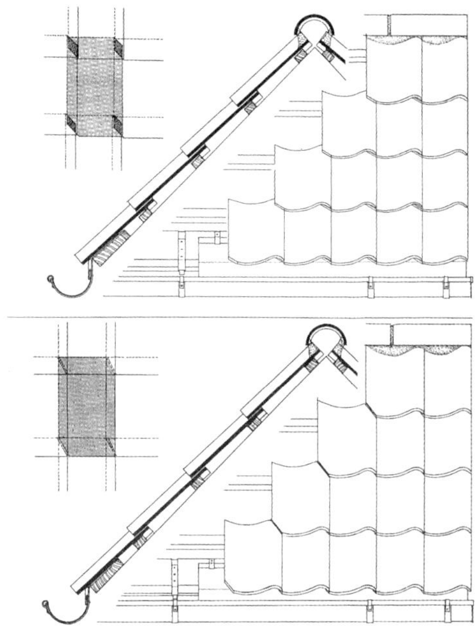

Diese Deckbilder der Hohlpfanne zeigen auf der Fläche und im Detail die beiden Varianten Kurzschnittpfanne mit Aufschnittdeckung oben und Langschnittpfanne mit Vorschnittdeckung darunter. Die beiden Ziegelarten unterscheiden sich durch die Länge der diagonalen Kappung der Ecken und durch ihre dadurch bedingte unterschiedliche Verlegung, nämlich bei der Kurzschnittpfanne »über dem Schnitt gedeckt« und bei der Langschnittpfanne »vor dem Schnitt gedeckt«.

Regel, daß die Pfannen, bedingt durch ihren handwerklichen Fertigungsprozeß, oft nicht gleich geformt oder krumm waren, was dieser Deckung häufig den Ruf eingebracht hat, nicht regensicher zu sein. Beim Eindecken wurde deshalb vom Dachdecker auch die scharfe Kante des emporstehenden Flügels der Wölbung des daraufliegenden Ziegels zum besseren Sitz entsprechend nachgearbeitet, eine Tätigkeit, die man als »Krämpen« bezeichnete.

Aufschnitt- und Vorschnittdeckung Bei der Aufschnittdeckung, die als die historisch ältere Art der Eindeckung gilt, liegen alle vier Ziegel übereinander. Dadurch bleibt zwischen den Reihen eine Fuge stehen, in welche ein Mörtelverstrich eingebracht werden kann. Bei der Vorschnittdeckung erfolgt die Verlegung am Vierziegeleck so, daß zwei Schnittkanten aneinanderstoßen. Da die höhere Ziegelreihe unmittelbar auf der tieferen Reihe aufliegt, fällt im Querschnitt die Fuge weg.
Die Aufschnittdeckung gilt wegen ihrer vierfachen Überlagerung als regensicherer, die Kurzschnittdeckung wegen ihrer nur dreifachen Überlagerung als flexibler. Die Fachregeln raten daher, die Aufschnittdeckung bei großen Sparrenlängen mit geringer Dachneigung zu verwenden. Je nach Dachneigung werden Höhenüberdeckungen von mindestens 8 bis 10 cm gefordert. Bei der Vorschnittdeckung beträgt die Mindesthöhenüberdeckung 8 cm. Bei historischen Modellen ergibt sie sich diese aus dem jeweiligen Schnitt.

Verlegung: Trocken, Mörtel, Docken Bei beiden Deckungsarten kann die Verlegung trocken, trocken mit Stroh- oder Pappdocken, trocken mit Innenverstrich mit oder ohne Spließe, trocken auf Schalungsunterlagen und Lattung oder vermörtelt mit Querschlag und Längsfuge ausgeführt werden. Eine historische Besonderheit ist die Eindeckung mit Strohdocken, die vor allem bei landwirtschaftlichen Gebäuden mit großen Dachstühlen beliebt war, weil sie die Elastizität der Dachhaut bei Sparrenabständen bis zu 2 m gewährleistete und keine Mörtelreste in das Heu gelangen konnten. Wegen ihrer Feuergefährlichkeit wurden solche Dächer zunehmend verboten.

Strohdocken verhindern die Einwehungen von Schnee und Staub und sind heute wieder lieferbar, sogar als schwer entflammbarer Baustoff gemäß der Klasse B1 nach DIN 4102, Teil 1.

Heute gibt es für denkmalgeschützte Dächer wieder neue, gegen Flugfeuer und strahlende Wärme imprägnierte Strohdocken.
Pro Dachziegel wird eine Strohdocke benötigt, deren Länge je nach Ziegelmaß zwischen 30 und 80 cm variiert. Die Docken, die unten am Ziegelsaum etwas herausschauen, sorgen dadurch für ein sattes Aufliegen der Ziegel, quellen bei Feuchtigkeit und sind ein Substrat für Moos, das als Klimazone und weitere Abdichtung dient.

Das Biberschwanzdach: Einfachdeckung mit Spließen, Doppeldeckung und Kronendeckung Die Kleinformatigkeit der Biberschwanzziegel in Verbindung mit ihrer Form als ebene Platte bringt den Vorteil der Anpassungsfähigkeit und Anschmiegsamkeit an vielfältige Dachformen mit sich. Biberschwanzziegel eignen sich grundsätzlich für alle Dachformen, haben sich aber durch ihre Form und Größe vornehmlich bei Walmdächern, Mansarddächern, Kehlen und Fledermausgauben bewährt. Je nach Deckungsart und Dachneigung werden heute von den Fachregeln unterschiedliche Höhenüberdeckungen gefordert, die zwischen 5 und 17 cm liegen: bei Einfachdeckungen mit Spließen und Dachneigungen unter 40° bei mindestens 17 cm, bei solchen über 55° mindestens 13 cm. Doppeldeckung und Kronendeckung werden hinsichtlich ihrer Regensicherheit gleich behandelt, aber auch hier gibt es unterschiedliche Abstufungen der Höhenüberdeckungen in Abhängigkeit von der Dachneigung. Bei Dachneigungen von 35° und darunter müssen es mindestens 9 cm sein, bei steilen Dächern über 60° nur noch 5 cm. Biberschwänze sind mit 1-2 mm Luft einzudecken, damit sie bei Bewegungen des Daches sich nicht aneinander stoßen.

Einfachdeckung mit Spließen Die Einfachdeckung war früher bei vielen Gebäuden üblich, da sie billig und reparaturfreundlich war. Mit zunehmenden Ansprüchen an die Regensicherheit der Dachhaut wurde sie in ihrer Bedeutung zurückgedrängt und wird heute nach den Fachregeln nur noch bei Gebäuden mit untergeordneter Nutzung empfohlen. Bei dieser Verlegung wird auf jeder Latte eine Ziegelreihe eingehängt.

Eindeckung der Ziegelhütte Meienberg/ Cham mit handgestrichenen Biberschwänzen in Einfachdeckung. Zur Erzielung einer besseren Regendichtigkeit werden sie in Reihe gedeckt und an den Stoßfugen mit hölzernen Spließen unterlegt, von denen einige im Vordergrund sichtbar sind.

Nur an der Traufe und am First werden Kronengebinde gedeckt, also zwei Ziegelreihen auf einer Dachlatte. Der Abstand der Lattung ist so weit zu bemessen, daß der Ziegel der dritten Reihe nicht mehr den Ziegel der ersten Reihe überdeckt, mit der Folge, daß die Deckung des mittleren nur als einfach betrachtet werden kann, daher auch der Name Einfachdeckung.
Um das Durchrinnen des Wassers an den Längsfugen zu verhindern, werden hier Spließe – auch Schindeln, Dachspließe, Dachspan oder märkisch Dachsplett genannt – untergeschoben, die früher aus Kiefern-. Tannen- oder Buchenholz handgespalten wurden. Heute können sie auch aus Kunststoff, Metall oder anderen geeigneten Deckwerkstoffen bestehen. Ihre Länge lag zwischen 26 und 28 cm, ihre Breite zwischen 4 und 8 cm, bei einer Stärke von 0,3 bis 0,5 cm.
Bei dieser Einfachdeckung mit Spließen sind Deckungen in Reihe oder im Drittel- oder Viertelverband am vorteilhaftesten, da bei der Deckung im Halbverband das Wasser vom tiefsten Punkt des obenliegenden Ziegels, dem sogenannten Tropfpunkt, genau auf die mit dem Holzspließ unterlegte Fuge fließen würde. Da diese Fuge aber nicht überall von einem Ziegel bedeckt ist, würden die Holzspließe sehr schnell verrotten. Der Drittel- oder Viertelverband ist handwerklich aufwendig, weshalb die Einfachdeckung in Reihe überwiegt. Bei dieser gelangt das Wasser genau auf die Mitte des darunter liegenden Ziegels. Durch die auftragenden Spließe ist es wichtig, daß die Nasen der Dachziegel möglichst lang sind, was bei den früheren handgestrichenen Biberschwänzen die Regel war.

Doppeldeckung Bei der Doppeldeckung, auch gemeines Doppeldach genannt, werden wie bei der Einfachdeckung auf jede Latte eine Reihe Biberschwanzziegel eingehängt. Das Doppeldach wird jedoch so eng gelattet, daß alle Fugen durch die darauf liegenden Ziegel abgedeckt werden, also in der Weise, daß die dritte Deckreihe die erste um die Höhenüberdeckung, also etwa 8 cm, überdeckt, also an dieser Stelle zumindest zweifach liegt. Bei dieser Doppeldeckung sind keine Spließe mehr notwendig.
Diese Deckung erfolgt in der Regel im Halbverband, bei der die obere Ziegelreihe gegenüber der unteren Ziegelreihe um eine halbe Ziegel-

breite versetzt ist. Bei Sonderdachflächen darf der Viertelverband gemäß Fachregel nicht unterschritten werden. Somit werden am Giebel rechte und linke halbe Biber erforderlich, die der Dachdecker sich früher von Hand zuschlug und die heute als Sonderziegel geliefert werden. Alternativ sind auch anderthalbbreite Biber im Handel.
Trauf- und Firstschar werden üblicherweise wie bei der Einfachdeckung als Kronengebinde eingedeckt. Möchte man die Doppeldeckung beibehalten, so sind Sonderziegel notwendig, da sich sonst an der Traufe und am First keine einheitliche Linie ergeben würde. Es sind dies verkürzte

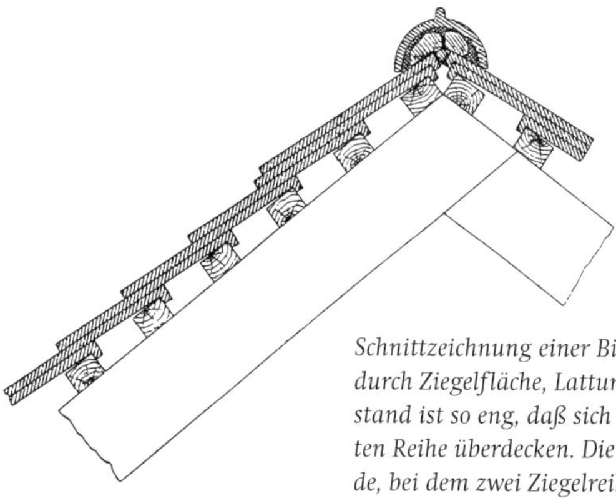

Schnittzeichnung einer Biberschwanz-Doppeldeckung durch Ziegelfläche, Lattung und Sparren. Der Lattenabstand ist so eng, daß sich die Ziegel der ersten und dritten Reihe überdecken. Die Firstschar ist ein Kronengebinde, bei dem zwei Ziegelreihen auf einer Dachlatte übereinander liegen.

Firstplatten und gerade Traufplatten, die nur so lang sind, daß sie mit dem unteren Ende der zweiten Ziegelreihe abschließen.
Die Regensicherheit dieser Doppeldeckung gilt als besonders gut, allerdings behindert die enge Lattung, insbesondere bei Vermörtelung, das Auswechseln von schadhaften Ziegeln und ist auch relativ teuer. Für das Doppeldach kommen ebenso wie für das Einfachdach alle Schnittformen der Biberschwänze in Frage.

Kronendeckung Die Kronendeckung, auch Ritterdach oder Schwedisches Dach genannt, ist eine Erfindung aus dem 18. Jahrhundert. Sie fand seit 1790 in Deutschland schnelle Verbreitung. Ihr Prinzip der Doppeldeckung beruht darauf, daß auf einer weiten Lattung jeweils zwei

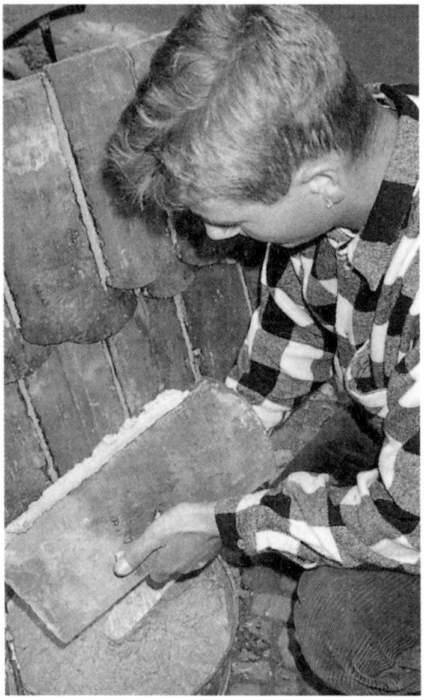 

Diese Kronendeckung mit Vermörtelung wird als Böhmische Deckung bezeichnet. Der sichtbare Mörtelverstrich der Längsfuge wird hier hier an einer Musterdeckung mit Biberschwanzziegeln aus Zweitverwendung demonstriert.

Ziegelreihen eingehängt werden, eine Lagerschicht und eine darüber im Verband verlegte Deckschicht. Der Abstand der Latten muß so berechnet werden, daß eine Lagerschicht die andere um die notwendige Höhenüberdeckung überlappt, die je nach Dachneigung zwischen 5 und 9 cm liegt. Für das Kronendach sind vor allem der Segmentschnitt, Geradschnitt, Geradschnitt mit abgerundeten Ecken, Korbbogenschnitt und Halbrundschnitt zu empfehlen. Der Spitzschnittbiber ist als einzige Biberart weniger geeignet, ergibt jedoch als Deckschicht in Kombination mit einem Geradschnittbiber für die Lagerschicht eine äußerst attraktives Deckbild.

Trockene Verlegung oder mit Mörtel? Mörtel ist, wie bereits ausgeführt, weniger ein Mittel zur Verbesserung der Regen- und Windsogsicherheit, sondern dient in vielen Fällen der besseren Ziegellagerung, so auch bei der Biberschwanzdeckung. Deshalb finden sich bei den süddeutschen Biberschwanzziegeln in den Abmessungen 18 x 38 cm wegen ihres größeren Gewichts Vermörtelungen zum Beispiel nur selte-

ner als beim kleineren Berliner oder Sächsischen Biber. Generell können alle Deckarten trocken oder in Mörtel verlegt werden.
Beim Spließdach werden die Biber in der Regel nicht mit einem Querschlag in Mörtel gebettet, sondern es werden nur die sichtbaren Längsfugen mit einem Luftkalkmörtel verstrichen. Auch beim Doppeldach sind die Querschläge eher unüblich, da die sich sehr weit überdeckenden Steine leicht auseinandersperren würden. Daher wird hier ein Verstreichen an den Kopfenden vorgezogen. Nur die Stellen, an die man von innen nicht herankam, z.B. bei Gesimsen, wurden früher mit einem Querschlag versehen.

Böhmische Deckung In der Heimat der Kronendeckung, also in Mitteldeutschland, Sachsen und Schlesien, wurde die Kronendeckung bevorzugt in Mörtel ausgeführt, was dieser Ausführung auch die Bezeichnung »Böhmische Deckung« eingebracht hat. Bei Vorhandensein einer starken, jeder Erschütterung vorbeugenden Dachkonstruktion lieferte dieses böhmische Dach das dichteste Biberschwanzdach.
Hierfür wurden zunächst die seitlichen Kanten der Biberschwanzziegel der Lagerschicht mit Mörtel versehen, verlegt und verstrichen. Danach wurde am Kopf zwischen den beiden Lagerfugen ein etwa 1,5 cm breiter Querschlag eingebracht. Beim Aufbringen der Deckschicht wurden deren Seitenkanten ebenfalls mit Mörtelverstrich verlegt. Die vermörtelten Längsfugen blieben von außen sichtbar und sind heute unter denkmalpflegerischen Aspekten ein erhaltenswertes Detail einer historischen Dachdeckung.

Das Falzziegeldach: Vom Muldenfalzziegel bis zur Flachdachpfanne Das Thema der verfalzten Ziegel und ihrer Verlegung ist ein so weites Feld, so daß es hier nur hinsichtlich grundsätzlicher Fragestellungen behandelt werden kann. Die Verfalzungen waren entwickelt worden, um ohne Verwendung von Mörtel eine Verbindung in der Dachhaut zu schaffen, welche eine bessere Dichtigkeit gegen Regen-, Schnee- und Staubverwehungen gewährleistet und trotzdem die Flexibilität der Dachfläche aufrechterhält. Dies brachte viele Vorteile mit sich: Verfalzte Dachziegel verringerten den Arbeitsaufwand des Dachdeckers

Das Mansarddach dieses Hauses in der Pfalz ist mit einer eher seltenen Variante des ersten Doppelmuldenfalzziegels Z1 von Ludowici eingedeckt, dem etwas kürzeren Z16. Die unterbrochene Ringverfalzung dieser Ziegel war der Durchbruch des Falzziegels.

durch Wegfall der Vermörtelung, sie reduzierten das Gewicht je Quadratmeter Dachfläche. Solche Dächer waren daher billiger.
Nach Aufkommen der Flachdachpfannen mit der mehrfachen Ringverfalzung konnten Dächer bis zu einer Regeldachneigung von 22° regensicher eingedeckt werden. Allerdings eignen sich Falzziegel aufgrund ihrer festen Rasterstruktur weniger für kleine, stark verwinkelte, gebogene oder runde Dächer, für Firste und Grate, Kehlen und geschwungene Dachaufbauten. Ein weitere Besonderheit der verfalzten Dachziegel besteht darin, daß bereits leichte Schrägen der Decklinien oder verschobene Ziegel bewirken, daß die Kopffalze nicht mehr genügend ineinandergreifen, was eine Undichtigkeit in der Deckung bewirken könnte.
Je nach Falzenausführung gibt es Falzziegel, die sich nur fortlaufend in Reihen, das heißt außer Verband oder nur verschränkt, also im Verband eindecken lassen oder auch in beiden. Beim Reformpfannendach ist wegen seiner besonderen Formgebung zum Beispiel keine Deckung im Verband möglich.

Verfalzungstechnik Hinsichtlich der Regensicherheit unterscheidet man zwei Falztechniken: die historisch ältere, unterbrochene Ringverfalzung der Doppelmuldenfalzziegel und Reformziegel sowie die am meisten technisch fortgeschrittene, mehrfache Ringverfalzung der Flachdachziegel. Bei den Preßdachziegeln mit unterbrochener Ringverfalzung ist der wasserführende Kopf- und Seitenfalz unterbrochen und kann aus einem oder auch zwei Falzen bestehen. Bei der Deckung entsteht an der Seitenverfalzung eine nach oben gerichtete Deckfuge. Das Wasser wird von Falz zu Falz oder von Falz zur wasserführenden Ebene geleitet. Demgegenüber zeichnen sich Preßdachziegel mit mehrfacher Ringverfalzung dadurch aus, daß der wasserführende Kopf- und Seitenfalz nicht unterbrochen ist und aus mindestens zwei oder mehreren Falzen besteht. Der tief heruntergezogene Deckwulst überdeckt den Wasserfalz zwischen den einzelnen Ziegeln bis auf den Rand des Wasserlaufes des Nachbarziegels ab, so daß an der Seitenverfalzung eine zur Seite gerichtete Deckfuge entsteht. Das Niederschlagswasser aus Kopf- und Wasserfalz wird auf die Mulde des gleichen oder des darunterliegenden Dachziegels abgeleitet, aber nie mehr von Falz zu Falz.

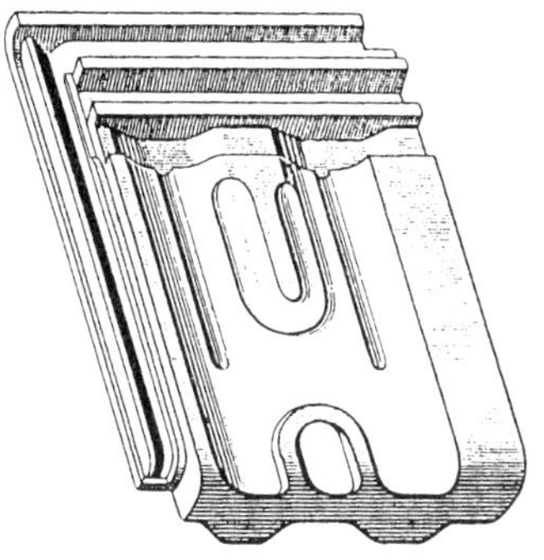

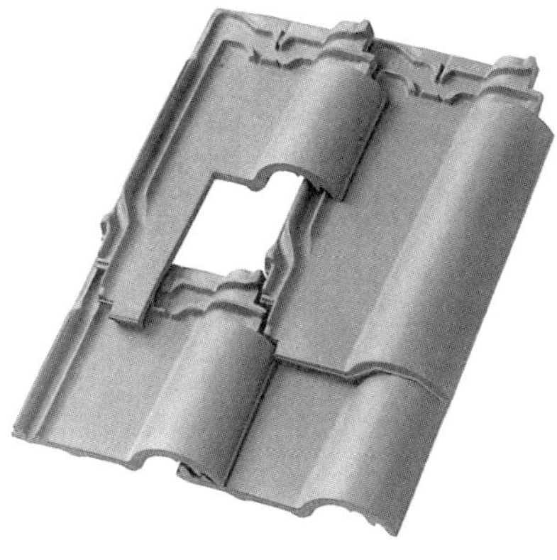

Dieser 1972 entwickelte Romano-Kremper rechts neben dem Z16 links von 1895 mit unterbrochener Ringverfalzung stellt ein Stück High-Tech in der Verfalzungstechnik dar: Doppelte Verfalzung mit Sicherheits-Randstreifen, Kondenswasserableitung von der Rückseite auf den Kopffalz, allseitige und vollflächige Überdeckung ohne sichtbare Trennfugen, Wasserführung auf die Dachfläche, dreifache Überdeckung im Vierziegeleck und vieles mehr.

Eine technische Besonderheit sind die Verschiebeziegel, die speziell für die Altbausanierung entwickelt wurden. Sie sind mit einem Verschiebebereich der Decklänge zwischen etwa 2 cm und 8 cm lieferbar.

Dachdetails: Traufe, Ortgang, First

Im Anschluß an die Eindeckung der Fläche geht es im folgenden um Details, die sich an jedem einfachen Dach finden: Traufe, Ortgang und First. Ihre Eindeckung gehört zum Dachdeckeralltag, und es ist interessant, wie viele handwerklichen Ausführungen es hierbei gibt.

Traufe: Der Dachsaum und seine Besonderheiten Die Dachziegel an der Traufe dürfen wie alle Dachziegel nicht isoliert gesehen werden, sondern sind Teil eines konstruktiven Gefüges. Die Deckung an der Traufe kann mit Überstand über die Traufkonstruktion, bündig oder zurückgesetzt erfolgen. Der Unterbau kann aus einer schlichten Verbretterung, einem Kastengesims oder einem Mauervorsprung bestehen. Er kann eine Dachentwässerung integrieren oder ganz ohne Regenrinnen auskommen. Die Details richten sich nach der Eindeckung der Dachfläche, nach klimatischen Gegebenheiten und vielen anderen Faktoren. Ist die bauliche Unterkonstruktion bekannt, so müssen in Abstimmung mit der Eindeckung der Fläche die passenden Traufziegel gewählt und angebracht werden. Diese Ziegelreihe der unteren, meist waagerechten Dachabschlußlinie heißt Traufschar. Es können normale Flächenziegel oder spezielle Formziegel sein. An diese Ziegel werden besonders hohe Anforderungen gestellt: Sie müssen von bester Qualität sein, um den vielen Wechseln von Regen und Trockenheit, Frost und Tauperioden standzuhalten. Sie sollten eine möglichst gerade Tropfkante haben,

Zwei auch heute noch typische Traufsituationen: Links ein Hohlpfannendach, bei dem es keine Regenrinne gibt und bei dem durch den Einbau eines Aufschieblings der Dachabstand vergrößert wurde, um das Wasser von der Wand ferzuhalten. Rechts ein Biberschwanzdach in Kronendeckung mit halbrunder, vorgehängter Rinne.

Traufe, Ortgang und First: Zu diesem Thema hat die Baugeschichte viele Lösungen parat. Hier wird der Dachüberstand an der Traufe durch ein leicht auskragendes Mauergesims gelöst, Regenrinnen sammeln das Wasser der Dachfläche, die Dachkanten am Giebel sind vermörtelt, der First schmucklos. Gärtnerhaus von Wolfshagen, 1835.

weshalb es zum Beispiel beim Biberschwanz einen verkürzten Traufziegel als Traufplatte im Geradschnitt gibt.
Ein Blick auf die Dächer zeigt viele Lösungen: Von den Traufziegeln der Antike, die als Antefixe besonders ornamental gestaltet wurden, bis hin zu der schlichten Traufe auf dem Land ohne Formziegel und Dachrinnen. Für Mönchziegel an der Traufe gibt es spezielle Abschlußplättchen. Dieser Verschluß konnte allerdings auch mit Mörtel erfolgen.

Ortgang: Schutz der Dachkanten Als Ortgang bezeichnet man die Schnittkante von Giebel und Dachfläche, also den seitlichen Dachrand. Hier muß die Ziegelfläche gegen Abheben durch Wind und die Giebelwand gegen Wasserschäden geschützt werden. Dafür gibt es verschiedene historische und neuzeitliche Lösungen. Die überlieferten Bauweisen sind Zahnleiste, Windbrett und hölzerner Ecksattel sowie Vermörtelungen. Später kamen spezielle Formziegel hinzu.

Vermörtelungen Der Ortgang kann bei allen Ziegeldächern mit Unterplattungen aus Ziegel- oder Schieferstreifen im Mörtelbett ausgeführt und anschließend verputzt werden. Dies war bis zum Aufkommen der industriellen Ortgangziegel eine häufig angewendete Lösung, erforderte jedoch, wie jede Mörtellösung, regelmäßige Pflege. Bei allen Deckungen ist zu beachten, daß keine Tropfstellen vom Dachziegel auf die Außenwand treffen. Deshalb darf zum Beispiel beim Mönch-Nonnendach am Ortgang nie eine überstehende Nonne liegen, sondern nur ein vermörtelter Oberdächler, dessen Kante dann als Tropfnase dient.

Zahnleiste, Windfeder Der durch die vorstehenden Dachlatten gebildete Dachüberstand am Giebel wird von unten durch Bretter verkleidet. Das an der Stirnkante angebrachte Ortbrett endet unterhalb der Ziegeldeckschicht und wird sägeartig ausgeschnitten. Hieraus erklärt sich der Name Zahnleiste. Diese handwerkliche Lösung hat eine lange Tradition und gilt auch heute noch als dauerhaft und denkmalgerecht.

Ein Falzziegeldach auf einem kleinen Nebengebäude in Hessen. Die abgesetzte Zahnleiste schmückt ebenso wie eine kugelförmige Dachspitze aus Metall.

Windbrett, hölzerner Ecksattel
Eine andere Ortganglösung ist das Windbrett. Es deckt mit einem kleinen Überstand die Stirnkante der Ziegeldeckung ab. Zusätzlich kann diese Windfeder einen winkligen Abschluß erhalten, der von oben über die Ziegeldeckung greift. In diesem Fall spricht man von einem hölzernen Ecksattel. Trotz gewisser Kritik an dieser handwerklich recht einfachen Lösung findet diese Ortgangausführung insbesondere am Hohlpfannendach mit seinen aufsteigenden Krempen bis heute Verwendung und ist bei der Wahl von harzhaltigen Hölzern auch eine dauerhafte und denkmalgerechte Lösung. Sie entspricht ebenfalls den Dachdeckerregeln.

Eine keramische Dachlösung von Ludowici mit Sonderziegeln: Holländische Pfanne Z23b mit schmalem Flächenausgleichs-, Ortgang- und Firstziegel W1 sowie einem Giebelstück mit der Jahreszahl 1919.

Formziegel und neuzeitliche Lösungen Doppelkremper bei Hohlpfannendächern gehören seit langem zu den üblichen Sonderziegeln an den Dachkanten. Sie ermöglichen, daß die linke Dachkante das gleiche Aussehen wie die rechte erhält. Die Unterkanten werden vermörtelt. Alternativ sind winklige Giebelortgangziegel weit verbreitet, die es nicht nur in schlichter, sondern auch in schmuckhafter Ausführung in vielen Materialien gibt. Der moderne Ortgangziegel aus Ton besitzt einen seitlich angepreßten, senkrechten Seitenlappen. Für das Biberschwanzdach kennt man zusätzlich zu den halben Bibern am Ort und rechtwinklig abgekanteten Bordziegel als Sonderlösung auch Ortgang-Kehlziegel, deren Vertiefung eine Wasserlaufrinne bildet.

First: Die exponierte Dachlinie Der First ist die obere Schnittkante zweier Dachflächen. Diese Linie und die Punkte, an denen die Firstline beginnt und endet, zählen zu den am meisten gefährdeten Schwachstellen am Dach. Je nach Region, Deckmaterial und Ziegelart der Dachfläche haben sich hierbei viele traditionellen Handwerkslösungen entwickelt.

Ursprünglich wurden für die Eindeckung der Firste die normalen Hohlziegel der Mönch-Nonnendeckung verwendet. Dies waren glatte, konische, später auch eingeschnürte Firstziegel, die sehr einfach übereinander geschoben werden konnten. Zwischenmaße wurden durch Verkürzen ausgeglichen. Um die Einheitlichkeit des Dachbildes zu bewahren, gab es bei Firstziegeln mit erhöhtem Wulst auch ein Mittelstück mit beidseitiger Wulst. Später kamen verfalzte Firstziegel und spezielle Formziegel hinzu. Bei allen Lösungen muß die Breitseite des Firstziegels stets der Hauptwindrichtung abgekehrt sein, um das Eindringen von Schlagregen in die Fuge zu verhindern.

Aufgemörtelter Hohlziegel auf dem First, dessen Seitenkanten als Tropfnase ausgebildet sind. Zur besseren Dachbelüftung wurden kurze Hohlstücke eingemörtelt.

Mörtelfirst mit Hohlziegeln Historische Firste waren stets vermörtelt. Bei der früheren »Decktechnik auf Sattel« wurde zum Beispiel bei Hohlpfannendächern oder bei Mönch-Nonnendächern rechts und links der Firstlinie auf die Oberkante der Ziegel eine Mörtelleiste aufgebracht. Sodann wurde der Firstziegel mit Mörtel, zum Teil auch mit Klamotten aus Ziegelbruch ausgefüllt und danach so in das Mörtelbett gedrückt, daß er satt auflag. Bei einer guten Ausführung blieb die Mörtelfuge hinter der Ziegelkante zurück, die dadurch als Tropfnase wirkte und die Mörtelfläche nicht so auffällig werden ließ. Bei stark gewölbten Dachflächen wurden auch kurze Ziegelstücke dazwischengelegt. Heute entspricht dieses volle Aufmörteln nicht mehr den Fachregeln, lediglich die offenen Firstanfänge dürfen geschlossen werden. Die vermörtelten Firstziegel müssen zusätzlich mechanisch befestigt werden.

Trockenfirst Bei den Anfängen der Trockendeckung wurden die Firstziegel zunächst auf durchgehenden Firstlatten oder Firstbohlen festgenagelt. Hierfür wurden sie an ihrem schmalen Ende mit einem Nagelloch versehen, das später durch den folgenden Firstziegel überdeckt wurde. Zur Dichtung der Fuge zwischen Firstziegel und den Dachziegeln genügte das Auftragen eines Mörtelwulstes und ein einfacher Mörtelverstrich. Wichtig war, die Nagellöcher großzügig auszureiben, damit die rostenden Nägel nicht durch ihre Volumenvergrößerung den Ziegel zersprengten. Deshalb ging man später zur Drahtbefestigung über, wofür die Firstziegel auf der Innenseite eine Öse erhielten. Auch hier wurde nur noch von außen verfugt. Moderne Lösungen sind spezielle Firstelemente auf Firstlattenhaltern, bei denen die Belüftungsmöglichkeit des Daches eine große Rolle spielt.

Firstanfang, Firstende, Firstanschlußziegel Bei der Verwendung von normalen Firstziegeln werden die hier entstehenden Öffnungen, ähnlich wie an der Traufe, vermörtelt oder mit einer separaten Platte versehen. Später gab es besondere Formziegel mit angeformter Abschlußplatte und für Kreuzungs- und Eckpunkte von Firstlinien besondere Firstglocken, Kreuzungsstücke, T-Stücke und Firsteckziegel. Andere historische Lösungen waren die sich kreuzenden Windbretter als Pferdeköpfe, die über die Firstlinie hinausgezogen wurden und dadurch diesen kritischen Bereich schützten, oder auch Giebelstücke aus Ton, die an die Ortgangbretter genagelt wurden. Noch häufiger als Traufe und Ortgang sollte der First mit seinem Firstanfang und Firstende neben diesen funktionalen Aufgaben schmückenden und schützenden Ansprüche gerecht werden.

Firstanfang: Abschluß des offenen Hohlziegels und Schmuckelement zugleich.

Die oberste Reihe der Dachfläche am First, die sogenannte Firstschar, kann entweder mit normalen Flächenziegeln eingedeckt werden oder mit speziellen Formdachziegeln, die eine bessere Auflage für die Firstziegel bieten und gleichzeitig die Fugen zwischen Firstziegel und Dachfläche schließen, was früher durch große Mengen von Mörtel bewerkstelligt werden mußte. Dazu müssen sie zum Teil kürzer sein und besondere Kopfrippen und -wulste besitzen, die je nach Ziegelmodell unterschiedlich ausgebildet sind. Die Zahl der Varianten ist sehr groß und kann hier nicht weiter ausgeführt werden. Moderne Firstanschlußziegel besitzen meist Lüftungsöffnungen mit Verrippungen, die das Eindringen von Schlagregen und Schnee verhindern.

Ein Dachausschnitt mit vielen Details: Zwei übereinanderliegende, abgewalmte Dachflächen mit Graten, Walmflächen, Dachknick und Gesims. Kritisch ist der obere Anfallpunkt, wo sich die drei Dachflächen treffen. Gut sichtbar sind die Kronengebinde mit verkürzten Bibern an der Traufe und unterhalb des Gesimses sowie die konisch zulaufenden Gratziegel mit Wulst und der geschlossene Holziegel als Gratanfang.

Dachdetails: Grat, Walm, Kehle, Dachknick

Bei zusammengesetzten Grundrissen und gebrochenen Dachflächen werden die Dachdeckeraufgaben immer komplexer. Durch den Zusammenstoß verschiedener Dachflächen entstehen an den Schnittstellen Kehlen, Grate, Dachknicke und in der Fläche nicht mehr rechtwinklige, sondern spitz zulaufende Walmflächen, die den Material-, Zeit- und Kostenaufwand des Eindeckens steigen lassen und erhöhte Anforderungen an das handwerkliche Geschick des Dachdeckers stellen. Auch hier lassen sich eine Fülle von baulichen Lösungen aufzeigen.

Grat und Walm Unter einem Grat versteht man die höchste geneigte Schnittkante zweier Dachflächen, deren Traufen eine ausspringende Ecke bilden, wie dies zum Beispiel beim Walmdach der Fall ist. Man kann diese Grate mit Firstziegeln eindecken. Es gibt aber auch spezielle Gratziegel oder Sonderkonstruktionen. Da die Grate die Walmdachflächen begrenzen, werden diese Ziegel auch Walmziegel genannt, die Anfänge daher als Gratanfang oder Walmanfang, die angrenzenden spitzwinklig zulaufenden Dachflächen als Walm oder Walmfläche.

Eindeckung der Grate: Hohlziegel und Nürnberger Grat Grundsätzlich gelten für die Grate die gleichen Verlegemöglichkeiten wie bei der Eindeckung der Firste, also Vermörtelung oder Trockenverlegung. Damit der Grat schön gerade läuft und gut aussieht, ist es sinnvoll, diese Linie

nach der Schnur einzudecken und alle Gratziegel auf die gleiche Länge zu bringen.
Beim Mönch-Nonnendach stellt der sogenannte »Nürnberger Grat« eine Besonderheit dar. Auf einer hölzernen Unterkonstruktion über den Sparren und Latten liegt auf einem flachen Brett auf dem Gratsparren der Unterdächler und rechts und links von ihm auf einem jeweils aufstehenden Brett zwei Oberdächler, die über die Nonne hinweggreifen.

Gratanfang als Fechtel und Gehrung Eine handwerkliche Besonderheit beim Hohlpfannendach ist der Fechtel, ein fächerartiger Gratanfänger als Traufabschluß. Hierbei wird die Traufreihe um das ganze Dach herumgeführt, das heißt, der erste Gratziegel entfällt und wird durch die Zusammenführung von zwei dreiecksförmigen Gratspitzen der Ziegel-

Links der Nürnberger Grat beim Mönch-Nonnendach, der dem Wasser den Weg zeigt, und rechts der Fechtel als Gratanfang eines Hohlpfannendaches.

deckung der Traufreihe ersetzt. Dafür wird die linke Gratspitze so gedreht und zugerichtet, daß ihre Krempe genau mit dem Gratbrett und später mit den Gratziegelmitten fluchtet. Sie überdeckt damit die rechte Gratspitze schräg zum Wasserlauf. Dieses Prinzip findet man auch bei der Biberschwanzdeckung und wird dort als Gehrung bezeichnet.

Walmfläche: Ausspitzer und Gehrenziegel Für die schräg zulaufenden Walmflächen an den Graten müssen die normalen Flächenziegel vom Dachdecker vor Ort entsprechend der individuellen Schräge behauen werden. Für ihre Verlegung ist eine auf den Gratsparren aufge-

Links eine handwerklich aufwendige eingebunde Kehle auf einem Biberschwanzdach in Doppeldeckung, die die Dachflächen harmonisch einbindet. Rechts eine unterlegte Metallkehle auf einem Schuppenfalzziegeldach, bei der sich der schräge Schnitt als schwierig gestaltet und die die beiden Dachflächen deutlich voneinander trennt.

nagelte Gratlatte sehr hilfreich, an die die Ausspitzer oder Gehrenziegel so dicht wie möglich angepaßt werden müssen. Diese Gratausspitzer mit wasserabweisendem Schnitt sind gegen Abrutschen zu befestigen, was früher mit Mörtel geschah, heute aber meist mit mechanischen Befestigungen erfolgt.

Kehle: Wasserführende Verschneidungslinie Das Thema Kehlen im Ziegeldach ist sehr umfangreich und hat im Laufe der Baugeschichte zu so vielen Lösungen und Diskussionen geführt, daß an dieser Stelle nur die grundsätzliche Problematik ausgeführt werden kann und zur Weiterführung auf die einschlägige Literatur verwiesen werden muß, insbesondere was die handwerklich bedeutsamen Biberschwanzkehlen angeht.
Kehlen entstehen, wenn zwei geneigte und/oder gekrümmte, nicht parallele Dachflächen aneinanderstoßen, deren Traufen eine einspringende Ecke bilden. Die Fachregeln sprechen von wasserführenden Verschneidungslinien zweier Dachflächen. Sind die Neigungswinkel beider Dachflächen gleich, spricht man von gleichhüftigen Kehlen, ansonsten von ungleichhüftigen Kehlen. Der Neigungswinkel der Kehle ist stets kleiner als der Neigungswinkel der Dachflächen. Bei einer Dachneigung

von 14° beträgt zum Beispiel die Kehlsparrenneigung nur 10°. Die starke Wasserführung der Kehle durch die Kanalisierung der Niederschläge von beiden Dachflächen bei flacherer Neigung ist der Grund dafür, daß die handwerkliche Ausführung dieses Dachdetails besonders sorgfältig erfolgen muß.

Kehlen: Überdeckt/unterlegt oder eingebunden? Überdeckte oder unterlegte Kehlen, zwei Begriffe für dieselbe Art der Kehlengestaltung. Während man früher zumeist von unterlegten Kehlen sprach, gilt heute die überdeckte Kehle als fachsprachlich korrekt. Diese Kehle liegt im Gegensatz zur eingebundenen Kehle nicht in einer Ebene mit der Dachfläche, sondern die wasserabführende Kehle wird von beiden Seiten der Dachschrägen überdeckt, d.h. die Kehle liegt unter der Deckung der Fläche und kann daher aus einem anderen Material bestehen. In der Urzeit waren dies zum Beispiel ausgehöhlte Baumstämme; sehr bald übernahmen konkav verlegte Hohlziegel diese Aufgabe oder speziell angefertigte Formziegel. Diese überdeckten Kehlen trennen die Dachflächen optisch voneinander. Die wichtigsten Vertreter sind die überdeckte Metallkehle, die überdeckte Biberkehle, die Dreipfannenkehle und die Formziegelkehle. Die überdeckte Kehle kommt vorrangig bei Preßdachziegeln, Hohlpfannen und Mönch-Nonnendächern zum Einsatz.
Bei überdeckten Kehlen sind die anzupassenden Dachziegel parallel zur Kehllinie zu schneiden oder zu schroten. Auch hier gibt es wieder das Problem der Gierenziegel und der Ausspitzer, die auf der Unterkonstruktion einen festen Halt finden müssen. Der konstruktive Holzunterbau der Kehlen variiert mit der jeweiligen Kehllösung. Die einfachste Lösung ist die, daß man eine Bohle als Grund der Kehle auf den Kehlsparren setzt.
Die eingebundene Kehle wird stets in derselben Ziegelart wie die Fläche ausgeführt und erweckt dadurch den Eindruck, daß die Dachflächen ineinanderfließen. Sie ist die Domäne der kleinteiligen, flachen Biberschwanzziegel, die sich ideal an alle Rundungen anpassen. Die Biberschwanzkehlen in ihren vielen Varianten gelten als traditionelle, handwerkliche Höchstleistungen.

Die wichtigsten eingebundenen Kehlarten sind die eingebundene Biberkehle, die für alle Decktechniken des Biberschwanzdaches in Frage kommt, die Schwenkziegelkehle, die nur bei der Biber-Kronendeckung möglich ist, und die eingebundene Nockenkehle. Alle diese Kehlen können gleichhüftig und ungleichhüftig ausgeführt werden.
Historisch bedeutsame Varianten sind darüberhinaus die Meschedekehle, die Böhmische Kehle, die Herzziegelkehle, die Einfäller- oder versetzt eingebundene Kehle und die eingebundenen Schnittkehle, die im Großraum Magdeburg verbreitet ist.

Die überdeckte Metallkehle Am wenigsten aufwendig ist die überdeckte Metallkehle, deren Zinkblech durch Halterungen in ihrer Lage gesichert wird. Seitlich werden die Flächenziegel abgeschrägt, was insbesondere beim Falzziegel nicht immer schöne Kanten ergiebt. Deshalb entwickelte Ludowici um 1890 einen Kehlanschlußziegel mit umgebogenem Rand, in den die Flächenziegel eingeschoben wurden. Sie über-

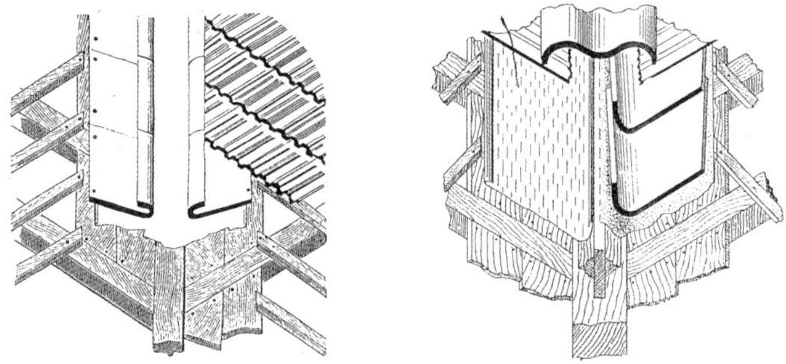

Zwei Ausführungen einer überdeckten Metallkehle mit Formziegeln. Links die »alte Hohlkehle« von Ludowici, bei der das Metall noch sichtbar ist, rechts die verbesserte Lösung, die »neue Hohlkehle«, bei der ein spezieller Kehldeckel die Metallrinne komplett verdeckte.

ragten beiderseits die Metallkehle und wurden auf die Holzschalung genagelt. Bei dieser später »alte Hohlkehle« genannten Lösung war das störenden Metall immer noch sichtbar. Eine Weiterentwicklung war 1902 die geteilte und verdeckte »neue Hohlkehle«, die aus zwei seitlichen Kehlziegeln und einer Kehlplatte bestand. Ein hochkant stehendes Brett teilte hierbei die Kehle und diente gleichzeitig als Auflage des Kehldeckels, der die Metallrinne verdeckte.

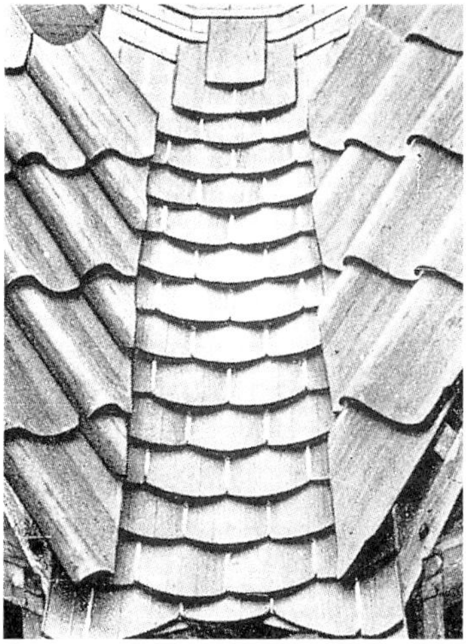 

Links Modell einer überdeckten, vermörtelten Biberkehle. Hierfür wird die Kehle unterschalt, ein Kehlbrett von mindestens 25 cm als Übergang in den Winkel genagelt und mit drei kurzen Latten versehen. Rechts daneben der Aufbau einer Dreipfannenkehle.

Die überdeckte Biberkehle Durch ihre Verschalung mit Kehlbrett und gerundeter Lattung ist die überdeckte Biberkehle handwerklich recht anspruchsvoll. Sie empfiehlt sich am ehesten bei profilierten oder verfalzten Dachziegeln. Die Breite der überdeckten Biberkehle ist seit Fachregel 1997 formatabhängig – bei Format 155/375 mm mindestens fünf Biberbreiten, bei Format 180/380 mm mindestens vier Biberbreiten – und muß in Dreifachdeckung erfolgen. Sie kann in Trockendeckung auf Leisten, angedrahtet ohne Nasen oder in Mörteldeckung ausgeführt werden.

Die Dreipfannenkehle Die Dreipfannenkehle beim Hohlpfannendach ist eine technisch ausgereifte, aber trotzdem seltene Lösung, die am ehesten im nördlichen Niedersachsen zu finden ist. In der Breite von etwa 2 1/2 Pfannen werden in die Kehle Bretter genagelt und mit Pappe abgedeckt. Darauf folgt die Lattung und die Aufbringung der Pfannen in Aufschnittdeckung. Die mittig liegende Hohlpfanne wird als »Wasserziegel« bezeichnet, die beiden äußeren heißen linker und rechter Kehlziegel. Die rechte Kehlpfanne muß bei rechtskrempenden Hohlpfannen um 180° gedreht werden, um die notwendige Überdeckung auf der Fläche zu erreichen. Hierfür muß die im Überdeckungsbereich liegende Nase entfernt werden. Die Ziegel der Dreipfannenkehle werden in Mörtel verlegt bzw. je nach Unterkonstruktion auch genagelt. Für

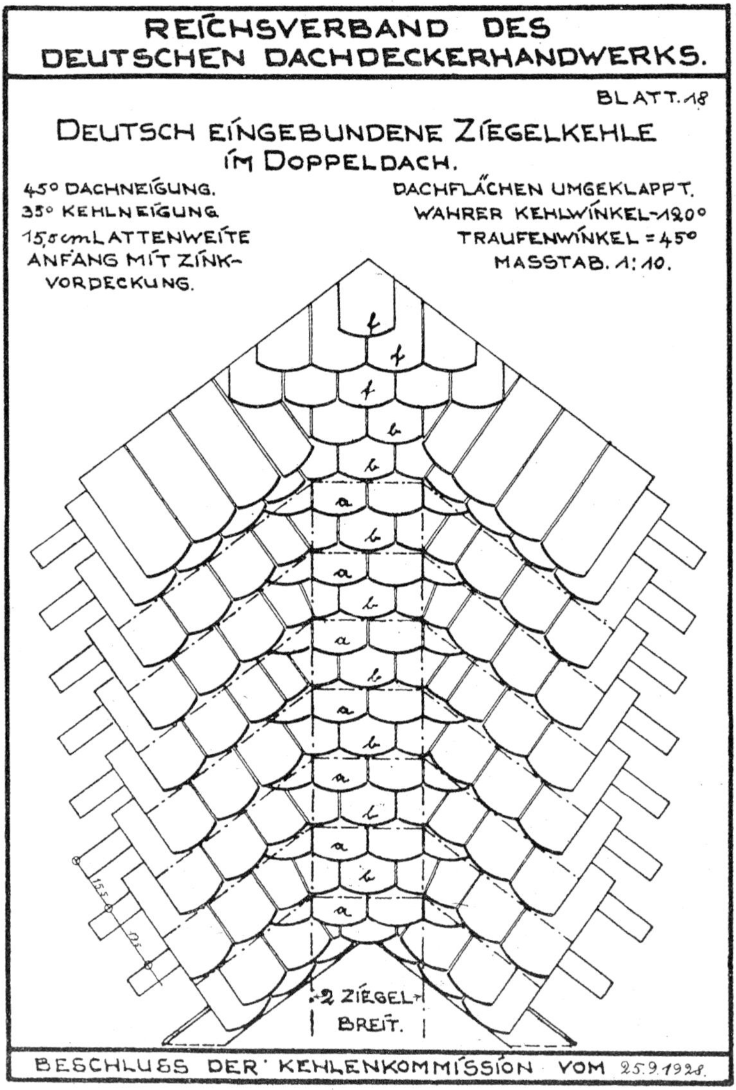

Mit diesem Beschluß der Kehlenkommission wurde am 25.September 1928 die böhmische Kehle, für die es noch keine festen Regeln gab, durch die die deutsch eingebundene Biberschwanzkehle abgelöst. Hier der Plan einer zwei Biber breiten Kehle mit einer Kehlteilung von 1:2 oder auch 2:4, für eine Biberschwanz-Doppeldeckung.

verfalzte Hohlpfannen gibt es eine entsprechende Konstruktion. Das Hauptproblem dieser Deckung war früher die saubere Bearbeitung der schräg verlaufenden Deckschicht. Dies ist mit den heutigen modernen Schneidwerkzeugen sehr viel leichter geworden.

Die Formziegelkehle Die überdeckte Kehle mit Formziegeln ist in der einfachsten Form die Verwendung eines Nonnenziegels. Der besseren Wasserführung wegen gab es später breitere Kehlziegel, die mit verzinkten Nägeln auf die Kehlschalung ohne Lattung aufgenagelt wurden. Mit der Einführung der Rinnenfalzziegel ab 1914 konnte man bei Falzziegeldächern auf die Metallrinne erstmals völlig verzichten. Diese im Winkel von 135° geknickten Kehlziegel paßten für alle Dächer ab 45° abwärts und waren auch in Sondermaßen erhältlich. Später kamen Falzkehlziegel mit tief ausgerundeter Mulde auf den Markt, die sich auch in der Länge verschieben ließen.

Die eingebundene Biberschwanzkehle Die Wahl der Kehldeckbreite ist Geschmackssache, jedoch gilt die Regel, kurze Kehlen schmaler und lange Kehlen breiter einzudecken. Sie kann bei Einfamilienhäusern zwei Biber und bei Kirchendächern drei bis vier Biber breit sein.
Das Hauptproblem der eingebundenen Kehlen liegt darin, daß die Zahl der Kehlschichten wegen der geringeren Kehlsparrenneigung größer sein muß als die Zahl der Deckschichten. Bei einer Kehlteilung von 2:3 entsprechen drei Kehlschichten in der Höhe zwei Deckschichten; bei sehr steilen Dächern und größeren Lattenabständen kann diese Teilung auf 2:4 ansteigen, um die Regensicherheit aufrechtzuerhalten. Der hohe handwerkliche Anspruch der eingebundenen Biberschwanzkehle kommt bereits in dem Fachvokabular zum Ausdruck, das den interessierten Laien neugierig machen könnte, sich diese eingebundenen Kehlen einmal genauer anzuschauen: Kehlschalung, Kehlmittellinie, Kehlbiber, Wasserbiber, Ausspitzer, Einspitzer, Unterläufer, Übergangsziegel als An- und Absetzer, Anschlußbiber, Kehldeckschicht, Kehllagerschicht, Unterläufer, Überläufer, Kehlauslaufschichten. Die Ausführung sollte er dann aber lieber einem Fachmann überlassen.
Die eingebundene Biberschwanzkehle war die Domäne der böhmischen Dachdecker und hatte ihr Hauptverbreitungsgebiet in Sachsen

und den angrenzenden Gebieten. Durch die spezielle wirtschaftliche Situation im Osten war diese im Westen in Vergessenheit geratene Handwerkskunst dort auch noch nach dem zweiten Weltkrieg lebendig geblieben. Deshalb ist es heute ein Anliegen vieler Gruppierungen aus Industrie, Handwerk und Denkmalpflege, die Vielfalt der eingebundenen Biberschwanzkehlen wieder auf die Dächer zurückzuholen.

Dachknick: Mansard- und Schleppdachknick Unter dem Dachbruch oder Dachknick versteht man die am Übergang zweier verschieden geneigter Dachflächen entstehende waagerechte Dachkante. Den Übergang von der flachen zur steileren Dachneigung bezeichnet man als Mansardknick oder positiven Dachknick, den von der steileren zur flacheren als Schleppdachknick oder negativen Dachknick. Dieser entsteht auch durch die Konstruktion eines Aufschieblings zur Verbreiterung des Dachüberstands. Am Schleppdachknick kommt man oft ohne besondere Formziegel aus und kann durch Anordnung von Doppellatten im Knick den Neigungsausgleich erreichen. Bei größeren Neigungsunterschieden kommen auch entsprechende negative Formziegel in Frage oder eine Vermörtelung der Querfugen.
Schwieriger wird es beim Mansardknick, der stets eine Unterbrechung der Dachhaut darstellt und daher eine besondere Problemstelle ist. Bei historischen Gebäuden war es die Regel, das obere, flachere Dach in einem Dachgesims mit Stirnbrettern an den Balkenköpfen auslaufen zu lassen, so daß sich optisch zwei übereinanderliegende Dachflächen ergaben. Die Zahl der Ausführungsmöglichkeiten war hierbei sehr groß. Entscheidend ist bei allen Konstruktionen, daß die Traufziegel der oberen Dachfläche weit genug vorkragen, um das Regenwasser gut auf die untere Dachfläche abzuleiten.
Schon früh gab es Versuche, dieses trennende Gesims zu vermeiden und das Dach in einer Fläche umlaufen zu lassen. Wurde die Dachbruchlinie möglichst dünn gehalten, so konnte sie mit einem einfachen Bruchblech abgedichtet werden. Eine keramische Lösung waren konvex gebogene Biber, wobei man je nach Größe des Knickwinkels zwei bis vier Gebinde gebogener Ziegel benötigte. Heute gibt es praktisch für jedes Ziegelmodell besondere Formziegel für den Dachknick, die sogenannten Dachbruch- oder Dachknickziegel.

Dieses Biberschwanzdach in Doppeldeckung, dessen Mansardknick mit einem Dachgesims gelöst ist und eine weich geschwungene Fledermausgaube zur Belichtung der Dachräume besitzt, ist stellvertretend für traditionelle handwerkliche Lösungen auf dem Dach.

Gauben und Türme: Die Hohe Kunst des Dachdeckers

Bei der Eindeckung von Gauben und Türmen wird die wechselseitige Arbeit von Zimmermann und Dachdecker besonders augenscheinlich. Kann der Dachdecker die Aufgaben der Belichtung und Belüftung mit seinen eigenen handwerklichen Fähigkeiten lösen, so gestaltet sich seine Eindeckarbeit in der Regel einfach. Er kann z. B. mit geringem Aufwand einfache Belüftungslöcher machen, indem er die Ziegel anhebt und mit Öffnungen versieht oder vorgefertigte keramische Kappfenster und Gauben einbaut. Auch kleinere Fensteraufbauten bereiten ihm weder bei der Lattung noch bei der Eindeckung Schwierigkeiten. Er deckt sie meist in den Arbeitsgängen der Hauptdachfläche durch. Wenn es jedoch darum geht, Fledermausgauben einzudecken oder einen Turm auf achteckigem Grundriß, dann ist dies Dach-Ästhetik pur, die vom Dachdecker sehr viel Planung, Produktkenntnis und handwerkliche Erfahrung bei der Durchführung verlangt. Alle Dachwölbungen und Dachaufbauten sollten mit der Dachfläche harmonieren und eher zu klein als zu groß dimensioniert sein.

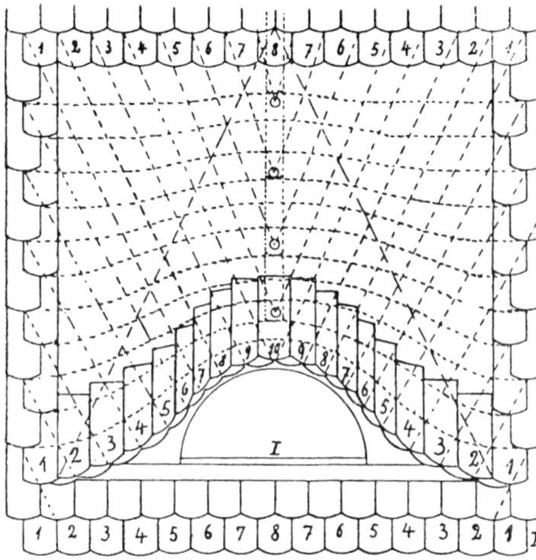

Gestaltung von Belichtungs- und Belüftungsöffnungen. Eine Aufgabenstellung, zwei Handwerkslösungen: Links eine rein keramische Ziegellösung, die holländische Gaube L11 von Ludowici, passend zum Dachziegel Z2, rechts eine Dachdecker-/Zimmermannslösung, die die Dachaufwölbung durch einen speziellen Holzunterbau ermöglicht. Die Konstruktionszeichnung zeigt eine Fledermausgaube, bei der die waagerechten Hilfslinien den Weg der Deckgebinde kennzeichnen, die strahlenförmigen Linien die Verbandslinien, die die Tropfstellen der einzelnen Ziegel miteinander verbinden. Für die Ausbildung der Gaube müssen vier zusätzliche Ziegel herausgedrückt werden.

Gauben zur Belichtung und Belüftung Solange das Dach nur als Boden- und Speicherraum diente, hatten Gauben vorwiegend die Aufgabe der Be- und Entlüftung. Dafür genügten schon sehr niedrig gehaltene Schleppgauben und ganz flache Fledermausgauben, mit denen die notwendigen Dachdurchbrechungen auf ein Mindestmaß beschränkt blieben. Bei richtiger Anordnung, Form und Ausführungsarbeit und Abstimmung auf die verwendete Ziegelart ergibt sich die Schönheit einer Dachgaube und ihre gestalterisch-harmonische Einfügung in das Dach von selbst. Rings um die Gauben sollte genügend Dachfläche erhalten bleiben, daher sind Gauben in der Nähe von First, Grat oder Ortgang ebenso zu vermeiden wie zu enge Abstände zu anderen Gauben. Die drei Haupttypen der Gauben sind die Schleppgaube, die Sattelgaube, mit Giebel oder Abwalmung und die Fledermausgaube. Für den Einbau ist eine Dachneigung je nach Gebäudetiefe von mindestens 40° bis 45° Voraussetzung. Im Zweifelsfall richtet man sich nach der Mindestdachneigung der Ziegelart und oder nach den Angaben des Herstellers.

Die Schleppgaube Diese einfache Gaube mit Pultdach und senkrechten Seitenflächen eignet sich für alle Dachziegelarten, also gleichermaßen für Hohlziegel, Pfannen oder Biber. Da die Ziegelreihen des Hauptdaches auf dem Schleppdach geradlinig weiterlaufen, muß die Gaubenbreite stets ein Mehrfaches der Deckbreite der Ziegel, abzüglich des beiderseitigen Dachüberstandes betragen.
Für die Gestaltung der Dachkanten gilt grundsätzlich das Gleiche wie für den Ortgang des Satteldaches. Am weitesten verbreitet sind das Windbrett, mit oder ohne winkelförmigem Abschluß über der Ziegeldeckung, die Zahnleiste, aber auch spezielle Ortgangziegel, die jedoch die Gefahr bergen, daß sie von der Größe her zu plump wirken. Beim Übergang des Schleppdaches in das Hauptdach können Dachbruchziegel verwendet werden, die eine regensichere Eindeckung gewährleisten.

Neben- und übereinander finden sich auf diesem Biberschwanzdächern Schleppgauben und Sattelgauben.

Die Sattelgaube Diese Gaube mit Satteldach kann ebenfalls mit allen Ziegelarten gedeckt werden, doch sollte, insbesondere bei stark profilierten Dachziegeln, die Sattelfläche nicht zu klein sein und mindestens drei Deckschichten aufnehmen können. Bei der Biberschwanzdeckung ist es möglich, sowohl die Sattelkehle als auch die Wangenkehle vollständig in Ziegel einzudecken, wofür jedoch spezielle Unterkonstruktionen, wie bei der eingebundenen Biberschwanzkehle beschrieben, notwendig sind. Es können auch gebogene Biber verwendet werden.
Die Seitenflächen können bei kleinen Gauben verputzt oder mit Holz verschalt sein. Es gibt auch Regionen, in denen, ähnlich wie bei der Schleppgaube, die Eindeckung mit Schiefer Tradition hat. Biberschwanz-

ziegel werden gern verwendet, auch wenn sonst ein anderer Ziegel auf dem Dach liegt. Bei Pfannendächern kommen sowohl Normalpfannen als auch Kleinpfannen in Frage.

Die Fledermausgaube Die Fledermausgaube ist eine Dachanhebung der Fläche und besitzt daher anders als die bisher beschriebenen Dachaufbauten keine seitlichen Wangen. Die Eindeckung mit Hohlpfannen im Norden oder mit Biberschwanzziegeln im Süden und Osten gilt heute als üblich und regelgerecht, während der Einsatz anderer Dachziegel in der Regel eine Machbarkeitserklärung des Herstellers voraussetzt. Möglich sind auch Fledermausgauben mit Krempziegeln und Falzziegeln, oder auch solche mit Mönch- und Nonnenziegeln.
Die geschweifte Grundform ist in den verschiedenen Regionen in vielfältigen Abwandlungen anzutreffen. Bei dem Verhältnis von Breite zur Höhe des Stirnbogens in Abhängigkeit vom gewählten Dachziegel darf zum Erhalt der Regensicherheit ein bestimmter Grenzwert nicht unterschritten werden. Die Neigung der Scheitellinie muß über der entsprechenden Regeldachneigung liegen, und der eingeschlossene Winkel zwischen Gaubenscheitellinie und Hauptdachfläche sollte 12° nicht überschreiten. Für eine fachgerechte Verschweifung ist bei Hohlpfannen und Dachziegeln in Biberform ein bestimmtes Mindestverhältnis von Breite (B) zur Höhe (H) der Gaubenstirnwand einzuhalten. Für Biber gilt ein Grenzwert von B/H von 5:1, bei Hohlpfannen von 8:1.
Während Dachdecker früher solche Gauben nach ihren Erfahrungswerten eindeckten, erfolgt heute die regelgerechte Konstruktion einer Fledermausgaube Schritt für Schritt unter Berücksichtigung der Grenzwerte und der vorhandenen Dachfläche sowie der gewählten Gaubenbreite und -höhe, wobei die Ansatzpunkte der Radien für Verschweifung und Stirnbogen sowohl grafisch als auch rechnerisch ermittelt werden können. Die grafische Konstruktion folgt dem Prinzip der Drittelung der halben Gaubenbreite. Für die rechnerische Lösung gibt es Formeln und Tabellen.
Ganz entscheidend wird die Qualität der Fledermausgaube durch die Unterkonstruktion beeinflußt, denn jede Unregelmäßigkeit der Traglattung zeichnet sich inbesondere bei der Biberschwanzdeckung als Knick oder Beule ab.

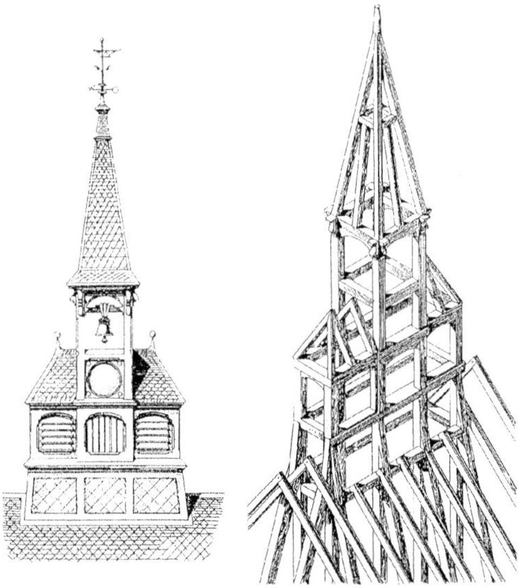

Dachreiter und Türme auf quadratischem oder runden Grundriß fordern die höchste Leistung von Zimmermann und Dachdecker.

Dachreiter, Laternen und Türme Dachreiter sind kleinere, auf dem First eines Hauptdaches aufsitzende Türmchen mit Dächern von außerordentlicher Formenvielfalt. Sie dienten meist der Aufnahme von Glocken und Uhren und mußten vom Zimmermann in das Dachwerk eingebunden werden. Befanden sie sich am Scheitel eines Kuppel- oder Zeltdaches, so waren sie meist rund oder polygonal und wurden dann als Laternen bezeichnet. Das Wesen der Türme liegt nicht in ihrer grundsätzlich anderen Dachform, sondern ist eine Frage der Proportionen, also der Höhendimension im Vergleich zur Grundfläche. Die Formenvielfalt der Turmdächer ist unerschöpflich. Das Zeltdach unterscheidet sich prinzipiell nicht von der Eindeckung des Walmdaches, aber die Rundungen, Schweifungen und Krümmungen des Kegel- und Zwiebeldaches erfordern besondere Decktechniken und/oder spezielle Formziegel.

Die Unterkonstruktion Die Unterkonstruktion für eine Kegeldeckung setzt eine eingehende und durchdachte Planung von Architekt, Zimmermann und Dachdecker voraus. Dabei hat sich eine senkrechte Schalung über Ringsparren bewährt, ansonsten werden zwischen den Sparren Zwischenlatten eingefügt und die Traglattung reifenförmig angebracht, was sich am ehesten durch kurze Einzelstücke zwischen den Sparren und Hilfsleisten oder durch gebogene Leisten bewerkstelligen läßt. Stöße sind gut abzurunden, damit sich beim Eindecken keine unschönen Sperrungen ergeben.

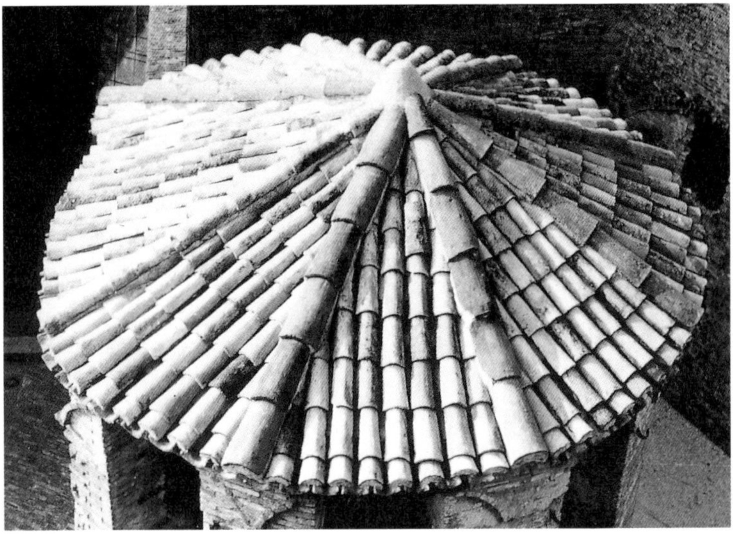

Bei diesem mit Mönch- und Nonnenziegeln eingedeckten Kegeldach sind die stumpfen Grate mit speziellen Gratziegeln eingedeckt, während die Ziegelreihen der Fläche an den Schnittkanten schräg auslaufen.

Gratausbildung: Stumpf oder scharf? Je nachdem, ob man die Gratlinien der Teilflächen besonders betonen oder nicht hervorheben möchte, bietet sich die Eindeckung mit einem stumpfen oder einem scharfen Grat an. Werden ähnlich wie bei der Eindeckung des Walmdaches für die Kanten der sich schneidenen Teilflächen Gratziegel verwendet, so spricht man von einem stumpfen Grat, der die Dachkanten als gestalterisches Mittel einbezieht. Dies kann zum Beispiel bei der Eindeckung mit den stark profilierten Mönch- und Nonnenziegel, wie die obige Abbildung zeigt, sehr reizvoll sein. Ein völlig anderes Deckbild erreicht man mit dem scharfen Grat, bei dem die an der Gratfuge liegenden Ziegel möglichst nah aneineinander geschrotet werden. Dadurch wirkt die Gratlinie ruhig und wie eingebunden. Die Abdichtung der Gratfuge erfolgt durch unterlegte Metallstreifen und Vermörtelung.

Kegeldach: Regelmäßige oder unregelmäßige Eindeckung Eine andere Decktechnik besteht darin, die Turmdachfläche nicht in einzelne Teildreiecke aufzuteilen, sondern sie als eine Fläche in durchgehenden Reihen von unten nach oben einzudecken. Hierbei besteht das Problem

darin, die sich verjüngende Ziegelreihen durch konischen Zuschnitt der einzelnen Dachziegel, durch Übersetzungen oder durch entsprechende Teil- oder Formziegel zu bewerkstelligen.
Bei der regelmäßigen Eindeckung beginnt man mit vollbreiten Bibern, die in den weiteren Reihen konisch nach der Schnürung zur Turmspitze zugeschnitten werden. Sind die Biber dann nur noch einen halben Kopf breit, so werden sie wieder mit einem ganzen Ziegel übersetzt. Je nach Ausgestaltung des Daches muß bis zur Spitze mehrmals übersetzt werden. Eine mögliche Variante besteht darin, je zwei Biber nur an ihren Innenseiten zu bearbeiten und jeweils in der Mitte am Segment zusammenlaufen zu lassen. So entsteht der optische Eindruck, als ob bis zur Spitze mit Rundschnittbibern eingedeckt sei.
Bei der unregelmäßigen Deckung beginnt man ebenfalls mit vollbreiten Bibern. Bei gleicher Ziegelbreite läuft die Deckschicht aus der Horizontalen heraus. Nähert sich dann die darüberliegende Fuge bis auf etwa 4 cm der darunterliegenden Deckschicht, wird mit einem entsprechenden Ziegel übersetzt. Anstelle der auf der Baustelle geschnittenen Ziegel werden heute auch Formbiber als Ausgleichsbiber sowie Dreiviertelbiber, teilweise gewölbt, angeboten, die einfache und schnelle Übersetzungen ermöglichen, wodurch ein glattes Anliegen an die Kegelrundung sichergestellt wird. Im Vergleich zum regelmäßigen Verband haben bei dieser Decktechnik die Biber jedoch unterschiedliche Fußbreiten, was das Gesamtbild der Dachfläche beeinträchtigen kann.

Zur Eindeckung von Kegeldächern gibt es heute Bibersets, mit denen sich alle Geometrien schnittfrei eindecken lassen. Im oberen Drittel des Kegels sind die Ziegel zusätzlich noch längs gewölbt, damit sie sich nicht sperren.

Bis zum Ende des letzten Weltkrieges wurden Dächer in Deutschland eher emotionslos betrachtet, und sie waren auch noch kein Thema für die Denkmalpflege, denn es war selbstverständlich, daß sich diese in einem ständigen Reparatur- und Veränderungssprozeß befanden. Es war keine Seltenheit, daß sich auf einem Dach viele Generationen von Ziegeln befanden. Lebendige und regional unterschiedliche Dachlandschaften boten ein lebhaftes und variantenreiches Bild. Es herrschte kein Mangel, weder an Ersatzmaterial noch an handwerklichem Können, defekte Dachteile zu reparieren und einzelne Ziegel aus Zweitverwendung oder Neumaterial in das Gesamtgefüge zu integrieren. Eine Zäsur in dieser Entwicklung waren die Zerstörungen durch den Zweiten Weltkrieg. Preisgünstige Ersatzmaterialien führten dazu, daß immer häufiger komplette Dachdeckungen ausgetauscht wurden, wodurch auch die Überlieferung von traditionellen Handwerkskenntnissen verloren ging. Reparatur galt als etwas Minderwertiges, geschätzt wurde das Neue, Moderne, Pflegeleichte. Seit den siebziger und achtziger Jahren machte sich erstmals wieder ein Wandel bemerkbar. Im Zuge der Trendwende zugunsten natürlicher und ökologisch vertretbarer Baustoffe waren Dachziegel aus Ton wieder im Aufwind, und die Zweitverwendung von historischen Baustoffen im Sinne der Schonung von Ressourcen und Entlastung von Deponien erhielt eine Chance, und mit ihr die Bergung und Wiederverwendung von historischen Dachziegeln.

Ziegeldächer im Alter: Nicht nur Patina

Obwohl das Dach durch seine exponierte Lage am stärksten den Witterungseinflüssen ausgesetzt ist, ist die Langlebigkeit von Tondachziegeln bekannt. Gegenüber allen anderen Bedachungsmaterialien hat der Tondachziegel zudem die Fähigkeit, in Schönheit zu altern. Der

Eine bauliche Situation, die heute selten geworden ist: Bewahrung originaler historischer Bausubstanz in Gestalt des seltenen Krempziegels mit schwalbenschwanzförmigem Fuß als Behang eines Pfarrhauses in Witzenhausen-Gertenbach, Reparatur nur soweit wie nötig durch Ersatz der beiden unteren Reihen mit einem anderen Krempziegel und Lagerung zur späteren Wiederverwendung von glasierten Muldenfalzziegeln.

durch Witterungs- und Umwelteinflüsse bewirkte Alterungsprozeß läßt die poröse Oberfläche der Ziegel patinieren, ohne seine guten Produkteigenschaften zu verändern. An diesem Alterungsprozeß sind physikalische, chemische und biologische Vorgänge beteiligt.

Nutzungsdauer einer Ziegeldeckung Die Nutzungsdauer einer Ziegeldeckung wird heute meist mit 50 Jahren angenommen. Historische Erfahrungswerte, die natürlich von einer Fülle von Einzelfaktoren abhängig sind, belegen aber eine teils weit höhere Lebensdauer. Sie liegt gemäß einer Umfrage des Rheinischen Amt für Denkmalpflege Pulheim bei Falzziegeln und Strangfalzziegeln bei mindestens 75 Jahren, bei unglasierten Biberschwanzziegeln, Kirchenbibern, Krempziegeln, Hohlpfannen, Mönch- und Nonnenziegel sowie bei Doppelmuldenfalzziegeln bei mindestens 100 Jahren. Deren glasierte Varianten – sie werden daher oft als der Tod des Dachdeckers bezeichnet – liegen sogar weit über 100 Jahre auf dem Dach.
Es gibt mittelalterliche Dächer, die noch heute ihre ursprüngliche Ziegeldeckung aus der Zeit um 1300 besitzen. Ein Beispiel hierfür ist das Salemer Münster mit noch voll funktionsfähigen Dachziegeln, die gut 700 Jahre alt sind.

Ein Krempziegeldach in Rudolstadt/Thüringen, dessen handgestrichene Ziegel auch nach mehr als 100 Jahren in gutem Zustand sind.

Patina Beim Dachziegel aus Ton setzt der Alterungsprozeß sehr bald ein und verläuft kontinuierlich und zügig. Trotzdem behält er dabei seine Fähigkeit, als Deckstoff zu dienen, bei und bedarf hierfür keiner besonderen Pflege oder Erneuerung. Die Bezeichnung Dachhaut läßt den Ziegel zurecht als einen lebendigen Baustoff erscheinen, der genau wie Mensch, Tier und Pflanze einem naturgegebenen Lebensrhythmus unterworfen ist.

Zwei unterschiedliche Oberflächenveränderungen von Dachziegeln: Links Flechtenbewuchs auf Hohlpfannen, der durch Formenreichtum und interessante Färbungen auffällt; rechts eine Oberflächenpatinierung durch Rußemissionen, die den naturroten Krempziegel an den nicht überdeckten Bereichen mit einer dunkelbraunen Kruste überzogen hat. Die Lebensdauer der Dachziegel wird durch diese Patina nicht eingeschränkt.

Das Patinieren ist nicht nur ein optisch-ästhetischer Effekt, sondern bewirkt darüber hinaus, daß anfänglich stark poröse Tondachziegel auf dem Dach nachdichten. Bei Dachziegeln, die längere Zeit der Bewitterung ausgesetzt waren, ist dies leicht erkennbar. Der nicht überdeckte, auf der Dachfläche sichtbare Teil des Ziegels ist farblich deutlich dunkler und weist bei Versuchen eine erhöhte Wasserundurchlässigkeit auf. Aus diesem Grunde ist die Erhaltung der Patina bei historischen Dachziegeln sowohl aus ästhetischen als auch praktischen Gründen notwendig.

Ein bäuerliches Anwesen bei Nauenburg an der Elbe: Der Bestand dieses Dachziegelbehangs aus roten und gelben Krempziegeln im Schachbrettmuster ist deutlich gefährdet. Gebrochene Ziegel und Fehlstellen, Ersatz mit Falzziegeln und Hohlpfannen weisen darauf hin, daß mangelndes Bewußtsein für die Schönheit dieser Giebelwand ebenso wie fehlende finanzielle Mittel wahrscheinlich in Kürze ihren Tribut fordern werden.

Naturbelassene Ziegel zeigen partielle Aufhellungen oder dunkle Verkrustungen durch Umwelteinflüsse, aber auch Fließspuren an Kehlen, Rinnen oder unter Metallaufbauten. Bei glasierten Ziegeln tritt wie bei Gläsern eine in der Regenbogenskala changierende Oberflächenwirkung auf, bei Krakelee-Rißbildung kommt es zu einer Verdunkelung des Scherbens im Rißbereich. Auch engobierte Ziegel verändern sich im Alter. Die Oberfläche verstumpft, insgesamt kommt es zu einer leichten Aufhellung.

Biotope auf dem Dach Ein Teil des Alterungsprozesses stellt die Grünbildung dar, worunter man die Ansiedelung von Pionierpflanzen auf einem vegetationslosen Untergrund versteht. In der Reihenfolge ihres potentiellen Auftretens handelt es sich um Grünalgen, Flechten, Moose und Blütenpflanzen. Diese Biotope lassen stets den Rückschluß zu, daß die Umwelt mit nur wenig Schadstoffen belastet ist. Grünbildung ist daher kein Materialfehler des Dachziegels, sondern im Gegenteil ein Zeichen für die Unbedenklichkeit dieses Baustoffs. Auch die Angst, die Langlebigkeit der Dachziegel könne dadurch beeinträchtigt werden, ist unbegründet, wie der Bewuchs auf jahrhundertealten historischen Dachziegeln beweist.

Dieses landwirtschaftliche Nebengebäude ist bereits einsturzgefährdet. Der konstruktive Unterbau aus Holz ist nicht mehr tragfähig, aber die einzelnen Dachziegel könnten noch geborgen und wiederverwendet werden.

Denkmalpflege: Bewahren und Erhalten

In der Bundesrepublik Deutschland fallen Denkmalschutz und -pflege unter die Kulturhoheit der einzelnen Länder. Die Durchführung der Maßnahmen erfolgt auf der Basis eigener, länderspezifischer Denkmalschutzgesetze und spezieller Erhaltungssatzungen, die sich auf historische, technische, künstlerische, bauliche und städtebauliche Denkmale vom Einzelobjekt bis zum Flächendenkmal, unter Einbeziehung der Ortsbilder und Landschaftsräume, beziehen. Darüber hinaus berücksichtigen die Landesbauordnungen und einschlägige Baugesetze den Gedanken des Denkmalschutzes ebenso wie örtliche Gestaltungssatzungen als ergänzendes Baurecht.

Erhalt des historischen Originals Alle denkmalpflegerischen Anforderungen leiten sich aus dem gesetzlichen Auftrag der Substanzerhaltung von Baudenkmälern ab. Viel zu schnell werden heute komplette Dachdeckungen weggeworfen; zu selten wird überlegt, ob eine Ergänzung genügt oder durch Umdeckung und Teilerneuerung ebenfalls eine akzeptable Lösung gefunden werden kann. Hauptaufgabe der Denkmalpflege ist es daher, nur solche Mängel zu beseitigen, die dem Bauwerk schaden oder die die Tendenz haben, sich weiter auszubreiten. Dem Ausmaß der Mängel am Dach entsprechen daher die abgestuften Eingriffsmöglichkeiten Reparatur, Umdeckung und Erneuerung einer Dachdeckung.

Der reparaturbedürftige Grüne Turm in Ravensburg war mit 40 verschiedenen Turmbibern der letzten fünf Jahrhunderte gedeckt. Zur Erhaltung der Einheit von Ziegel, Lattung und Sparren mußten die Schäden ohne Abnahme der Ziegel kartiert werden. Die speziell angefertigten Reparaturziegel werden hier wieder traditionell mit Kalkmörtel verlegt.

Ist die Dachdeckung selber die primäre Denkmaleigenschaft, handelt es sich also zum Beispiel um ein seltenes Krempziegeldach mit Schwalbenschwanzfuß, das die Denkmaleigenschaft eines Gebäudes begründet, so hat die Denkmalpflege den Auftrag, den Gesamtbestand an Dachziegeln um jeden Preis zu erhalten. Daher darf dieses Dach nur mit größter Sensibilität reparariert und nicht neu eingedeckt werden. Ersatzziegel sind aus Rückbau zu besorgen oder gegebenfalls als Replikate neu zu fertigen.

Deutlich geringer sind die Anforderungen, wenn das Dach nur Teil eines Denkmals ist. Hier gilt es im Sinne der Materialgerechtigkeit als ausreichend, wenn eine Neudeckung im gleichen Material, also wiederum aus gebranntem Ton und in der gleichen Form und Farbe erfolgt. Es müssen also zum Beispiel wieder gleichfarbige, engobierte Hohlpfannen in den vorgefundenen Abmessungen gedeckt werden.

Sind dagegen historische Deckungen lediglich Teile eines städtebaulichen Ensembles, so reicht bereits der Erhalt des optischen Augenscheins aus. Somit ist möglich, eine Neueindeckung vorzunehmen und anstelle der unverfalzten Hohlpfanne zum Beispiel auf Hohlfalzpfannen auszuweichen.

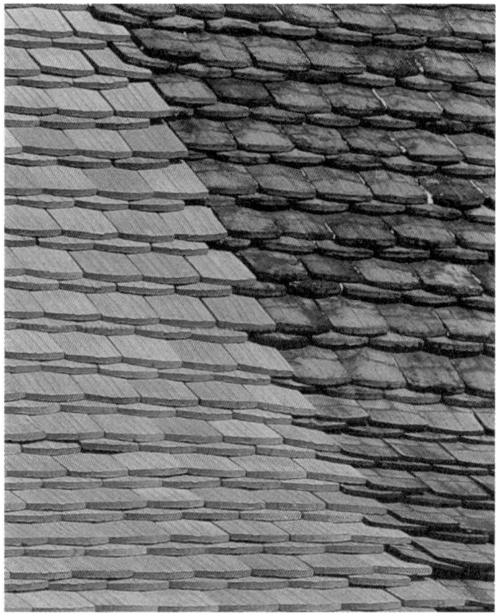

Müssen einzelne Dachziegel ausgetauscht werden und sind gleichartige Altziegel nicht beschaffbar, so sind Reparaturziegel aus neuer Fertigung der letzte Ausweg. Sind es nur einige wenige Dachziegel, so werden diese wie links zu erkennen in den Bestand eingestreut. Sind die Schäden umfangreicher, so werden wie auf dem rechten Foto die wiederverwendbaren Ziegel zu einer geschlossenen Fläche umgedeckt und dadurch deutlich von den neuen Dachziegeln getrennt. Die farbliche Anpassung ist eine Frage der Zeit.

Detailtreue und authentische Anschlüsse Entscheidend für die Erhaltung historischer Bausubstanz ist nicht nur die Beibehaltung des originalen Dachziegelmodells, sondern auch die Detailtreue bei der handwerklichen Verarbeitung. Im letzten handwerklichen Kapitel wurde die Vielfalt der historischen Lösungen für First und Traufe, Ortgang, Kehle und Grat aufgezeigt, die auch bei heutigen Maßnahmen beibehalten werden sollten, da Änderungen in der Ausführung ebenso zu einer Verfälschung der bauhistorischen Aussage führen.
So gibt es zum Beispiel bei Anschlüssen mit Tondachziegeln kaum eine Alternative zum Mörtel, die heute üblichen Kappleisten aus Metall mit Mastikverfugung haben auf einem historischen Dach nichts zu suchen. Der Fugenstrich von Hohlpfannen gegen das Eindringen von Regen, Staub und Schnee ist eine handwerklich überlieferte Lösung wie die

hölzerne Ortganglösung mit Zahnleiste und Windbrett, die bei Wahl eines harzhaltigen Holzes, wie zum Beispiel Lärchenholz, und richtiger Verarbeitung diese kritische Dachkante jahrzehntelang schützen kann. Und wie die Abbildungen vermörtelter Dachbehänge gezeigt haben, trotzen diese seit mehr als hundert Jahren im Harz, in Thüringen und in Sachsen-Anhalt Wind und Wetter und wurden bisher auch nicht vom »Sauren Regen« geschädigt. Desgleichen sollte die unschöne Blechkehle durch materialgerechte Lösungen wie eingebundene Biberschwanzkehlen oder die Dreipfannenkehle ersetzt werden.

Dachausbau Die intensivere Ausnutzung von Dachräumen birgt eine weitere Gefahr, daß zunehmend historisch gewachsene Dachlandschaften zerstört werden. Und auch hier sind es immer wieder kleine, auf den ersten Blick manchmal kaum wahrnehmbare Details, die den Zeugniswert eines Gebäudes verändern: Die Dachhaut wird durch zu viele oder zu große Belichtungsöffnungen unterbrochen, die Art der Anschlüsse wird verändert, und, was das Entscheidende ist, aus dem ehemals unterbelüfteten Kaltdach wird ein Warmdach, das völlig neue Anforderungen an den Dachziegel stellt. Diese Eingriffe beziehen sich auf Veränderungen und Verstärkungen der Dachkonstruktion, Einbau von Be- und Entlüftungen, Installationen und die Durchführungen von Wärmedämmaßnahmen. Die Gesamtheit dieser Maßnahmen kann bewirken, daß der vorhandene Dachziegel nicht mehr eingedeckt werden kann, da seine Qualität und Lebensdauer nur bei unveränderten klimatischen Bedingungen gewährleistet ist. Wärmedämmlösungen ohne Hinterlüftung, die bei neu zu erstellenden Ziegeldächern heute durchaus möglich sind, scheiden bei Altdächern in der Regel aus. Die nachträgliche Wärmedämmung historischer Dächer mit Aufsparrendämmung erfordert ein wesentliches Anheben der Dachdeckung und damit eine Änderung der Proportionen und der An- und Abschlüsse.
Bei der Untersparrendämmung bleibt zwar die Dachdeckung in der ursprünglichen Lage erhalten und damit auch alle Dachanschlüsse, aber die Dachkonstruktion ist als solche nicht mehr einsehbar und daher auch einer leicht durchführbaren Inspektion und Wartung entzogen, von dem fehlenden ästhetischen Anblick der Sparren ganz abgesehen.

Zweitverwendung: Tradition und Tendenzen

Das Phänomen der Zweit- oder sogar Drittverwendung von Baustoffen gehörte zum Baualltag der vergangenen Jahrhunderte. Solange Baustoffe wie Dachziegel oder Backsteine noch intakt waren, wurden sie beim Abriß eines Gebäudes nicht weggeworfen, sondern geborgen, gelagert und für spätere Reparaturen oder Neubauten wiederverwendet. Diese Praxis ging mit dem Übergang der Handwerksgesellschaft in eine Industriegesellschaft verloren. Gleichzeitig veränderte sich die soziale Wertestruktur in der Bevölkerung: Qualitativ hochwertig war nur noch das Glatte, Moderne, leicht zu Pflegende, als minderwertig galt die Reparatur, die primär die Erhaltung der Funktion in den Vordergrund stellte und nicht die Perfektheit eines ästhetisch hundertprozentigen Neuzustandes anstrebte.
Diese wertvernichtende Wegwerfmentalität der Nachkriegszeit verschonte auch nicht die historischen Dachdeckungen. Besonders augenscheinlich war diese Entwicklung im Westen seit den fünfziger Jahren und in den neuen Bundesländern seit den neunziger Jahren, als in einer sehr kurzen Zeitspanne nicht nur marode Dächer neu eingedeckt wurden, sondern auch jahrhundertealte Biberschwanzdeckungen ebenso wie seltene Krempziegel achtlos auf der Kippe landeten und kaum

Viel zu selten wird bei geplanter Neueindeckung von Dächern die Frage gestellt, inwieweit die Dachziegel trotz ihres patinierten Aussehens noch funktionsfähig sind. Der Abtransport mit einem steilem PVC-Rohr auf einen Container sorgt mit Sicherheit dafür, daß kein Dachziegel mehr je wieder zweitverwendet auf dem Dach liegen kann.

jemand der Verantwortlichen sich darüber Gedanken machte, ob diese Dachziegel noch einen Wert darstellten und in welchem Umfang man sie weiterverwenden könnte.
Seit einigen Jahren läßt sich bei verschiedenen Gruppen in unserer Gesellschaft wieder aus unterschiedlichen Gründen ein Umdenkprozeß beobachten, der der Wiederverwendung von Baustoffen eine Chance gibt. Es sind ökonomische und ökologische Gründe, die diese Trendwende und das Bewußtsein herbeigeführt haben, daß mit der Vernichtung dieser Baustoffe unersetzbare Werte unserer baugeschichtlichen Vergangenheit verloren gehen. Auch die Denkmalpflege propagiert heute wieder diesen Weg in eine neue Reparaturgesellschaft.

Diese Hohlpfannen stehen hochkant und einreihig auf hölzernen Paletten und können auf diese Weise auch im Freien gelagert werden.

Eignung von Dachziegeln für die Wiederverwendung Dachziegel eignen sich als kleinformatige Baumaterialien bevorzugt für eine Wiederverwendung. Als Qualitätsnachweis kann in den meisten Fällen die Tatsache gelten, daß sie oft mehr als 100 Jahre auf dem Dach gelegen haben. Darüberhinaus besteht die Möglichkeit, die Dachziegel einzeln einer visuellen und akustischen Kontrolle zu unterziehen. So können mechanische Beschädigungen wie Risse, Absplitterungen, Krater, Blasen, fehlende oder beschädigte Aufhängenasen, sowie Oberflächenfarbe, Ausblühungen, Durchfeuchtung und die Krustenbildung durch Verschmutzung und Grünbildung leicht erfaßt und eingeschätzt werden.

Eine Klangprobe nach Gehör durch leichtes Aneinanderschlagen zweier Ziegel gibt durch einen typischen scheppernden Klang Hinweise auf nicht sichtbare Haarrisse. In besonderen Fällen kann eine Untersuchung und die Ermittlung von Kenndaten durch geeignete Prüflabore in Frage kommen. Dies setzt eine repäsentative Probenahme voraus.

Das Angebot an historischen Dachziegel Historische Dachziegel lassen sich in kleineren Mengen in der unmittelbaren Umgebung, beim Nachbar, auf den Lagerplätzen der örtlichen Bauunternehmen, in größeren Mengen aber auch auf Recyclinghöfen und durch die Vermittlung von Städte- und Denkmalinitiativen beschaffen. Darüberhinaus hilft der »Unternehmerverband Historische Baustoffe« e.V. bei der Suche und leitet spezielle Anfragen an seine Mitglieder weiter, deren Adressen Sie aus dem Anhang entnehmen können. Die gängigsten Dachziegelsorten sind vor allem Handstrichbiber in verschiedenen Schnittformen, Hohlpfannen und Doppelmuldenfalzziegel, während Krempziegel und historische Mönch-Nonne-Ziegel nur selten im Angebot sind. Es ist immer sinnvoll, einen absehbaren Bedarf möglichst frühzeitig als Gesuch zu formulieren. Nicht nur ausgefallene Handstrichziegel benötigen ihre Zeit, sondern auch Maschinenziegel, die eigentlich Massenbaustoffe sind. Wenn die Beschaffung gleichartiger Altziegel nicht möglich ist, können Ziegel aus serienmäßiger neuer Produktion besorgt oder als spezielle Nachfertigung in Auftrag gegeben werden.

Selektiver Rückbau: Bergen, Lagern, Wiederverwenden

Als selektiver Rückbau werden alle Verfahren bezeichnet, die dazu führen, daß Baustoffe in ihrer ursprünglichen Funktion erhalten bleiben und nicht wie beim konventionellen Abruch entweder als Bauschutt die Deponien belasten oder bestenfalls durch ein Downcycling als Wertstoff erhalten bleiben, wodurch Dachziegel zum Beispiel zu Ziegelsplitt gebrochen oder zu Ziegelmehl gemahlen werden. Die einzelnen Arbeitsschritte sind Bergen und Lagern, wobei je nach Zustand der Baustoffe noch die Wiederaufarbeitung vor der Wiederverwendung erfolgen muß.

Das Bergen von Dachziegeln Die Bergung von Dachziegeln muß individuell vor Ort entschieden werden. Ob es sinnvoll ist, die zeit- und arbeitsintensive Bergung der Dachziegel in Angriff zu nehmen oder nicht, ist stets vom Einzelfall abhängig. Rentabilitätsgründe wie Nachfragetendenzen auf dem Markt sowie Zeit- und Lagerkapazitäten sind bei gewerblich arbeitenden Unternehmen ins Kalkül zu ziehen, während staatlich geförderte Unternehmen mit dem Ziel der Arbeitsbeschaffung kurzfristig Marketinggesichtspunkte vernachlässigen können. Ganz anders sieht es bei den ideell arbeitenden Interessenverbänden und den Bauhöfen der Denkmalämter aus, die nicht nach wirtschaftlichen Erwägungen planen müssen.
Ist die Entscheidung über die Bergung der Dachziegels gefallen, so ist es zunächst erforderlich, sich ein Bild vom Zustand des Dachstuhls zu verschaffen, wobei vorrangig zu klären ist, inwieweit Sparren und Dachlatten noch begehbar sind. Um den Dachraum einsehbar zu machen, ist es üblich, mit Hilfe einer Leiter im Firstbereich einige Dachziegel zu entfernen.

Sicherheit auf dem Dach Wenn die Begehbarkeit der Dachlatten nicht mehr gewährleistet ist, läßt der Dachstuhl meist noch das Auflegen von Holzbrettern zu. Man legt zu diesem Zweck zwei handelsübliche Gerüstbretter oder Gipserdielen von 30 cm Breite nebeneinander auf die Ziegel und erhält so einen bequemen Laufsteg. Der Dachdeckerberuf gehört hinsichtlich des Unfallrisikos zu den zehn gefährlichsten Berufen, und das Abdecken eines Daches ist noch gefährlicher als eine Neueindeckung. Deshalb ist eine entsprechende Absicherung beim Abdecken unerläßlich. Das Anseilen mit einem Sicherheitsgürtel hat sich hierbei als zweckdienlich erwiesen.

Abdecken: Fläche, Grat und First Sind die Dachziegel trocken verlegt und lediglich an ihren Nasen aufgehängt, so bereitet das Abdecken nur geringe Mühe. Schwierigkeiten bereiten jedoch die mit Mörtel eingedeckten Bereiche, insbesondere die vermörtelten First- und Grateindeckungen. Bei historischen Eindeckungen ist der Hohlraum unter den Firstziegeln meist völlig mit Mörtel ausgefüllt und fest mit der Firstschar verbunden. Daher ist die Bruchrate beim Abdecken von Firstziegeln

Das Bergen und Putzen von Dachziegeln ist arbeitsintensiv. Links werden Falzziegel vom Dach geholt, während rechts die Qualität von Biberschwanzziegeln geprüft wird.

deutlich höher als bei den Flächenziegeln. Es lohnt sich daher meist, bei ihrer Bergung einen größeren Arbeitsaufwand in Kauf zu nehmen. Bei sehr alten und historisch wertvollen Firstziegeln empfiehlt sich der Einsatz eines preßluftgetriebenen Schriften-oder Steinmetzmeißels, mit dem der Mörtel sehr schonend mit fein abgestuften, kurzen Schlägen entfernt werden kann.
Bei vermörtelten Flächenziegeln, z. B. den innenverstrichenen Hohlpfannen oder den in böhmischer Deckung verlegten Bibern, ergeben sich meist keine größeren Probleme, da der historisch verwendete weiche Kalkmörtel anders als der heutige Zementmörtel sich gut für den Rückbau eignet.

Abtransport der Dachziegel: Mit Rutschen, manuell oder mit Geräten? Man kann die Dachziegel mit Rutschen, manuell, mit Dachaufzug und durch Abkranen der Ziegel auf Paletten oder in Mulden nach unten transportieren. Die Entscheidung wird durch die jeweilige Situation vor Ort und den Dachbefund bestimmt. Die am häufigsten

praktizierte Methode ist das Abdecken mit Rutschen, weil dies am einfachsten und schnellsten ist. Als Rutsche verwendet man normale Gerüstbretter, am besten mit stehenden Dachlatten an den Seiten. Die Länge einer solchen Rutsche kann bis zu 6 m betragen, wobei die Neigung 45° nicht übersteigen sollte. Bei größeren Höhen müssen zwei oder mehr Rutschen in Stufen angeordnet werden. Bei Scheunen verlaufen diese Rutschen in der Regel innerhalb des Gebäudes, bei Wohnhäusern außerhalb. Die abgedeckten Ziegel werden längs auf die Rutsche gelegt und gleiten im allgemeinen sicher geradlinig nach unten. Man kann die Rutschgeschwindigkeit verringern, indem man die Ziegel nicht mit der glatten Seite, sondern mit der Nasenseite auf das Brett legt. Den Aufprall am unteren Ende auf einem Strohballen oder einem sonstigen Puffer überstehen intakte Dachziegel meist unbeschadet. Ziegel mit Rissen und nicht sichtbaren Haarrissen zerspringen jedoch beim Aufprall, so daß hierbei bereits eine erste Ausschußaussortierung erfolgt. Anstelle der Rutschen werden auch PVC-Rohre verwendet.
Der mühselige Abtransport der Dachziegel durch Tragen vom Dach nach unten ist ebenfalls üblich. Hierbei werden die Ziegel besonders geschont. Die Installation eines Dachaufzugs ist eine weitere Möglichkeit, die Dachziegel vom Dach zu bekommen. Der Einsatz eines Krans, mit dem die auf dem Dachboden auf Paletten oder in Mulden gestapelten Ziegel abgelassen werden, kommt in der Regel nur bei sehr großen Objekten in Frage.

Putzen und Lagern Trocken verlegte Dachziegel können mit einem Besen abgekehrt, mit einem Holz abgeklopft oder mit dem Dampfstrahler gereinigt werden; letzteres kann bereits auf dem Dach erfolgen. Mit Mörtel verarbeitete Dachziegel müssen vor der Wiederverwendung geputzt werden. In günstigen Fällen kann dies durch Abbürsten mit einer Drahtbürste erfolgen, ansonsten kommen je nach Situation Schlaginstrumente aller Art zum Einsatz: Hammer, Meißel, Putzhammer, aber auch das Gipserbeil mit seiner stumpfen Schneide. In ganz hartnäckigen Fällen hat es sich bewährt, die Ziegel einen Winter lang im Freien der Witterung auszusetzen, wonach sich der Mörtel meist leichter entfernen läßt. Wie bereits erwähnt, darf bei einer solchen Reinigung die natürliche Oberflächenverkrustung, die Patina, nicht entfernt werden.

Für die Art der Lagerung gibt es keine Standards. Die sicheren Gitterboxpaletten sind schwer, teuer und haben eine hohe Ladekante, daher sind oft Sonderkisten oder Paletten mit Begrenzung der Ladeflächen durch herausnehmbare Rungen, Bügel oder individuell gebaute Kisten im Einsatz. Die Lagerung auf Europapaletten erfordert im allgemeinen eine Bündelung, das heißt, die Dachziegel werden zu Kleinpaketen mit Kunststoffband umreift und auf den Paletten zu Versandeinheiten gestapelt. Eine andere Möglichkeit ist das Wickeln der Flachpalettenpakete mit Stretch- oder Schrumpffolien. Die Zwischenlagerung kann unter Dach oder im Freien erfolgen.
Die Ziegel sollten wegen Bruchgefahr nie liegend, sondern bevorzugt auf der Längsseite stehend gestapelt werden. Zwischen die einzelnen Reihen können zum Schutz gegen Kantenbeschädigungen dünne Leisten oder Pappebogen eingelegt werden, was insbesondere bei glasierten Ziegeln ein Muß ist. Bei Fehlen von Zwischenlagen müssen die einzelnen Reihen gegeneinander verschränkt werden.

Einsatzbereiche für historische Dachziegel

Historische Dachziegel aus selektivem Rückbau – dies sind nicht nur handgefertigte Dachziegel, sondern auch Maschinenziegel wie Strangdachziegel und Preßdachziegel – sind bevorzugt bei der Altbauerneuerung gefragt. Dies kann das Bauernhaus in der Lüneburger Heide ebenso sein wie die Jugendstilvilla in Starnberg. Gesuche sind meistens sehr konkret, da hinsichtlich des Ziegelmodells, der Farbe und der Abmessungen nur wenig Wahlmöglichkeiten bestehen: *»Suche etwa 210 Stück Volkspfanne Ludwighafener Ziegelwerk H. Holz GmbH«; »Suche 150 m² braunglasierte Einfachfalzziegel mit Doppelmulde«; »Suche für unser Haus Baujahr 1936 Dachziegel und Dachreiter der Dachziegelfabrik Gbr. Schrooten in Bergheim-Ostrum«.*
Wer seinen Bedarf möglichst langfristig anmeldet und eine genaue Skizze mit den gewünschten Abmessungen beifügt, hat bessere Chancen. Ansonsten wird die sprichwörtliche Suche nach der Stecknadel im Heuhaufen bei Dachziegeln nur selten zum Erfolg führen.

Mitten in Hannover wurden auf dem Gelände des Zoos sieben historische Fachwerkhäuser aufgebaut. Bei diesem Gebäude wurden die alten Materialien mit traditionellen Handwerkstechniken verbaut.

Etwas einfacher wird die Suche, wenn komplette Dächer neu eingedeckt werden sollen. Hierbei kann es sich sowohl um die Neueindeckung eines Altbaus oder um den kompletten Neubau aus historischen Baustoffen handeln. Bei diesen Anfragen ist es ausreichend, die benötigte Dachfläche in Quadratmetern und die gewünschte Dachziegelart anzugeben, also zum Beispiel handgestrichene Biberschwanzziegel für 220 m^2. Jede zusätzliche Angabe, wie z.B. spezielle Farbe oder glasierte Oberfläche, schränkt die Suche ein.

Alternative Verwendungen für Dachziegel Dachziegel haben zu allen Zeiten nicht nur an Dach und Wand ihren Platz gefunden, sondern wurden auch zu anderen Zwecken eingesetzt. Als Mauerabdeckziegel dienten sie zum Schutz freistehender Außenmauern, wie Einfriedungs- und Gartenmauern oder auch von Brandmauern im Dachbereich. Mit übereinander angeordneten Schalenziegeln stellte man Durchbruchmauerwerk als Sichtschutz und Sonnenblende her. Dachziegel aus Fehlbränden und Altziegel wurden früher auch vermauert, bei Fachwerkbauten zur Ausfachung des Fachwerks und bei aufgehendem Mauerwerk zum Ausgleich von Höhendifferenzen sowie zur Herstellung von Ziermustern.

Oder man verwendete Dachziegel zum Einfassen von Rabatten und Gartenbeeten. Flachziegel ohne Nase wurden gelegentlich als Bodenbelag im Innen- und Außenbereich verlegt. Alle diese Varianten bieten sich auch heute für die Zweitverwendung von Dachziegeln an. Hinzu kommen noch einige Kuriosiäten, über die man geteilter Meinung sein kann:

Eine holländische Firma vertreibt Blumengestecke, die in einem schenkelgeformten Schalenziegel arrangiert sind. Sie hat sich diese Idee schützen lassen. Auf einem Aufkleber heißt es, sinngemäß aus der holländischen Sprache übersetzt: »*Sie haben in diesem Moment ein antikes Unikat in ihrem Besitz. Es ist eine Dachpfanne aus den Pyrenäen aus der Zeit um 1860. Diese Pfannen wurden von Hand auf dem Oberschenkel einer Frau gefertigt. Registriertes Modell Depotnr. 71166-01/02*«.

Ein Dachziegelwerk baute anläßlich eines Betriebsjubiläums ein Xylophon aus verschiedenen, einreihig aufgehängten und abgestimmten Dachziegeln, dem durch Anschlagen mit Holzschlegeln ganz passable Klänge entlockt werden konnten.

In Landshut/Bayern findet man Bürgersteine, auf denen Biberschwanzziegel mit Spitzschnitt verlegt sind, die am oberen Rand schwalbenschwanzförmig bearbeitet wurden, um die störenden Nasen zu entfernen und zur besseren Verzahnung.

Man findet Biberschwanzziegel als Uhren und bemalt als Wandschmuck. In Landshut verziert ein Künstler alte Biberschwänze mit Motiven der Landshuter Hochzeit, die im Jahr 1475 zwischen dem Landshuter Erbprinzen Georg und der polnischen Königstochter Hedwig stattfand und die Stadt in einen Freudentaumel mit Ritterturnieren versetzte. Sie wird heute alle vier Jahre in einzigartiger Weise nachgespielt. Sogar eine Arznei wurde aus gebrannten Ziegeln hergestellt: »*Wann die Ziegelstein gebrannt seyn/ so haben sie die Kraft aufzuetzen. So man sie zu etwas vermischet/ und sich damit salbet/ dienen sie für das Jucken/ Geschwer und Podagra. Wann man sie mit Pflaster vermenget/ eröffnen sie die harten Apostemen und Drüsen.*«
Die Zeiten sind vorbei, in denen aus Tondachziegeln heilende Arzneien gemixt wurden. Aber immer noch üben intakte Dachlandschaften mit ihren historischen Dächern aus Ziegeln in unserer schnellebigen Zeit eine heilsame Wirkung aus. Sie sind das soziale Gedächtnis einer Region, Zeichen ihrer Verwurzelung mit der baugeschichtlichen Tradition und dem handwerklichen Erbe.

Sehr häufig wurden zweitverwendete Dachziegel zur Ausfachung oder wie hier bei einer Mauer aus dem Jahr 1825 als Ziermuster verwendet. Diese Aufnahme entstand im Loiretal in Frankreich.

Glossar

Biberschwanz Ebene Tonplatte mit Aufhängenase, deren unteres Ende, der Fuß, sehr verschieden geformt sein kann. Die historischen Abmessungen variieren stark, die Maße der größten mittelalterlichen Biber gingen bis 54 x 34 cm. Die heute gängigen Formate sind das Süddeutsche Format (38 x 18 cm), das Norddeutsche Format (36 x 15,5 cm) und das Berliner Format (38 x 15,5 cm).

Brand Planmäßiges Erhitzen der getrockneten Formlinge, wodurch der Werkstoff Ziegel, der sog. Scherben entsteht und der fertige Dachziegel seine Gebrauchseigenschaften erhält, wie Festigkeit, Frostbeständigkeit, Kapillarstruktur, Brennfarbe u.a.

Dachziegel Flächiger, schuppenförmiger Baustoff zum Decken von Dächern, der aus Lehm oder Ton geformt und gebrannt wird. Nach der Art der Herstellung werden Dachziegel in Handstrichdachziegel, Preßdachziegel und Strangdachziegel unterteilt.

Doppelmuldenfalzziegel Eines der ältesten Preßdachziegelmodelle mit Kopf- und Seitenfalzen, 1881 von Ludowici auf der Basis des Herzziegels als Z1 entwickelt und später vielfach nachgeahmt.

Engobieren Art der Oberflächenbehandlung, bei der eine Tonschlämme aufgebracht wird, die dazu dient, eine spezielle Brennfarbe zu erzielen.

Falzbiber Mit Kopf- und Seitenfalz versehener Preßdachziegel, der die Optik des Biberschwanzziegels mit der Technik des Falzziegels verbindet.

Farbe Man unterscheidet zwischen der natürlichen Brennfarbe der Tone und Farbbeeinflussungen durch eine Durchfärbung der Masse, durch brenntechnische Maßnahmen wie Dämpfen oder durch eine Oberflächenbehandlung wie Engobieren und Glasieren.

Feierabendziegel Mit Inschriften, Zeichnungen und Symbolen verzierte Dachziegel, die ab 1453 nachweisbar sind.

Fittichziegel Längere und schmalere Variante der Hohlpfanne, die heute noch als Fränkischer Rinnenziegel oder Fränkischer Hohlziegel hergestellt wird.

Flachdachpfanne Erster Dachziegel mit Ringverfalzung, der 1930 auf den Markt kam und das regensichere Eindecken von Dächern bis zu einer Sparrenneigung von 20° bis 15° ermöglicht.

Flachkremper Erstes Dachziegelmodell mit spiralförmiger Verfalzung um den ganzen Dachziegel, der auch bei geringsten Dachneigungen bis zu 10° einsetzbar ist und 1954 auf den Markt kam.

Glasur Glasartiger, farbloser oder farbiger Überzug der Ziegeloberfläche zur Abdichtung und Veredelung, der durch den Brand gut mit dem keramischen Scherbens verbunden ist.

Handstrichziegel Manuell geformte Dachziegel, der in Formen aus Holz oder Metall gestrichen (Biber) oder aus vorgefertigten Tonblättern über Formhölzern geformt (Hohlpfanne) wird.

Herzziegel Der Urahn aller Falzziegel und Preßdachziegel, der 1841 von Gilardoni entwickelt wurde und eine einfache Kopf- und Seitenverfalzung besaß. Typisch war eine rautenförmige Erhebung in der Mitte der großen Mulde.

Historische / alte / gebrauchte Dachziegel Nach spezieller Terminologie alle Dachziegel, die nach selektivem Rückbau für eine Zweitverwendung geeignet sind.

Hohlpfanne Zweifach gebogene Tonplatte – auch Pfannenziegel, S-Pfanne oder Holländische Pfanne genannt – die im Querschnitt einem liegenden S ähnelt, mit einer breiten Mulde zum Wasserablauf und einer Krempe zum Überdecken. Je nach Kappung an der rechten oberen und linken unteren Ecke spricht man von Kurzschnittpfanne, die in Aufschnittdeckung und von Langschnittpfanne, die in Vorschnittdeckung verlegt wird.

Hohlziegel Sammelbezeichnung für eine Gruppen von Dachziegeln mit starker Wölbung, die in ihrer einfachsten Form halbierte Hohlzylinder sind. Im engeren Sinne sind dies die Mönch-Nonnenziegel und die First- und Walmziegel, im weiteren Sinne auch die Hohlpfannen.

Klosterziegel Andere Bezeichnung für die Mönch-Nonnenziegel, aber auch Sammelbezeichnung für die durch die Kombination von Mönch und Nonne entwickelten einteiligen Preßfalzziegel, deren Dachbild dem Mönch-Nonnendach gleicht.

Krempziegel Sehr altes Dachziegelmodell, eine Kombination des Flachziegels »tegula« und des Hohlziegels »imbrex«. Die Grundform ist eine Platte, die rechts einen erhöhten Rand und links eine meist konisch verlaufende Krempe besitzt.

Leistenziegel Zweiteiliger antiker Dachziegel, bestehend aus dem Flachziegel »tegula« mit Aufkantungen an den Längsseiten, den Leisten, und dem Hohlziegel »imbrex«. Die Stoßfugen zwischen den Leistenziegeln werden durch den Hohlziegel abgedeckt.

Maschinenziegel Dachziegel, bei dem der Formgebungsprozeß maschinell abläuft. Man unterscheidet Strangdachziegel und Preßdachziegel.

Mönch-Nonnenziegel Zwei Halbschalen, die abwechselnd konkav und konvex verlegt werden und für die es sehr viele Namen und Varianten in ihrer Entwicklung gibt.

Plastizität Besondere Eigenschaft der Tone, bei einem bestimmten Wassergehalt formbar zu werden und so bei Einwirken einer äußeren Kraft eine bleibende Verformung zu ermöglichen. Träger dieser Bildsamkeit sind die Tonminerale.

Preßdachziegel Mit Stempelpressen, meist Revolverpressen, zwischen einer Ober- und einer Unterform ausgepreßte Dachziegel.

Recycling auf höchster Wertstufe Teilbereich des Recycling, bei dem die Materialien in ihrer ursprünglichen Funktion wieder in den Materialkreislauf einmünden, also Dachziegel Dachziegel bleiben und nicht wie beim Downcycling nur als Wertstoff zu Ziegelsplit und Ziegelmehl verarbeitet werden.

Ressourcenschonung Schonung der begrenzten natürlichen Vorkommen durch Wiederverwendung von Baustoffen.

Ringofen Erster kontinuierlich brennender Ofen mit ringförmig angelegtem Brennkanal, in dem die Ziegel feststehen und das Feuer wandert.

Rückbau Werterhaltende Demontage von Bauelementen und Bauteilen als zeitgemäße Alternative zum konventionellen, wertezerstörendem Abriß.

Schwindung Volumenverminderung des keramischen Rohlings beim Trocknen und Brennen. Trocken- und Brennschwindung ergeben die Gesamtschwindung, um die der Formling größer sein muß als das Endprodukt.

Selektiver Rückbau Demontageverfahren, bei dem die Baustoffe möglichst sortenrein getrennt werden, um sie danach einem Recycling oder der Wiederverwendung zuzuführen.

Strangdachziegel Mit Strangpressen, meist Schneckenpressen, im Strang gezogene Dachziegel. Die wichtigsten Strangdachziegel sind Biberschwanzziegel, Hohlpfannen und Strangfalzziegel.

Strangfalzziegel Strangdachziegel mit seitlicher Verfalzung, die je nach Modell als ebene oder profilierte Tonplatte ausgebildet sein können. Hohlstrangfalzziegel weisen in Längsrichtung durchgehende Hohlkanäle auf.

Tonaufbereitung Produktionsprozeß, der aus dem Grubenton eine homogeniisierte, formbare Arbeitsmasse machen soll. Aufbereiten besteht immer aus einem Zerkleinern und einem Mischen und in vielen Fällen noch einem Aussondern unerwünschter Toneinschlüsse.

Tonminerale Sammelbezeichnung für die Tone aufbauenden Schichtsilikate, deren Tonminerale Formung, Trocknung, Brennverhalten, Farbe und Qualität der Dachziegel beeinflussen.

Verschiebedachziegel Dachziegel mit veränderlicher Decklänge im Bereich von etwa 30 bis 100 mm, die bei der Altbausanierung eine Anpassung an vorgegebene Lattenabstände und Sparrenlängen ermöglichen.

Villenziegel Dekorative Dachziegelform des Historismus mit meist gerundeten oder abgeschrägten Fußenden und stark profilierten Oberflächen mit aufgepreßten Zierprofilen in Kugel- Stern- oder Kreuzform.

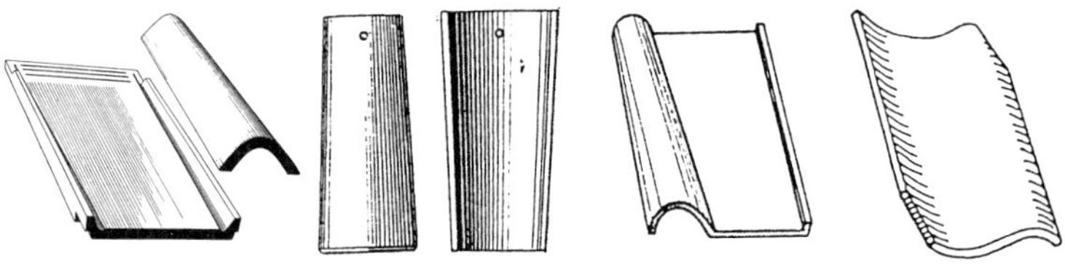

Historische Dachziegelmodelle:

Von links nach rechts: (1) Antiker Leistenziegel, »tegula» und »imbrex«, (2) Hohlziegel, Schalenziegel, Mönch und Nonne, (3) Krempziegel, (4) Hohlpfanne, S-Pfanne.

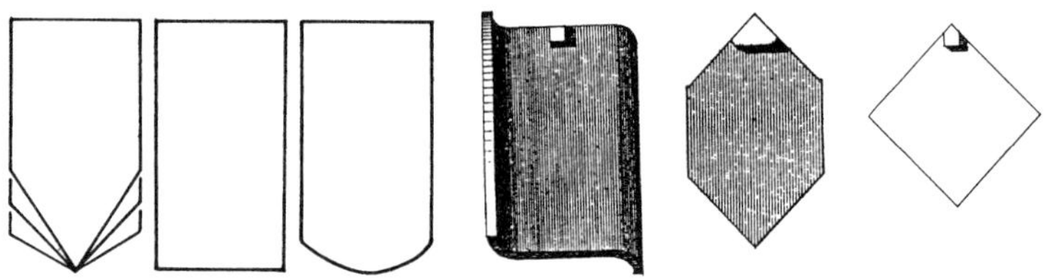

Historische Dachziegelmodelle:

Von links nach rechts: (1) bis (3) verschiedene Biberschwanzziegel, (4) Brettziegel/Knüpfziegel, von unten, (5) und (6) Bruyere Spitzziegel Sechseck und Quadrat.

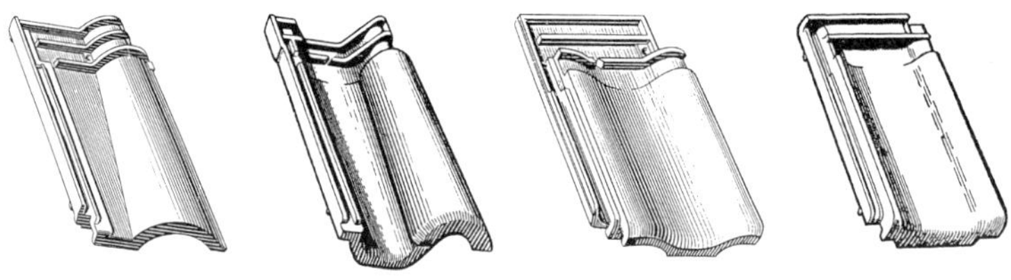

Verfalzung nach historischen Vorbildern:

Von links nach rechts: (1) Römischer Falzziegel Z15, (2) Klosterpfanne, (3) Idealpfanne Z23, (4) Volkspfanne.

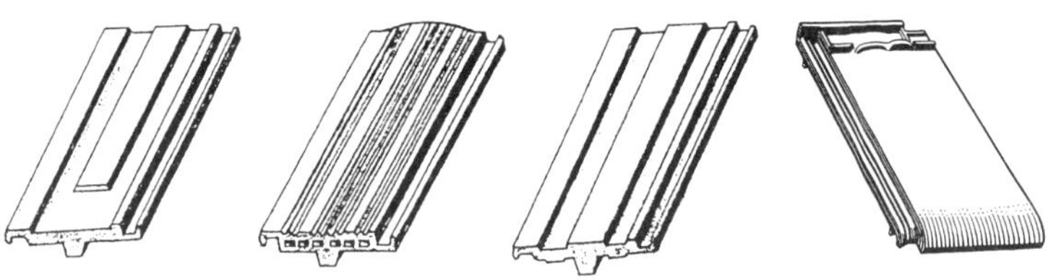

Flachziegel als Strangdachziegel und Preßdachziegel:

Von links nach rechts: (1) Strangfalzziegel, Stadler, 1883, (2) Hohlstrangfalzziegel, (3) Strangfalzziegel, Schmidheiny, (4) Biberschwanzfalzziegel, Falzplatte ab 1907.

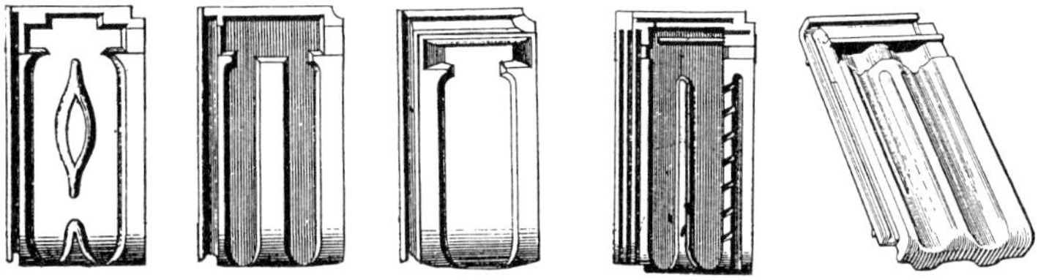

Die ersten verfalzten Preßdachziegel:
Von links nach rechts: (1) Rautenfalzziegel/Herzziegel, 1841, (2) Pariser Falzziegel, (3) Altkirchner-/Elsässerziegel, (4) Marseiller Falzziegel, (5) Doppelmuldenfalzziegel Z1, 1881.

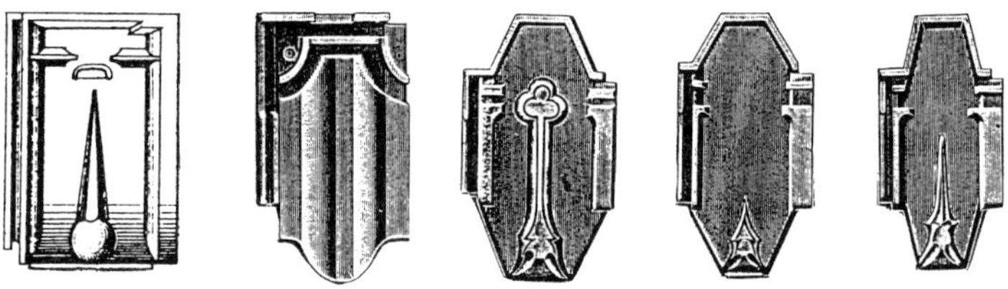

Villenziegel
Von links nach rechts: (1) Bouletfalzziegel, 1880, (2) Schuppenfalzziegel, 1882, (3) Kreuzzziegel, (4) und (5) Villenziegel um 1900.

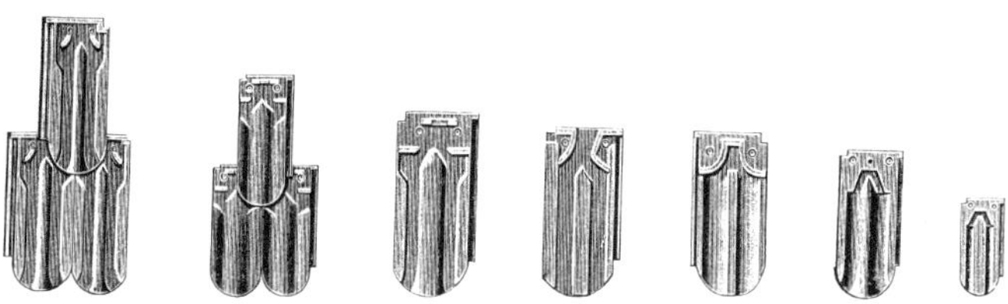

Turmfalzziegel um 1900

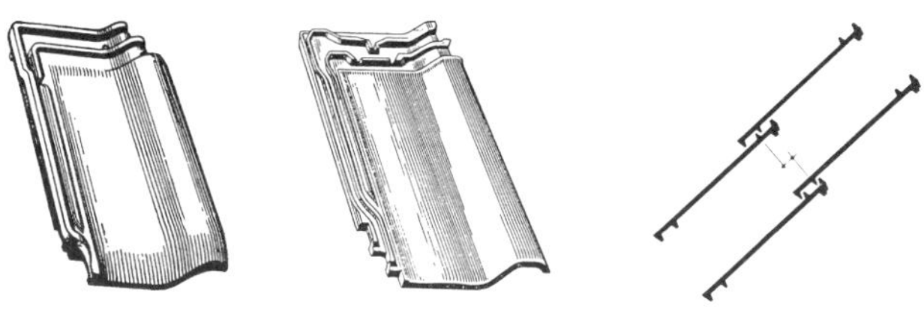

Moderne Dachziegelentwicklung:
(1) Flachdachpfanne 1925/1930, (2) Flachkremper K21 ab 1954 , (3) Verschiebedachziegel mit veränderlicher Decklänge.

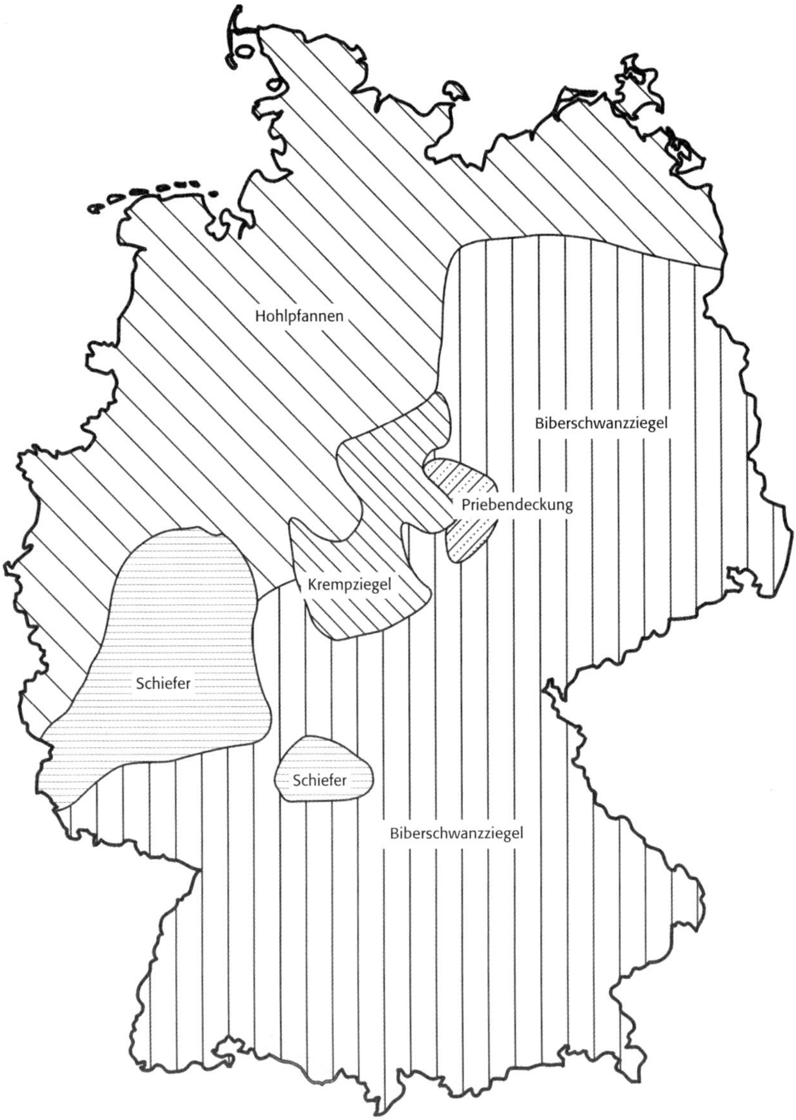

Die traditionellen Deckungen mit Hohlpfanne, Biberschwanzziegel, Krempziegel und der Priebendeckung mit Nonnen sind auch heute noch überall regional ablesbar. Die Mönch-Nonnenziegel sind in ganz Deutschland auf Kirchen, Burgen und Klöstern anzutreffen.

Adressen: Historische Dachziegel aus Rückbau

Historische Dachziegel lassen sich auf Lagerplätzen der örtlichen Bauunternehmen und Recyclinghöfe von Städten und Denkmalinitiativen beschaffen. Darüberhinaus hilft der »Unternehmerverband Historische Baustoffe« e.V. in 78112 St. Georgen, Dreihäusle 3, Telefon 07724/3589, Telefax 07724/3285 bei der Suche und leitet Anfragen weiter. Die nachfolgenden Mitglieder haben Dachziegel in ihrem Kernsortiment.
(Stand Juni 1999, sortiert nach PLZ)

D-07407 Heilingen/Thüringen
Bergehof Crasser & Schirock GbR
Historische Baustoffe, Ortstrasse 58
Telefon 036742/61155
Telefax 036742/63553
Regionale Biberschwanzziegel, Fränkische Pfannen.

D-08371 Glauchau Historische Baustoffe Reiner Metzeroth, August-Bebel-Str. 11a, Telefon 03763/4091-0
Telefax 03763/4091-25

D-10585 Berlin, Antike Baumaterialien für Denkmalpflege und Restaurierung, Rainer W. Leonhardt, Gierkeplatz 9, Telefon 030/3421048
Telefax 030-3482356
Großes Sortiment an alten Ziegeldacheindeckungen: Handstrichbiber in vielen Formaten und Stärken, Brettstrichbiber, erste Maschinenbiber, Mönche-Nonne, S-Pfannen, Linkskremper, Doppelmuldenfalzziegel Z1 und Z2, auch glasiert, Firststeine, Lüfterziegel, Glasziegel.

D-14776 Brandenburg a. d. Havel
Brandenburger Dienstleistungen GmbH, Abt. SIREC, Gutenbergstr. 33
Telefon 03381/660017-19
Telefax 03381/660143
Handstrich- und Maschinenbiber, verschiedene Formate.

D-16356 Blumberg bei Berlin
Historische Bauwerkstücke GbR, R. Benjowski, M. Rößler, R. Zechmeister, Mittelstraße 3
Telefon 033394/70085
Telefax 033394/70085
Biberschwanz und andere, auch Maschinenziegel.

D-16727 Marwitz/b. Berlin
Historische Bauelemente O. Braun
Bärenklauer Weg 2
Telefon 03304/502242
Telefax 03304/502267
Biberschwanz, Muldenfalzziegel.

D-16928 Rosenwinkel Biberschwanz Althausrecycling oHG, Ausbau 5
Telefon 033984-70253
Telefax 033984-70253
Biberschwanz, Pfannen, Dachzubehör.

D-23898 Kühsen, Bauwerk – Werterhaltung historischer Bausubstanz
Jan Ihns, Atelier Hohlweg 1
Telefon 04543/1482
Telefax 04543/89 14 68
Handgestrichene Hohlpfannen.

D-25371 Seestermühe, Antik Bau Stawe, Am Altenfeldsdeich 6
Telefon 04125/525
Telefax 04125/526

D-25920 Risum-Lindholm, Persch Antike Baumaterialien und Inneneinrichtungen, An der B5 Nr. 11
Tel. 04661/5111, Telefax 04661-5011

D-29416 Sallenthin, Antik & Natur Baustoffe GbR, Dorfstraße 36
Tel. 0391/2513694,
Telefax 0391/2583607
Biberschwanz und Pfannen je nach Rückbausituation auf Lager.

D-29690 Buchholz/Aller, Bauen und Ideen Beratungs-, Planungs-und Handelsgesellschaft für historische Gebäude mbH, Lerchenweg 17
Telefon 05071/1425
Telefax 05071/2025
Hohlpfannen.

D-37627 Deensen
Bau-Stoff-Recycling Th. Knapp GmbH
Am Bahnhof 1 Telefon 05532/1320
Telefax 05532/1568
Hohlpfannen, Sandsteindachplatten.

D-40589 Düsseldorf, Zeitraum
Hans Land OHG, Bonner Str. 161
Telefon 0211/7948652 und 0211/7947474
Telefax 0211/7947476

D-47506 Neukirchen-Vluyn
Schaar Historische Baustoffe
Geilingsweg 7
Telefon 02845/32184 und 1367
Telefax 02845-/32184

D-52072 Aachen Kölnberger GmbH & Co. KG, Gut Hausen,
Telefon 0241/13271
Telefax 0241/175255
Rheinische Hohlpfannen.

D-55296 Harxheim/b. Mainz
Gero Deiß
Historische Baumaterialien
Bahnhofstr. 105
Telefon 06138/6775
Telefax 06138/7688

D-67165 Waldsee/Pfalz, Anno Tobak, Hubert Gropp-Mühle & Anik Mühle, Ludwigstr. 38, Telefon 06236/54785 und Telefon Lager 06236/500053,
Telefax 06236-5643
Handgestrichene und maschinelle Biberschwanzziegel.

D-71364 Winnenden
Fuhrmann Historische Baustoffe,
Wiesentalstr. 10
Telefon 07195/9111-0
Telefax 07195/9111-25

D-77749 Hohberg-Hofweier
Krause Antikes Baumaterial
Frankensteinstr. 1
Telefon 07808/9493-0
Telefax 07808/9493-92
Biberschwanz, Mönche und Nonnen.

D-79379 Müllheim, Wilfried Juhnke Historische Baustoffe, Mauchener Straße 10, Telefon 07631/170817
Telefax 07631/16985
Biberschwanzziegel.

D-86488 Weißenhorn Antikwerk
Gut Glaserhof
Telefon 08282/828741
Telefax 08282/828742
Handgeformte Biberschwanzziegel.

D-88709 Meersburg
Sinner Holzbau, Torenstraße 21
Tel. 07532/307, Fax 07532/309
Handgestrichene- und maschinell gefertigte Biberschwanzziegel.

D-91438 Bad Windsheim
Historische Baustoffe
Dipl. Ing. Winfried Ulm
Schloßgasse 12
Telefon 09841/650262
Telefax 09841/650263

D-94130 Obernzell/Donau, Theo Rauscher, Alte Baustoffe Siedlungsstr. 29 Telefon 08591/1821 Telefax 08591/2620

D-97453 Reichmannshausen Baukultur GmbH, Humprechtshäuser Str. 3, Telefon und Fax 09526/8279 und 98646 Gleicherwiesen Telefon und Fax 036875/69969
Ludowici Falzziegel und alle Sorten Handstrich-Ziegel.

Adressen: Neue Dachziegel für die Restaurierung

Die folgenden Dachziegeleien, Keramischen Werkstätten und Händler haben in ihrem Sortiment auch traditionelle Dachziegelmodelle und/oder können Kleinserien oder Unikate nach Originalen liefern.
(Stand Juni 1999, sortiert nach PLZ)

D-14542 Glindow, Glindower Ziegelei GmbH, Alpenstraße 47, Telefon 03327-66490, Telefax 03327/42662
Einzelanfertigungen nach historischen Vorlagen, Firsthauben, Klosterbiber, Brand im Ringofen mit der typischen Kohlebrandoberfläche.

D-14828 Görzke
MKM, Märkische Keramik Manufaktur Reicho GmbH, Chausseestr. 55
Telefon 033847/40225
Telefax 033847/41508
Biberschwänze, Hohlpfannen, Mönch-Nonnenziegel, Kremper und Zubehör, Fertigung nach historischen Vorlagen in Maß, Form, Farbe und Herstellungsweise, Brennen im Kohleofen.

D-26340 Zetel
Röben Tonbaustoffe GmbH
Klein Schweinbrück 168
Telefon 04452/880
Telefax 04452/882-45
Doppelmuldenfalzziegel, natur, engobiert und glasiert.

D-31191 Algermissen, A.K.A. Algermissen Dachziegelwerke, GmbH & Co KG, Ziegeleiweg 1
Tel. 05126/1711, Fax 05126/2400
Hohlpfannen natur und engobiert.

D-31595 Steyerberg/Weser
A.K.A. Dachziegelwerke GmbH
Wellie 75, Telefon 05023/9821-0
Telefax 05023/9821-79
Norddeutsche und Kleine Rheinische Hohlpfanne, blaugedämpfte und engobierte Ziegel, stranggepreßte Sonderanfertigungen und Formteile.

D-32389 Minden, Tonindustrie Heisterholz Ernst Rauch GmbH & Co. KG, Postfach 3260
Telefon 05707/811-0
Telefax 05707/8654
Doppelmuldenfalzziegel, Reformziegel, Brandenburger und Berliner Biber, Hohlziegel, Turmfalzziegel, Schmuckziegel, natur, engobiert und glasiert.

D-32609 Hüllhorst, Dachziegelwerke Meyer-Holsen GmbH, Tonstr. 78
Telefon 05744-940-0
Telefax 05744/940-100
Biberschwanzziegel, Doppelmuldenfalzziegel, Hohlpfannen, Schmuckziegel, Reproduktionen nach Originalvorlagen, naturrot, engobiert und glasiert, Reduktionsbrand.

D-37434 Bilshausen,
Jacobi Tonwerke GmbH,
Osteroder Straße 2
Telefon 05528/910-0
Telefax 05528/910-139
Norddeutsche, Berliner und Süddeutsche Biber, Muldenfalzziegel, Hohlpfanne, Krempziegel, Schmuckziegel

D-39343 Hundisburg, Förderverein Technisches Denkmal Ziegelei Hundisburg e.V., Süplinger Str. 2
Telefon 03904/42835
Telefax 03904/42835
Handgeformte Dachformziegel und Dachschmuck, natürliche Trocknung, Zickzackofen mit Kohlebrand.

D-41379 Brüggen, Ziegelwerke Gebr. Laumans GmbH & Co. KG
Stiegstraße 88, Tel. 02157/1413-0
Telefax 02157/1413-39
Muldenfalzziegel, Hohlfalzziegel, Turmfalzziegel, Schuppenfalzziegel, Replikate nach historischen Vorlagen, Schmuckziegel, natur, engobiert und glasiert.

D-46446 Emmerich am Rhein, Alphons Meyer K.G., Reeser Str. 209
Tel. 02822/8223
Telefax 02822/8246
Naturrote und blaugrau gedämpfte Hohlpfannen aus Kohlebrand, Handstrichhohlpfannen, Schmuckziegel.

D-47839 Krefeld, Johann Beckers Dachziegelfabrik, Vorderorbroich 5
Telefon 02151/730 249
Telefax 02151/730 354
Muldenfalzziegel, Hohlpfannen, Windbordziegel, Reformpfanne, Flachdachpfanne, Sonderformate, grau-gedämpft.

D-46397 Bocholt
B.A.D. Baukeramik für Architektur und Denkmalpflege GmbH
Burloer Weg 44
Telefon 02871/39129
Telefax 02871/39129
Mönch und Nonne, Biberschwanz Sonderformate und Handformung.

D-66271 Kleinblittersdorf
Saar-Tonindustrie GmbH
Zur Fabrik 2
Telefon 06805/9273-0
Telefax 06805/9273-37
Biberschwanz, Herzziegel, Doppelmuldenfalzziegel, naturrot.

D-67304 Eisenberg/Pfalz, F. v. Müller Dachziegelwerke GmbH & Co. KG
Industriestraße 4, Tel. 06351/499-0
Telefax 06351/499- 8041
Biberschwanzziegel, Doppelmuldenfalzziegel, Herzziegel, Krempziegel, Mönch und Nonne, Schmuckziegel, Dachverzierungen und objektbezogene Sonderanfertigungen.

D-71364 Winnenden, Dachziegelwerke Pfleiderer GmbH & Co. KG, Werk Winnenden, Marbacher Straße 4
Telefon 07195/696-0
Telefax 07195/696-106
Doppelmuldenfalzziegel, Dachschmuck.

D-74722 Buchen-Hainstadt
RuppKeramik GmbH,
Ziegeleistraße 10
Telefon 06281/908-0
Telefax 06281/908-190
Biberschwanzziegel, Standard und Berliner Biber, Flachdachpfanne, Reformpfanne, Hohlfalzpfanne, Doppelmuldenfalzziegel, Dachschmuck, naturrot, engobiert, glasiert.

D-75417 Mühlacker, Mühlacker Ziegelwerke GmbH, Ziegeleistr. 12
Telefon 07041/890-0
Telefax 07041/84053
Herzziegel, Biberschwänzziegel, Doppelmulden-Falzziegel Z1, Reformziegel.

D-76706 Dettenheim, Keramikkontor Roth, Inh. Klaus Roth, Fichtestraße 8
Tel. 07247/5722, Telefax 07247/4733
Dachschmuck, Sonderanfertigungen auf Anfrage.

D-76764 Rheinzabern, Schnorr Keramik GmbH; Neupotzer Str. 5
Telefon 07272/97222-0
Telefax 07272/71660
Dachziegel-Sonderanfertigungen, historische Firstziegel, Dachschmuck.

D-84088 Neufahrn, Erlus Baustoffwerke AG, Hauptstraße 106
Telefon 08773/18-0
Telefax 08773/18113
Biberschwanzziegel, Doppelmuldenfalzziegel, Fränkische Rinnenziegel, Mönch und Nonne, Firstschmuck.

D-8364 Bad Birnbach
Carola Pöhlmann und Gernot Richter-Pöhlmann, Schatzbach 21
Telefon 08563/3160
Telefax 08563/91588
Keramische Werkstatt für Dachschmuck aller Art, Berücksichtigung von Kundenwünschen.

D-84402 Dorfen, Josef Meindl GmbH & Co., Postfach 260
Tel. 08081/2941, Telefax 08081/2949
Biberschwanz, Denkmalbiber und Kirchenbiber, Doppelmuldenfalzziegel, Mönch und Nonne, Klosterpfanne.

D-89331 Burgau-Oberknöringen
X. Pfaffelhuber, Ziegelwerk Burgau
Ziegelstraße 2, Telefon 08222/1576
Telefax 08222/3785
Biberschwanz und Mönch und Nonnen im Handschlag, Brand im Ringofen mit Sägemehlholzfeuerung.

D-89335 Ichenhausen, CREATON AG, Ziegeleistraße 1, Tel. 08223/959-0
Telefax 08223/959-139
Biberschwanzziegel, Denkmal- und Kirchenbiber, Doppelmuldenfalzziegel, »Manufaktur«-Firstschmuck.

D-90579 Langenzenn, Wiekor Dachprodukte GmbH, Ziegenberg 2
Telefon 09101/607-0, Fax 60769
Verschiedene Biber, Kloster- und Turmbiber, Doppelmuldenfalzziegel, Falzbiber, Reformpfanne, Schmuckziegel.

D-90579 Langenzenn, Walther Dachziegel GmbH, Lohmühle 3-5
Telefon 09101/708-0
Telefax 09101/70838
Biberschwanz, Doppelmuldenfalzziegel, Schmuckziegel, Fränkischer Rinnenziegel als Fittichziegel.

D-94249 Bodenmais/Bay. Wald
Kunsthaus Bodenmais Erich Ebnet, Finkenweg 2, Telefon 09924/91929
Telefax 09924/883
Firstschmuck aus Ton in Natur, Rot und Braun engobiert, Sonderanfertigung von Dachschmuck u. Ziegeln.

D-94315 Straubing
Dachziegelwerke Jungmeier GmbH & Co. KG, Landshuter Str. 130
Telefon 09421/5007-0, Fax 5007-400
Verschiedene Biberschwänze, Muldenfalzziegel, Mönch und Nonne, Turm- und Türmchenbiber, Hohlstrangfalzziegel, Dachschmuck.

D-94327 Bogen, Bayerische Dachziegelwerke Bogen GmbH, Ödhof 1
Telefon 09422/509-0, Fax 509-380
Herzziegel, Falzziegel, Mönch und Nonne, Biber.

D-94405 Landau/Isar-Möding, Dachziegelwerk Möding GmbH & Co. KG
Frühlingstraße 2, Tel. 09951/9892-0
Telefax 09951/9892-19
Biberschwanzziegel, Doppelmuldenfalzziegel, Schmuckziegel.

DK- 6310 Broager, Petersen Ziegel Egernsund A/S, Nybbölnorvej 14
Telefon 0045/7444 1236
Telefax 0045/7444 0434

DK-6400 Sönderborg, Falkenlöwe
Löntoft 9, Telefon 0045/7448 5438
Telefax 0045/7448 6722
In der Holzform geschlagene oder von Hand modellierte S-Pfannen, Mönch und Nonnen, Biberschwanz.

DK-9100 Aalborg, Dan Tegl A/S
Kong Christian Allé 53
Telefon 0045/96316101
Handgeformte Dachziegel.

F- 14860 Ranville-Bavent
Tuileries Normandie du Mesnil
Telefon 0033/31788010
Telefax 0033/31788937
Strohdachfirstziegel.

F- 67270 Hochfelden, Tuilerie-Briqueterie Pierre Lanter S.A.R.L.
Rue de La Briqueterie/Tuilerie 1
Telefon 0033/88915146
Telefax 0033/88915111
Handstrichbiber, Ringofenbrand.

F-69700 Givors, Tuilerie Blache S.A.
69, Rue du Centre, BP 6
Telefon 0033/78732019
Telefax 0033/78071735
Handgefertigte glasierte Biberschwänze und Strohdachziegel.

I-38010 Ton (TN),
Ton GmbH Div. Molinà
Ceramica 5, Tel. 0039/0461/657666
Telefax 0039/0461/657532
Leistenziegel in Handfertigung, Mönch und Nonne.

NL-8023 CJ Hanzestad Zwolle
Wonink GmbH Alstätte-Zwolle
H. Roland-Holststraat 26
Telefon 0031/384533521
Telefax 0031/384540896
Dachziegel aller Art für Restaurierung und Denkmalpflege, Spezialität Strohdachfirstziegel.

Spezialisten rund um das historische Dach

D-80337 München, Lorenz Sporer
Spenglerei und Bedachungen GmbH,
Rothmundstraße 6,
Telefon 0897530134
Telefax 089/5380215
Metallornamente aus Zink, Kupfer, Messingblech, Blei, Zinkguß seit 1882. Restaurierung und Anfertigung für denkmalgeschützte Bauten.

D-85356 Freising, HASIT Trockenmörtel, Landshuter Str. 30
Telefon 08161/6020
Telefax 08161/602486
Luftkalkmörtel für Altbauten und Denkmalpflege.

D-87534 Oberstaufen
Schindelzentrum Allgäu GmbH
Salmas Nr. 40, Tel. 08325/458
Telefax 08325/765
Gespaltene u. gesägte Schindeln aus Lärche und anderem Holz in vielen Längen, Dachspließe.

Adressen: Ansprechpartner für Fragen zum Dachziegel

Arbeitsgemeinschaft Ziegeldach im Bundesverband der Deutschen Ziegelindustrie e. V. 53113 Bonn, Schaumburg-Lippe-Straße 4
Tel. 0228/91493-23, Fax 9149330,
http://www.ziegeldach.de,
E-mail arge.ziegeldach@t-online.de
Informationsschriften zum Thema Denkmalpflege und Handwerk.

Bundesanstalt für Materialforschung und -prüfung, (BAM) 12205 Berlin, Unter den Eichen 87, Tel. 030/8104-0, Fax 030/8112029
Abteilung VII Bauwerkssicherheit, Fachgruppe Baustoffe.

Bauhaus-Universität, F.A. Finger
Institut für Baustoffkunde
Dipl.Ing. Sabine Freyburg
Coudraystr. 11, 99423 Weimar,
Telefon 03643/584725
Telefax 03643/584759
Praxisorientierte Forschung für historische Baukeramik und Mörtel.

Edmund Bernt, Bergstraße 4,
71287 Weissach-Flacht,
Telefon (07044) 32033
Privater Arbeitskreis historische Dachziegel.

Universität Karlsruhe, SFB 315, Erhalten historisch bedeutsamer Bauwerke, Hertzstraße 16,
76187 Karlsruhe
Tel. 0721/608-4505
Telefax 0721/758197
Schriftenreihe.

WTA Wiss.-Techn. Arbeitsgemeinschaft für Bauwerkserhaltung und Denkmalpflege e.V., Ziegeleistr.8 b
85238 Petershausen, Tel. 08137/808707, Telefax 08137/808708

Adressen: Ziegelei-Museen

Deutschland

Heimatmuseum der Stadt Pegau, Technisches Denkmal »Ziegelei Erbs«
04523 Pegau, Markt 1,
Tel. 034296/98033

Märkisches Ziegelmuseum Glindow, Alpenstraße 47, 14542 Glindow,
Tel. 03327/45820
Seit 1462 Tonabbau, zwei denkmalgeschützte Ringöfen von 1868, Führung durch den Betrieb.

»Ziegelei Benzin« Beschäftigungs-Gesellschaft m.b.H, Ziegeleiweg 8,
19386 Benzin, Tel. 038731/8059, Fax 038731/8060
Ziegeleimuseum, Ringofen von 1908, Technisches Denkmal mit Lehmgrube als geschütztes Biotop.

Museum »Alte Ziegelei Westerholt«, Ziegeleiweg 7, 26203 Westerholt,
Konatkaufnahme: Auf dem Kamp 6
26203 Wardenburg
Tel. 04407/ 476 oder 6803.
Denkmalgeschützter Hoffmannscher Ringofen von 1925.

Historische Ziegelei Pape, Bevern,
Malstedter Str. 38
27432 Bremervörde-Bevern
Tel. 04767/261
Ziegeleianlage mit Ringofen, Geschichte der Ziegelindustrie zwischen Elbe und Weser.

Westfälisches Industriemuseum
Ziegelei Lage
Sprikernheide 77
32791 Lage/Lippe,
Tel. 05232/94900
Museum im Aufbau mit Feldbrand und Maschinenziegelei, Ausstellung zur Sozialgeschichte der Ziegler.

Hessisches Ziegeleimuseum
Museum für Industrie und Handwerk, Ziegelei Oberkaufungen e.V.
34260 Oberkaufungen
Telefon 05605/7799
Produktion von 1870 bis 1983, Zick-Zackofen, Museum im Aufbau.

Ziegelei Hundisburg, Technisches Denkmal, Süplinger Straße 2,
39343 Hundisburg-Haldensleben,
Tel. 03904/42835
Ziegelei mit Zick-Zack-Ofen.

Ziegeleimuseum Gut Daren der Olfry Ziegelwerke GmbH, Friesenstraße 9-11
49377 Vechta
Tel. 04441/959100
Ziegeleimaschinen und -geräte, Dachziegel- und Strangpreßziegelmodelle, Mundstücke.

Ziegeleimuseum Jockgrim, Untere Buchstraße 26, 76751 Jockgrim,
Tel. 07271/52895
Firmengeschichte der 1883 gegründeten Ziegelei von Carl Ludowici und Geschichte des technischen Denkmals, 120 Ziegelformen, Ausstellung im Ringofen.

Ziegel- und Kalkmuseum Flintsbach, Auskunft und Anmeldung: Schwanenkirchnerstr. 2, 94577 Winzer,
Tel. 08545/91041
Spezialmuseum über die Geschichte der Ziegel- und Kalkherstellung, Originaler Ringofen von 1883, Maschinenhalle, Trockenschuppen, Lehmgrube, Kalksteinbruch und ein römischer Ziegelbrennofen.

Belgien

T 'Geleeg Steenbakkerijmuseum
van de Rupelstreek V.Z.W.
Steenberghoekstraat 20
B-2840 Rumst
Tel. 0032/04-8444974

Dänemark

Cathrinesminde Teglvaerksmuseum
Illerstrandvej 7, DK-6310 Broage
Tel. 0045/74449474

Niederlande

Voormalige Steenfabriek
»De Panoven«, Panovenweg 18
NL-6905 DW Zevenaar

Stichting Historie Grofkeramiek
Trasmolen 19
NL-8754 GL Makkum,
Tel. 0031/515232281

Österreich

Wiener Ziegelmuseum
Penzinger Straße 59
A-1140 Wien,
Tel. 0043/ 1 /41976 48

Schweiz

Stiftung Ziegelei-Museum Cham,
Riedstraße 9
CH-6330 Cham,
Tel. 0041/41-7413624

Ungarn

Museum der ungarischen Bauindustrie, Ziegelmuseum,
Vár Gasse 29, H-8200 Veszprém,
Telefon und Fax. 0036/88-329461

Literatur

Die folgenden Bücher und Periodika haben zur Erarbeitung dieses Ratgebers gedient oder sind für das Thema von Interesse. Zur besseren Übersicht sind sie nach den Kapiteln des Buches gegliedert.

Dächer im Wandel der Zeit

Binding, Günther, Gabriele Annas, Bettina Jost, Anne Schunicht, Baubetrieb im Mittelalter, Wissenschaftliche Buchgesellschaft, Darmstadt, 1993

DDH-Edition: Band 1 – Dachziegel. Verlagsgesellschaft Rudolf Müller, Köln 1997

Dolgner, Dieter, Stadtbaukunst im Mittelalter, Verlag für Bauwesen, Berlin, 1990

Graber, Karl, Die Gestalt der deutschen Stadt, Verlag Georg D.W. Callwey, München, 1976

Koch, Wilfried, Baustilkunde, Orbis Verlag, München, 1994

Lübke, Wilhelm, Geschichte der Architektur, Emil Vollmer Verlag, Leipzig 1889, Reprint des Phaidon-Verlags, Essen

Mielke, Heinz-Peter, Wandeln über Dächern – Bedachungsmaterial in Vergangenheit und Gegenwart, Verlag Grafik-Druck Müsers, Viersen, 1988

Recordon, B., Das Ziegeldach in seiner historischen und technischen Entwicklung, Verlag Emil Pfenniger & Co, Zürich 1914

Schrader, Mila, Reet & Stroh als historisches Baumaterial, Edition :anderweit Verlag, Suderburg 1998

Stiftung Ziegelei-Museum Meienberg-Cham, Jahresberichte 1984-1998

Thinius, Klaus, Vergessene Dächer Zwischen St. Gotthard und Florenz, Bruderverlag Karlsruhe, 1977

Dachziegel-Herstellung

Bartelt, Fritz und Schinkel, Eckhard (Hrsg.), Gut Brand! Leben und Arbeit der Lipper Ziegler um 1900. Westfälisches Industriemuseum Bd. 3, v. d. Linnepe Verlagsgesellschaft, Hagen, 1986

Beck, Adam Joh., Ziegelei-Anlagen und Ziegelfabrikation, Polytechnischer Verlag Hittenkofer, Strelitz/Mecklenburg, 1901

Bender, Willi F., Lexikon der Ziegel vom Aal-Deckenziegel bis zum Zwischenwandziegel in Wort und Bild, Bauverlag, Wiesbaden und Berlin, 2. Aufl., 1995

Bernt, Edmund, Kipfer, Heribert, Der iß ein Dringeld wert – Von Ziegeln, Dächern und Zieglern, Begleitheft zur Feierabendziegelausstellung in der Leonberger Bausparkasse, Leonberg, Dezember 1998

Bock, Otto, Die Ziegelfabrikation, Ein Handbuch umfassend die Herstellung aller Arten von Ziegeln, sowie die Anlage und den Betrieb von Ziegeleien, Verlag Bernh. Friedr. Voigt, Leipzig, 1901

Dobson, C.G., Die Geschichte des Betondachsteins, Marley Werke, (Hrsg.), 1959

Goll, Jürgen, Kleine Ziegel-Geschichte, Stiftung Ziegeleimuseum Meienberg Cham, 1984

Hillenbrand, Karl, Volkskunst der Ziegelbrenner, Stempel, Symbole und Heilszeichen in Ton, Verlag Georg D.W. Callwey, München, 1981

Himmelein, V., Metzger, W., Osterloh-Gessat, E., Heck, B., Lindemann, E.R., Badisches Landesmuseum (Hrsg.), Von erd bin ich gemacht, Info Verlag, Karlsruhe, o.J.

Kroher, Adolph, Cement-&Cementwaaren-Fabrik in Staudach, 1878, Nachdruck 1982 von Braas & Co., Frankfurt

Landschaftsverband Rheinland: Bauhandwerker und Ziegler im Rheinland, Rheinland-Verlag, Köln 1997

Catalog der Ludowici-Falzziegel, Jubiläumsausgabe zur Feier des 50-jährigen Bestehens der Firma Carl Ludowici, 1857-1907,

Carl-Ludowici-Falzziegelwerke-Jockgrim (Pfalz), Ergänzungskatalog 1917

Musterbetriebe Deutscher Wirtschaft, Band 36, Die Dachziegel- und Hohlsteinindustrie, Carl Ludowici K.a.A. Falzziegelwerke Jockgrim (Rheinpfalz), J.J. Arnd Verlag Leipzig 1936

Noack, Walter, Ziegellexikon, Alles aus Ziegel, Vom Keller bis zum Dach, Ziegelforum e.V., München, 1996

Rauls, Franz, Die Ziegelfabrikation, Bernh. Friedr. Voigt Verlag, Leipzig, 1926

Rupp, Erwin, Die Geschichte der Ziegelherstellung Teil I, Bundesverband der Deutschen Ziegelindustrie e.V., 3. Auflage, 1993

Schrader, Mila, Mauerziegel als historisches Baumaterial, Edition :anderweit Verlag, Suderburg 1997

Ziegeldächer: Von Traufe zu First

Ahnert, R., Krause, K.H., Typische Baukonstruktionen von 1860 - 1960 zur Beurteilung der vorhandenen Bausubstanz, Band 2, Bauverlag, Wiesbaden, 1989

Arbeitsgemeinschaft Historische Fachwerkstädte in Hessen und Niedersachsen(Hrsg.), Arbeitsgruppe Bautechnik, Dachdeckerarbeiten – Tonziegel, Alsfeld o.J.

Binding, Günther, Nussbaum, Robert u.a. Beiträge, Der mittelalterliche Baubetrieb nördlich der Alpen in zeitgenössischen Darstellungen, Wissenschaftliche Buchgesellschaft, Darmstadt, 1978

Gerner, Manfred, Handwerkerlexikon, Wörterbuch für das Bauhandwerk, Deutsche Verlags-Anstalt, Stuttgart, 2. Auflage, 1993

Hempel, G. und Berger, O. Fachstoff für Zimmerleute, Bau-Fachschriften Nr. 8, Bruder-Verlag, 1950
Hofmann, H.G. und Zipf, E., Das Ziegeldach, Bundesverband der deutschen Ziegelindustrie e.V., Hrsg., Bonn 1996.

Jungblut, Hans, Die Biberschwanzdeckung, Nachdruck einer Ausgabe Mayen 1938, Josef Meindl, Dorfen

Jungblut, N., Lehr- und Musterbuch über Ziegelbedachungen, Fachbücherverlag N. Jungblut, Mayen-Rhld., o.J.

Kohl, Bastian, Neizel, Baufachkunde, Grundlagen, 20. neubearbeitete Aufl., B.G. Teubner, Stuttgart, 1995

Krauth, Theodor, Die Bau- und Kunstzimmerei, Verlag E.A. Seemann, Leipzig 1895, Reprint Edition »Libri Rari« im Verlag Th. Schäfer, Hannover 1981

Ludowici, Michael, Christian, Wieslocher Dachdetails, München 1972

Materialien zur Kunst- und Kulturgeschichte in Nord- und Westdeutschland, Band 12, 500 Jahre Garantie, Auf den Spuren alter Bautechniken, Weserrenaissance-Museum Schloß Brake, Jonas Verlag, Marburg, 1994

Matthaeij, Carl, Ludwig, Der vollkommene Dachdecker, Verlag von B. Fr. Voigt, Ilmenau, 1833, 2. Reprintauflage Edition »libri rari« im Verlag Th. Schäfer, Hannover, 1986

Mothes, Oscar, Illustrirtes Bau-Lexikon, Band 1-4, Verlagsbuchhandlung von Otto Spamer, Leipzig und Berlin 1882, Nachdruck Manusriptum Verlagsbuchhandlung 1998

Opderbeke, Adolf, Der Dachdecker und Bauklempner, Verlag von Bernh. Friedr. Voigt, Leipzig 1901, Reprintauflage Edition »libri rari« im Verlag Th. Schäfer, Hannover, 1991

Ostendorf, Friedrich, Die Geschichte der Dachwerke, B.G. Teubner, Leipzig 1908, 2. Reprintauflage Edition »libri rari« im Verlag Th. Schäfer, Hannover, 1987

Reichsverband des Deutschen Dachdecker-Handwerks (Hrsg.), Das schöne deutsche Dach, Berlin o.J.

Schadwinkel, Hans-Tewes, Die Arbeit der Zimmerleute, Rheinland-Verlag, Köln, o.J. (1988)

Schmidt, Otto, Die Eindeckung der Dächer und die Konstruktion der Dachrinnen, Hermann Costenoble, Jena 1885, Reprintauflage Edition »libri rari« im Verlag Th. Schäfer, Hannover, 1987

Stade, Franz, Die Holzkonstruktionen, Reprint der Originalausgabe von 1904, Reprint-Verlag Leipzig o.J.

Sterly, Böttcher, Walter, Details rund ums Ziegeldach, Verlagsgesellschaft Rudolf Müller, Köln, 1993

Waller, Henri, Altes Dachdeckerhandwerk der Schweiz, Schweizerischer Dachdecker-Verband (Hrsg.), 1931, Nachdruck 1983

Wartmann, Herbert, Die Technik der Biberschwanzdeckung im Bild, Verlagsgesellschaft Rudolf Müller, Köln 1998

Zentralverband des Deutschen Dachdeckerhandwerks, Fachverband Dach-, Wand- und Abdichtungstechnik e.V. (Hrsg.), Sonderdruck aus Deutsches Dachdeckerhandwerk, Regeln für Dachdeckungen, Auszug aus den Regeln für Dachdeckungen mit Dachziegeln 1997, Arbeitsgemeinschaft Ziegeldach e.V., Bonn 1997.

Historische Dachziegel heute

Arendt, Claus, Altbausanierung – Leitfaden zur Erhaltung und Modernisierung alter Häuser, Deutsche Verlagsanstalt, Stuttgart, 1993

Brändle, Evemarie, Wittmann, Franz-Xaver, Sanierung alter Häuser, 5. Auflage, BLV Verlag, 1997

Freyburg, Sabine, Beitrag zur Bewertung der Dauerbeständigkeit historischer Dachziegel, Ziegelindustrie International, Heft 2/1996.

Gerner, Manfred, Historische Häuser erhalten und instandsetzen, Augustus Verlag, Augsburg, 1990

Häuser instand setzen: stilgerecht und behutsam. Ein bebilderter Ratgeber nicht nur für Fachleute, Christel Darmstadt, Verlagsanstalt Handwerk, Düsseldorf, 1993

Kiesow, Gottfried, Einführung in die Denkmalpflege, Wissenschaftliche Buchgesellschaft, Darmstadt, 1982

Können, Klaus, Wagenblast, Joachim (Hrsg.), Steh fest mein Haus im Weltgebraus, Denkmalpflege, Konzeption und Umsetzung, Landesdenkmalamt Baden-Württemberg, 1998, Theis Verlag

Petzet, Michael, Mader, Gert Th., Praktische Denkmalpflege, 2. Auflage, W. Kohlhammer GmbH, Stuttgart, Berlin, Köln, 1993

Rau, Otfried, Braune, Ute, Der Altbau, Renovieren, restaurieren, Modernisieren, 6. Auflage, Verlagsanstalt Alexander Koch, Leinfelden-Echterdingen1997

Schillberg, Klaus, Altbausanierung mit Naturbaustoffen, AT Verlag, Aarau 1996

Schrader, Mila, (Hrsg.), Auf der Suche nach historischen Baumaterialien, 4. Auflage, Edition :anderweit Verlag, Suderburg, 1999

Schrader, Mila, Bergung historischer Baumaterialien, Das Tabaklager in Herbolzheim, Selektiver Rückbau an Stelle von konventionellem Abriß, Edition :anderweit Verlag, Suderburg, 1996

Bildnachweis

A.K.A. Algermissen Dachziegelwerke, Algermissen 34 (2)

Affekt Studios, Düsseldorf 63

Arbeitsgemeinschaft Ziegeldach e.V., Archiv, Bonn 51, 61, 217 li., 221

Arbeitsgemeinschaft Ziegeldach e.V., Heinz Zanger Titel Fond, 1, 2, 3 o.,16 re., 19 (2), 26 oben, 29 (2), 30, 33 o., 38 re., 46, 53, 55, 70 li., 72, 78 re., 147, 182, 183 (2), 192, 193, 206 li., 208 u., 210, 212, 213 (2), 214 (2), 221, 223, 226, 237

Bauen und Ideen, Buchholz/Aller 244

Bender, Willi, Archiv, Mühlacker 15, 24 li., 26 u., 27, 28 re., 36 (4), 41, 42, 45, 66, 69, 82, 94, 98, 102, 103, 106, 113 (3), 117 (2), 120, 121, 122, 127 (2), 131, 137, 140, 143, 150, 170, 196, 201, 205 li., 211, 216 (2), 225 (2), 250/251 (31), 252

Brackland, Walter, Bassum 197

Chanel, Jean, Wetter-Unterrosphe 22, 185

Dachziegelwerke Jungmeier, Straubing 38 li.

Dachziegelwerke Meyer-Holsen, Hüllhorst 4, 10 re., 39, 81, 162

Dieterich, Peter, Eberdingen-Nußdorf 87

Ebnet, Erich, Bodenmais 153

Edition :anderweit Verlag, Archiv 8,16 li., 88, 109, 154, 166, 172, 218, 222

F. v. Müller Dachziegelwerke, Eisenberg 37, 65, 70 re., 119 (2), 145, 164 (2), 165 (2), 227, 235 li.

Falkenlöwe, Sönderborg 116

Gundermann, Leo, Würzburg 56

Hillenbrand Archiv, Feldrennach Titel (Mi.), 3 (Mi.), 111, 114

Ibach Steinkonservierung, Bischberg Titel u., 3 u., 31 re.

Juhnke, Wilfried, Müllheim 31 li.

Krone, Michael, Hüllhorst-Oberbauerschaft 35, 241

Kunstanstalt I. Kraphol, Mönchen-Gladbach 58

Lehmann, Peter, Zürich 110 (2), 186

Lindenthal, M., Kirchberg 232

Lindh, Gun, Stockholm 231 li.

Meindl Dachziegelwerk, Dorfen 90, 205 re.

MKM Reicho, Görzke 235 re.

Molinà, Ton 10, 40, 177, 191

Müller, W.-M., Landesamt für Denkmalpflege Rheinland-Pfalz, Mainz 28 li., 71 u., 77, 181, 195, 209, 222 li., 230

Österreichische Lichtbildstelle, Wien 11

Phototec Pfeifer, Steinhausen 175, 198

Rathscheck-Schiefer, Mayen 184

Rupp Keramik, Buchen 60 li.

Schaar, Neukirchen-Vluyn 20, 238

Schrader, Halwart, Suderburg 12, 246

Schrader, Julia, Witzenhausen 96, 97, 158, 228

Schrader, Mila, Suderburg 24 re., 25, 32, 60 re., 71 o., 76, 91, 118, 132, 146, 151, 171, 178, 202 (2), 204, 206 re., 207, 208 o., 217 re., 231 re., 233, 245

Siegelin, Bruno, Herdwangen 234

Stiftung Ziegelei-Museum Meienberg Cham 62, 115 (2), 126, 160

Verlag Karsten, München 78 li.

Walther Dachziegel, Langenzenn 33 u.

Weigelt, Steffen 241 re.

Westfälisches Industriemuseum, Dortmund 105

Wiekor Dachprodukte, Kandern 52

Ziegelei Hundisburg, Hundisburg 99, 100, 130

Ziegeleimuseum Gut Daren, Archiv Freiherr G.W. von Frydag, Vechta 159

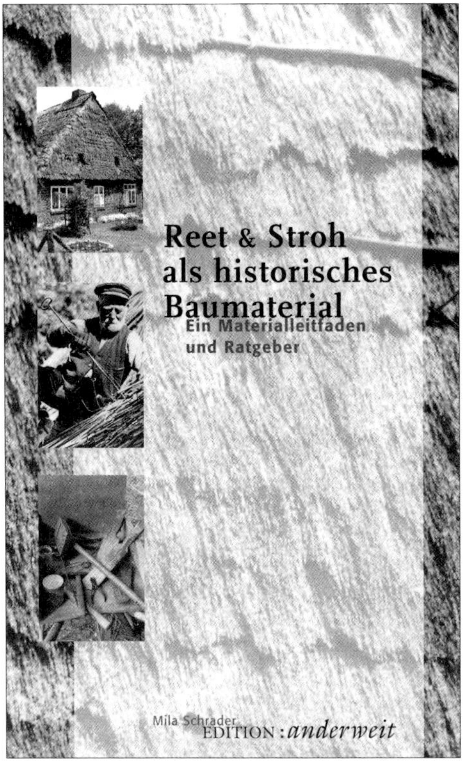

Reet & Stroh
als historisches Baumaterial

Ein Materialleitfaden
und Ratgeber

Mila Schrader

Umfang 200 Seiten
Broschur im Format von 14x21 cm
160 S/W-Abbildungen
ISBN 3-931824-09-8

Reet & Stroh sind Synonym für Tradition, Baukultur und Ökologie. Reet, Rohr, Schilf und später auch Stroh gehören zu den ältesten Dachdeckungen. Für den Baustoff Reet wurde das an den Flüssen und Seen wachsende Teichschilfrohr geerntet, als Dachstroh diente gedroschenes Getreide.
Die handwerklichen Regeln, nach denen aus diesen natürlichen Pflanzen Baustoffe für die Eindeckung von Dächern wurden, haben sich in den Jahrhunderten ihrer Verwendung nur wenig geändert. Als Ratgeber will dieser Band nicht nur Fachwissen zu Baustoffherstellung, Materialeigenschaften, Bau- und Versicherungsfragen sowie Berufsordnung vermitteln, sondern auch praktisches Basiswissen und Verständnis zur handwerklichen Verarbeitung auf dem Dach. Damit diese klimatisch optimalen Naturdächer wieder dort gepflegt werden, wo sie ihre jahrhundertealte Tradition haben.
Ergänzt wird dieser Band durch ein umfangreiches Literaturverzeichnis und Adressmaterial von mehr als hundert Reetdachdeckern und ihren Innungen.

EDITION :*anderweit*

Verlag für individuelles Bauen mit Patina

»Auf der Suche nach historischen Baumaterialien«
– 4. erweiterte Auflage –

Mila Schrader, Hrsg.

160 Seiten
Broschur im Format 14 x 21 cm
230 S/W-Abbildungen
ISBN 3-931824-10-1

Historische Baumaterialien sind Baustoffe aus alter handwerklicher oder historisch industrieller Fertigung, d.h. größere, auf Maß gefertigte Einzelteile wie Fenster, Türen, Treppen und Torbögen, aber auch besonders kleinformatige Einzelteile, sogenannte Massenbaustoffe, wie Ziegelprodukte, Hölzer aller Art und behauene Natursteine. Ihr Äußeres dokumentiert ihre Geschichte und Funktion, ihre Patina ist Zeugnis des Alters und des Alterns.

Wiederverwendung dieser Materialien, also »Recycling auf höchster Wertstufe«, sind daher Rettung von Kulturgut, Schonung von Ressourcen und Einsparung von knappem Deponieraum.

Die Vielfalt historischer Baumaterialien, ihre Sicherstellung, Bearbeitung, Lagerung und Wiederverwendung werden im Anschluß an eine einführende Materialkunde durch individuelle Porträts von Mitgliedern des »Unternehmerverbandes Historische Baustoffe« e.V dokumentiert. Als Handbuch und Ratgeber soll dieser Band mit mehr als 200 Abbildungen allen Hausbesitzern, Bauherren, Handwerkern, Architekten und Träumern Mut machen, alte Bausubstanz zu erhalten und wiederzuverwenden.